经济-生物系统耦合条件下野生动物冲突管理研究

陈文汇　胡明形　刘俊体　梦　梦　等著

中国林业出版社
·北京·

图书在版编目(CIP)数据

经济-生物系统耦合条件下野生动物冲突管理研究/陈文汇等著. —北京：中国林业出版社，2021.12

ISBN 978-7-5219-1025-4

Ⅰ.①经… Ⅱ.①陈… Ⅲ.①野生动物-冲突-研究 Ⅳ.①Q95

中国版本图书馆 CIP 数据核字(2021)第 028362 号

出版发行	中国林业出版社(100009　北京市西城区刘海胡同 7 号)	
	网址　http://www.forestry.gov.cn/lycb.html	
	Email hepeng@163.com　电话 010-83143543	
印　　刷	中林科印文化发展(北京)有限公司	
版　　次	2022 年 3 月第 1 版	
印　　次	2022 年 3 月第 1 次印刷	
开　　本	710mm×1000mm　1/16	
印　　张	18.25	
字　　数	330 千字	
定　　价	80.00 元	

《经济-生物系统耦合条件下野生动物冲突管理研究》
著 者 名 单

陈文汇　胡明形　刘俊体　梦　梦　谭　盼

李　莎　王　帆　曾　巧　沈　拓　魏　雪

王露晓　王　睿　黄　炜　陈荣源

前　言

党的十八大以来，我国全面开始生态文明建设，生态环境改善与修复取得了长足的进步。随着栖息地环境改善，加上对野生动物保护的重视，很多地区野生动物种群和数量都得到恢复性增长，随之而来的，人与野生动物的冲突问题日益加剧。这不仅关系到野生动物保护事业的发展，也影响到广大农民及农村地区的发展。如何解决好人与野生动物的冲突问题，探索一条既保护野生动物又能够有效保障农民的生命财产安全的冲突管理道路，成为摆在管理者及研究学者面前的一个重要问题。解决好这一问题，不仅能够进一步促进野生动物保护事业发展，又能够促进农民增收致富、促进乡村振兴，而且也为实现人与自然和谐共生探索一条可行之路。

北京林业大学野生动物保护政策研究团队自 2008 年开始关注野生动物致害问题。十多年来在国家林草局、北京市园林绿化局、广东省林业局的支持下，先后承担了十多项业务委托项目，开展了一系列关于野生动物危害调查及补偿制度设计研究工作，特别是 2015 年获得国家自然科学基金面上项目的支持，进一步开展了全面系统的理论探讨与实证应用研究。研究团队先后在北京、云南、广东、陕西、黑龙江等省份开展了实地调研，收集了大量的数据和问卷资料，利用描述统计分析、统计预测、数据挖掘、空间统计、空间计量分析等方法对数据进行了分析，探索野生动物冲突的规律性，利用种群增长与扩散模型、系统动力模型等诸多模型进行了系统模拟与分析，寻求冲突演化趋势。在开展研究的同时，团队还积极推进研究成果的应用。在此期间，先后起草完成了《北京市野生动物保护管理条例》《北京市国家重点保护野生动物造成损失补偿办法》《广东省野生动物致害补偿办法》等一系列相关的法律法规，将预防控制与保险制度、成本核算、利益相关方分析、冲突区域划分等相关成果运用到野生动物冲突的实际管理工作中，为我国野生动物危害管控提供了有力的决策支持。

《经济-生物系统耦合条件下野生动物冲突管理研究》是团队上述研究成果的集中体现，也是本团队该领域第四部研究著作。通过对该领域研究成果的整理出版，不仅有利于我们对过去研究的重构与反思，也有助于我们进一步探索其中存在的问题，为促进新时代有中国特色野生动植物保护体系建设贡献力量，为促进人与动物和谐共生提供我们的方案与建议。在研究过程中，本团队得到国家林草局、北京市园林绿化局、广东省林业局等部门的大力支持，得到国家自然科学基金项目的有力支撑，才使得我们的研究得以顺利开展。在著作编辑出版过程中得到了中国林业出版社的鼎力支持，才能够让这本书顺利与读者见面。在此对各位领导、同事和编辑们的支持，表示衷心的感谢！

著　者
2021 年 12 月

目 录

1 研究的背景和意义

1.1 研究背景

随着人类社会发展，人们越来越意识到野生动物作为生态系统的重要组成部分对于人类的未来发展至关重要。人与野生动物冲突问题是一个日益严重的全球性问题(Dickmann，2010)。工业革命以来，社会工业化进程的加速推进使得人们对自然资源的需求快速增长，人类与野生动物之间的竞争逐渐激烈。我国在拥有广阔的领土同时，造就了数量庞大的野生动物种类。人口的日益增长，土地利用方式的改变，基础设施的大范围建设等原因导致了野生动物栖息地日益缩小和破碎化，食物源、水源以及生存空间严重不足，野生动物不得不走出栖息地，来到田边地头践踏采食庄稼，甚至威胁人类的生命安全，野生动物和人类的矛盾冲突日益升级，这便成为野生动物保护和管理中最为棘手的现实问题。野生动物危害问题，尤其是城市郊区与森林边缘的野生动物危害问题如不能妥善解决，将不利于生态系统的稳定，以及人与自然的和谐相处。

党的十九大报告中提出，加快生态文明体制改革，加大生态系统保护力度，构建人与自然生命共同体。想要建设人与自然和谐共生的现代化，人类必须尊重自然、顺应自然、保护自然。实施重要生态系统保护和修复重大工程，优化生态安全屏障体系，构建生态廊道和生物多样性保护网络，提升生态系统质量和稳定性。党的十八大报告明确了大力推进生态文明建设的总体要求，大力推进生态文明建设，保护自然的生态文明理念，把生态文明建设放在突出地位，融入经济建设，严守耕地保护红线，把资源消耗、环境损害、生态效益等纳入经济社会发展评价体系。建立体现生态文明要求的目标体系、考核办法、奖惩机制。

为解决这一现实问题，近年来，在党中央领导下，我国各级政府积极出台各项法律法规来管理和缓解野生动物冲突。1988年通过了《中华人民共和国野生动物保护法》，先后经历了2004年、2009年、2016年、2018年四次修订，旨在保护野生动物，拯救珍贵、濒危野生动物，维护生物多样性和生态平衡，推进生态文明建设。我国新修订的《中华人民共和国野生动物保护法》及各省份相继出台的野生动物损害补偿办法，针对野生动物栖息地的重新规划、生态廊道的设置、预防控制技术的研发等举措多管齐下，使得野生动物冲突在一定阶段和区域有所缓解，但野生动物冲突的实际管理工作中仍然存在许多矛盾和问题，各利益相关方均表现出不同程度的不满，野生动物损害补偿实施后受害农户仍然对野生动物保护态度消极，各级地方政府在野生动物冲突管理的实际工作当中被动，而中央政府对野生动物保护目标的实现不满意等。本研究便是在野生动物冲突管理的"后补偿时代"中各方主体间矛盾冲突凸显的背景下展开的，研究的具体背景如下：

1.1.1 我国野生动物冲突现象日益严重

随着《中华人民共和国野生动物保护法》的颁布实施，以及天然林资源保护工程、退耕还林工程等林业重点生态工程的启动，森林生态和野生动物栖息地环境得到很大改善，同时人民群众野生动物保护意识的增强，使得野生动物种群数量不断增加，分布区域不断扩大。由于农林交错，野生动物侵扰和损害农作物的事件逐渐增多，野生动物造成的人员伤亡事件也频频出现，云南的人象冲突伤亡和陕西的羚牛、黑熊伤人事件等就是典型代表。当地居民过去配备的用于狩猎和防范的枪支基本已上缴，由此造成自我防范体系的丧失，导致一些受害者及其家属在野生动物伤人事件发生后与有关管理部门的纠纷难以解决，人与野生动物冲突日益突出。

从分布范围来看，我国野生动物冲突主要集中在以吉林为代表的东北地区，以陕西、西藏为代表的西部地区和以云南为代表的西南地区。其中有"动植物王国"之称的云南，2005—2013年野生动物冲突共造成人员伤亡1324人、财产损失高达3.9亿元（吕金平，2015）。云南省野生动物冲突最严重的西双版纳，2000—2012年年均损失在2000万以上，普洱市年均损失也达1000万，其他州市较为严重的有临沧、昭通、怒江、迪庆、丽江、楚雄、曲靖、红河等。吉林省的野生动物冲突涉及6个市（州）26个县（市、区），冲突的重点区域为长白县、汪清县、安图县。陕西省主要发生在秦岭地区的汉中、宝鸡、西安、铜川、商洛、安康6地（市）。西藏自治区受害较为严重的有尼玛、萨嘎、浪卡子、桑日县等地区，四大典型省份的野生动物冲突损害情况具体见表1.1。而作为国际一线城市的首都——北京市，郊区也同样存在野生动物冲突现象，2009—2016年野生动物冲突造成了3万多户家庭的经济损失，损失达2382万元，具体情况如表1.2所示。

表 1.1 四大重点省区野生动物冲突损害情况

年 份	重点省份	核定损失额度/万元	年均损失/万元
2005—2009	云南	25866.3	5173.26
2007—2009	吉林	1874.8	624.93
2005—2009	陕西	1195.99	239.19
2008—2009	西藏	1689.79	844.89

数据来源：刘欣，2012。

表 1.2 北京市野生动物冲突损害情况

年 份	受损乡镇数/个	受损村数/个	受损户数/户	受损金额/万元
2009	35	211	3789	202.66
2010	39	216	3197	253.31
2011	42	268	4070	347.81
2012	43	310	5703	424.92
2013	44	322	5260	318.63
2014	44	323	4870	325.52
2015	47	350	4806	263.32
2016	45	311	4279	246.67

数据来源：北京市野生动物损失补偿管理系统。

从肇事物种来看，在我国具有损害行为的野生动物主要有以下几类：①以亚洲象为代表的大型植食动物，这类动物除了损害庄稼外，还偶尔发生伤人事件（刘林云、杨士钊、陈明勇等，2006）；②以东北虎、云豹、黑熊、狼为代表的大型食肉动物，这类动物会捕食家畜，危害人身安全等；③一些有蹄类动物，较为典型的有鹿类、野牛、羚牛、苏门羚和野猪等；④猕猴等灵长类动物；⑤麻雀等食谷鸟类；⑥以鼠类为代表的啮齿类动物；⑦蛇类等有毒爬行类动物，它们偶尔会伤人。野生动物造成的损害是巨大的，最为常见的是糟蹋农作物、捕食家畜、破坏生产生活基础设施，还会造成人员伤亡，直接影响到当地居民正常生活（何謦成、吴兆录，2010）。在野生动物损害事件中，以国家重点保护野生动物造成的损害尤为严重。

从发生区域来看，野生动物损害多发生在自然保护区及周边地区（康祖杰、田书荣、龙选洲等，2006；谌利民、熊跃武、马曲波等，2006），自然保护区是野生动物的栖息地和庇护所，也是野生动物繁育的重要场所，受野生动物取食、领域、繁殖等生活习性的影响，加上保护区面积有限，使得野生动物时常突破保护区的边界，来到保护区周边损害庄稼和伤害人畜。尤其是国家级自然保护区，由于野生动物种类和数量多，肇事损害现象特别严重。据云南省林业厅统计，云南省国家级自然保护区周边野生动物肇事损失占总损失的70%以上。另外，由于自然保护区多建立在少数民族所在偏远地区，开发时间较晚，交通闭塞，经济较为落后，有些还是国家重点扶持地区，野生动物冲突严重影响了当地人的基本生活。

1.1.2　我国野生动物冲突各方矛盾凸显

我国野生动物冲突管理进入了"后补偿时代"。所谓的"后补偿时代"是指相关法律法规对野生动物冲突管理的补偿办法、补偿流程、补偿标准等规定规范化的时代。为了缓解野生动物冲突，我国在立法方面有了很大的完善，2016年新修订的《中华人民共和国野生动物保护法》中第十八条规定，有关地方人民政府应当采取措施，预防、控制野生动物可能造成的危害，保障人畜安全和农业、林业生产；第十九条规定，因保护本法规定保护的野生动物，造成人员伤亡、农作物或者其他财产损失的，由当地人民政府给予补偿，具体办法由省、自治区、直辖市人民政府制定。有关地方人民政府可以推动保险机构开展野生动物致害赔偿保险业务。有关地方人民政府采取预防、控制国家重点保护野生动物造成危害的措施以及实行补偿所需经费，由中央财政按照国家有关规定予以补助。另外，根据本法的规定，野生动物冲突严重的各省份陆续制定了野生动物损害补偿办法，具体内容如表1.3所示：

表1.3　我国各省份野生动物冲突补偿管理办法

省份	颁布年份	补偿办法
云南	1998	《云南省重点保护陆生野生动物造成人身财产损害补偿办法》
陕西	2005	《陕西省重点保护陆生野生动物造成人身财产损害补偿办法》
吉林	2006	《吉林省重点保护陆生野生动物造成人身财产损害补偿办法》
北京	2009	《北京市重点保护陆生野生动物造成损失补偿办法》
西藏	2010	《西藏自治区陆生野生动物造成公民人身伤害或者财产损失补偿办法》
甘肃	2010	《甘肃省陆生野生保护动物造成人身伤害和财产损失补偿办法》
安徽	2011	《安徽省陆生野生动物造成人身伤害和财产损失补偿办法》
青海	2011	《青海省重点保护陆生野生动物造成人身财产损失补偿办法》

在"后补偿时代"中野生动物冲突管理各方主体矛盾凸显，农户依然对野生动物补偿工作不满，地方政府在野生动物冲突管理中的积极性不高，中央政府野生动物保护目标的实现面临着现实挑战。在野生动物冲突不断加剧的现实背景下，由于《中华人民共和国野生动物保护法》明确规定野生动物冲突管理、预防控制及肇事补偿由地方政府承担，2016年新修订后又规定野生动

物冲突补偿范围由国家和省重点保护动物扩大到"三有动物",这将显著加剧地方政府的成本与压力,导致某些野生动物冲突严重的省份干脆选择推迟出台或者不出台冲突管理办法,而已颁布冲突管理办法的省份对基层政府的补偿资金承担比例规定过高,具体见表1.4,与基层实际财政状况不匹配,从而导致基层的冲突管理实际执行效果不佳,基层政府的冲突管理工作缺位或不到位进而导致当地社区居民保护野生动物态度消极,依然存在惧怕野生动物、甚至仇视野生动物的现象,给野生动物保护事业造成了直接的压力,中央政府人与野生动物和谐相处的目标还未实现。

表 1.4　我国各省份野生动物冲突的补偿资金承担比例

省份	补偿机构	财政资金负担
云南	省、市(州)、县三级管理机构	省财政负担 50%,市和县财政负担 50%
陕西	省、市(地)、县三级管理机构	人身伤害:省财政负担 80%,市和县财政各负担 10%; 财产损失:省财政负担 20%,市和县财政各负担 40%
吉林	省、市县二级补偿管理机构	省财政负担 50%,市县财政负担 50%
北京	市、区(县)、乡镇(街道办事处)三级补偿管理机构	财产损失:由区县财政承担 大额损失:由市级财政给予适当补助 预防控制:由本级财政负担
西藏	自治区、市、县三级管理机构	自治区财政负担 50%,市财政 30%,县财政 20%
甘肃	省、市县二级补偿管理机构	省财政负担 50%,市县财政负担 50%
安徽	省、市县二级补偿管理机构	省财政负担 50%,市县财政负担 50%
青海	省、市、县三级补偿管理机构	省财政负担 50%,市财政 25%,县财政 25%

1.2　研究意义

随着社会经济发展,野生动物的栖息地面积不断缩小,使得人与野生动物之间的冲突矛盾日益突出。国家从宏观角度,为了维持生态平衡,保护生物多样性,建立了许多自然保护区,但随着仅为保护濒危物种的特别手段的实施,种群数量增加,野生动物活动范围日益扩大,造成的危害日益加剧,野生动物与人的冲突成为社会各界关注的热点问题。我国在 1989 年颁布实施的《野生动物保护法》中虽然明确要求各省、自治区、直辖市人民政府对本辖区内野生动物造成的农林业生产损失等进行补偿,但是实施 20 多年来,也仅有 6 个省份颁布了关于野生动物造成损失的补偿办法。随着这一矛盾的加剧，鉴于野生动物，特别是国家重点保护野生动物属国家所有的法律界定，2008 年开始中央财政拨专款就国家重点保护野生动物给予适当补贴。

在野生动物保护与人民群众人身财产损失之间冲突尚未得到有效解决的同时，另外一些尚未造成危害但存在巨大潜在风险的野生动物与人民群众的冲突事件不断出现，而且呈现加剧趋势。具体包括：一是野生动物疫源疫病的出现，这以 2003 年 SARS 事件为代表，目前从中央到地方各级政府已经建立了相关的管理和运作机制，但具体运行中依然问题很多，机制不顺，多头管理，预测预警机制尚未完全建立等问题依然困扰着相关管理部门，人民群众对于野生动物所带来的疫源疫病依然存在戒备和恐慌，对野生动物的畏惧和戒备使得人与野生动物之间和谐相处的目标还远远没有实现。另一方面，近年来野生动物大规模异常出现，野生动物伤人等突发事件频发，使得人与野生动物之间的关系日趋紧张，即不利于野生动物保护事业的发展，也不利于社会稳定。同时，从管理角度看，上述野生动物冲突事件存在范围广、频次较低的现象，如果建立专门的机构和人员队伍长期防控，需要投入巨大的人力、物力和财力，但是如果没有相应的应对管理措施和机制，一旦发生又可能造成较大的危害。因此，加强野生动物冲突事件的预防和应急管理，特别是加强从野外资源保护、人工繁育利用等全过程的野生动物冲突的预防和应急管理机制显得十分必要和紧迫。

当前随着人类社会的发展，人们越来越认识到野生动植物作为生态系统的重要组成部分对于人类的未来发展至关重要。党的十八大正式提出大力推进生态文明建设，这其中人与自然和谐又是生态文明建设的重要内容之一。以野生动物为关键物种的生态系统的维持与保护是人与自然和谐的核心任务。但是随着林业生态建设的有效推进，野生动物栖息环境日益改善，野生动物种群逐渐恢复，许多地区野生动物危害农作物的情况日益严重，野生动物造成的人员伤亡也频频出现，云南的人象冲突伤亡，陕西的羚牛、黑熊伤人事件等就是典型代表。人与野生动物的冲突成为和谐相处过程中最直接最表面化的对立点，也是在野生动物保护与管理中最棘手的现实问题。解决好这一问题不仅能够有效保护野生动物，更加重要的是有助于提高人们对野生动物保护的意识，实现野生动物持续健康发展。

进入新世纪，人与野生动物的和谐共存成为我国野生动物保护管理工作的重要内容之一。2003 年以来，我国逐步在完善人与野生动物冲突的相关法律法规。具体包括：一是建立我国野生动物疫源疫病监测管理，针对全国可能出现的各类鸟类和兽类进行时时监测；二是部分省份制定了野生动物造成损失的补偿办法及其配套规范。但是从管理角度看，目前上述措施依然存在多头管理、协调不顺、事前预测预警尚未建立、部分冲突事件缺乏有效管理等问题，特别是对于疫源疫病以外的野生动物冲突事件，比如野生动物野外大规模异常出现、野生动物伤人、城区突现猛兽类野生动物、人工养殖单位动物逃逸等事件的管理依然缺位，尚未建立响应管理制度。因此，构建我国野生动物冲突预防和应急管理制度，不仅有利于野生动物保护事业发展，而且有利于进一步协调人与野生动物的关系，减少社会不稳定因素。同时，只有构建从野外危害到人工利用全方位覆盖，从野生动物冲突出现前的预测预警到出现后的应急响应以及相关处置措施管理等全过程系统管理，才能真正实现野生动物冲突的科学有序管理，才能最大限度减少野生动物冲突造成的不利影响，促进我国野生动物资源的全面系统管理，真正实现人与野生动物和谐相处。

1.3　研究内容

1.3.1　野生动物种群变化及分布扩散的研究

基于野生动物内禀自然属性的种群增长模型及扩散分布模型，在系统分析人类干扰活动对野生动物种群增长模型及分布扩散模型的具体影响形式后，按照构建数学模型的方法，将每一项具体影响转化为对模型参数变化的调整。然后根据野生动物种群数量初始状态及增长所受影响因素不同，分别建立经济生物双系统影响下野生动物种群增长模型和扩散分布模型，具体包括初始扩张型，种群密度影响的发展型和多重因素制约型三种类别。利用微分方程求解，最大似然函数等方法具体对三类模型进行了理论求解。继而，以获取野生动物资源最大综合效益为目标函数，构建野生动物资源动态经济均衡模型，并运用最大值原理等得到最优控制量函数和最优状态量函数，为进行野生动物资源调控管理提供理论参考。最后选择亚洲象为例，进行模型拟合和未来发展预测。

1.3.2　野生动物冲突的阶段划分及影响因素研究

根据野生动物管理学原理、野生动物生态学等理论，从人类属性、动物属性、自然属性、冲突属性等六个层次构建冲突的影响因素指标，结合北京市的实际情况，对北京市野生动物冲突进行阶段划分，分析冲突影响因素的具体影响方向及程度。从受损频次、受损范围、受损物种、经济损失和相对变化五个层次构建冲突阶段划分的指标，确定了受损村数、农户数、受损比例、补偿金额等八个指标，作为北京市野生动物冲突阶段划分模型的变量。

在指标构建的基础上，采用聚类算法实现阶段的划分。将划分的阶段作为分类标签，通过随机森林算法，对冲突阶段划分中指标对于分类的作用进行重要度衡量。对北京市野生动物冲突形成全面而系统的认知，在此基础上，有针对性地提出管理野生动物冲突的政策建议。

1.3.3 野生动物冲突的空间统计研究

本研究以野生动物管理学、保护经济学等相关理论为指导，运用空间统计学的量化分析模型，构建野生动物冲突的空间数据库，量化地研究野生动物冲突的空间分布情况以及影响其发生的因素，最后根据空间分析结论建立有效的管理机制及策略。基于获得的数据，本部分将运用空间统计分析方法探求北京市野生动物造成农作物损失的空间分布规律。首先，运用空间自相关分析探究野生动物造成农作物损失的全局空间聚集程度；其次，运用核密度分析法绘制热度图，以可视化的方式展现冲突发生点与区域的空间拓扑关系，探究空间密度分布规律；最后，通过标准距离与标准差椭圆分析方法研究其空间分布重心、分布范围与方向。

1.3.4 野生动物冲突发展趋势及预测研究

首先，对北京市当前的人与野生动物现状进行了分析，通过描述性统计与数据探索等方法掌握北京市野生动物冲突的总体情况、时间分布趋势与空间分布特征。其次，将针对冲突使用数据，提出一套将热点问题转化为统计学分类问题的方法，使用网格搜索确定热点预测的最佳滞后期数步长，得到基于 Xgboost 的冲突热点预测算法，与机器学习中常见的四种分类算法的实验结果进行对比分析。再次，使用统计学中经典的时间序列 ARIMA 模型进行预测尝试，并提出一种基于网格搜索算法结合 BIC 准则的 ARIMA 自动参数优化方法。采用深度学习的长短期记忆神经网络 LSTM 算法进行对比，针对以上二者未能考虑的空间相关性问题，提出一种引入空间相关性的改进的空间 LSTM 模型，将以上实验结果进行比较分析。

1.3.5 经济、生物多重影响层次下的系统动力模型

随着人类活动加剧，亚洲象的种群发展已经受到很大影响，但是具体影响程度、影响的可控性等是当前加强保护面临的重要难题。本研究主要针对以橡胶林面积扩张为主要影响因素，对人类干扰影响下的亚洲象种群发展与冲突进行逻辑分析，运用逻辑分析法，种群增长模型，环境–经济综合控制模型等构建了亚洲象种群发展与冲突的生态经济模型，并收集数据进行了应用拟合。

1.3.6 野生动物冲突利益相关方的界定与识别研究

在野生动物冲突管理相关法律法规陆续出台的背景下,野生动物冲突管理效果依然不佳,多方利益诉求没被重视是野生动物冲突管理机制运行不畅的重要原因,协调利益相关方利益诉求对于完善野生动物冲突管理机制和提高其管理效率非常关键。要解决这一科学问题,首先面临的便是野生动物冲突利益相关方的界定与识别问题,本研究将从利益相关方基本理论出发,运用专家打分法和米切尔三要素评分法,结合野生动物冲突管理的实际,对野生动物冲突管理中涉及的利益相关方进行界定与识别,并在界定与识别野生动物冲突管理利益相关方的基础上,对各主要利益相关方的主要利益诉求进行定性分析,为后续研究内容提供分析基础。

1.3.7 野生动物冲突各方的成本效益指标与核算方法体系的构建

在野生动物冲突利益相关方界定和识别的基础上,对识别出的核心利益相关方进行成本效益指标体系与核算方法体系的构建,该成本效益体系将涵盖间接成本、机会成本和间接效益、生态效益等指标。再利用典型地区的相关数据对各大利益相关方在野生动物冲突管理中的各项成本效益进行核算与分析,为野生动物冲突各方最优经济均衡的实证分析奠定数据基础。

1.3.8 野生动物冲突管理各利益相关方的动态博弈均衡分析

本部分将基于各方在野生动物冲突管理中的成本效益指标构建野生动物冲突双方或者多方的博弈均衡模型,并利用上一部分核算出的成本效益具体数值进行实证分析,得到冲突各方最优经济均衡的具体实现条件。

1.3.9 野生动物冲突各方经济均衡的成本效益影响研究

本部分在野生动物冲突核心利益相关方的成本效益指标体系构建的基础上,对野生动物冲突各方进行经济均衡的成本效益影响研究,了解各主要利益相关方在野生动物冲突过程中的各项成本效益与其自身经济均衡关系,找到影响各方经济均衡的关键成本效益因素与影响程度,为野生动物冲突管理各方经济均衡的实现指明方向。

1.3.10 野生动物冲突各方经济均衡的实现策略研究

本部分在对野生动物冲突利益相关方进行动态博弈及经济均衡的成本效益影响研究的基础上,最后有针对性地提出实现野生动物冲突各方经济均衡的相关策略建议,为野生动物冲突的优化管理提供思路,这是本研究的落脚点。

1.4　研究的技术路线及创新

本研究的技术路线如图 1.1 所示。整体来看，本研究将按照基础研究、理论框架构建、方法与应用研究、结论和展望这一顺序来展开。具体而言，第一部分的基础研究将包含人与野生动物冲突的概念界定、相关理论、文献综述和国内外野生动物冲突的现状分析，主要用到文献综述法、调查分析法；理论框架构建将承接基础研究的内容，在文献综述和数据分析的基础上，提出本研究的人与野生动物冲突预测框架，并给出对野生动物冲突数据的针对性处理方法；方法与应用研究即人与野生动物冲突的实证分析，包含双系统影响下野生动物种群变化及分布扩散模型、野生动物资源管理的动态经济模型、热点预测算法、区域冲突数量预测算法、成本效益分析，是本研究的主体内容。这部分主要用到模型分析法、聚类分析、随机森林算法、空间统计研究、结构方程模型、成本效益核算法等；结论与展望将总结概括本研究的主要研究成果，并从中央政府、地方政府、社会公众、受害农户角度提出野生动物冲突管理的政策，据此提出研究展望。

本研究创新点如下：

第一，现有研究中，对野生动物冲突进行系统性分析的研究较少，没有形成全面的认知体系，对冲突管理的研究存在碎片化问题。本研究以人与野生动物冲突风险预测作为研究方向，有助于理解野生动物冲突的基本阶段及形成原因，刻画野生动物冲突的全貌，能够对管理所存在的问题有针对性地解答，在野生动物冲突管理上具有应用创新性。

第二，将统计量化分析方法运用到野生动物冲突管理中，开展阶段划分及影响因素研究。野生动物冲突由多种因素影响产生，仅从一个方面进行分析是不够的，而且，冲突容易在某一区域集中爆发，不同的地区间严重程度差别较大。所以，野生动物冲突需要结合当地的实际情况进行差异化管理。但现有的相关研究大多是采用描述性统计分析或者相关性分析的方法，对野生动物冲突的受损情况仅完成了概括性分析的工作，缺乏对问题的具体研究。本研究将数据挖掘技术、面板数据分析方法应用到野生动物冲突的研究中，不仅能够细致分析野生动物冲突的阶段及影响因素，而且将统计方法的应用领域进一步扩展。

第三，按照构建数学模型的方法，将每一项具体影响转化为对模型参数变化的调整，然后根据野生动物种群数量初始状态及增长所受影响因素分不同，分别建立经济生物双系统影响下野生动物种群增长模型和扩散分布模型，具体包括初始扩张型、种群密度影响的发展型和多重因素制约型三种类别。

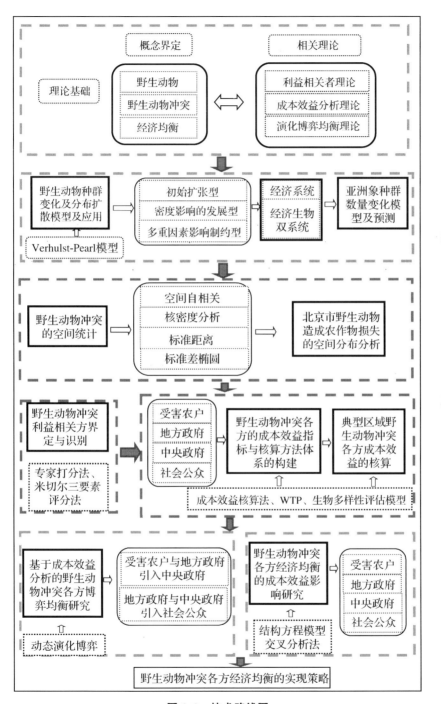

图 1.1 技术路线图

第四，本研究着手于冲突研究领域目前几乎空白的冲突风险预测问题，借鉴与冲突预测类似的犯罪预警研究、交通预测研究等领域中前沿的方法技术，针对冲突数据的时间间隔划分及空间网格划分提出可行性方法和改进措施。这些内容目前在国内外的研究中都属于先行者。而本研究的实验与北京市实际数据和实际需求紧密结合，将冲突预测需求划分为冲突热点预测和区域冲突数量预测两个层面，提出了一套将冲突预测问题转化为统计学中的分类问题的方法，使得冲突热点预测问题可以使用统计学和机器学习中的分类算法来解决。

第五，本研究从利益相关方的成本效益经济均衡视角对当前我国野生动物冲突管理各方的矛盾问题进行研究，打破了以往研究集中在对某一野生动物冲突主体单方面分析的局限性。野生动物冲突管理的优化仅仅依靠单方主体的力量无法实现，而过去研究主要集中在对野生动物冲突受害农户的受偿意愿与保护意愿的研究上，虽然受害农户是野生动物冲突中的最直接的利益相关方，但是仅仅考虑受害农户的意愿，而忽视地方政府等其他利益主体诉求，最终也无法实现野生动物冲突的优化管理。本研究首次尝试将野生动物冲突的核心利益相关方作为一个整体研究对象，从成本效益的经济均衡视角进行研究，一定程度上弥补了以往研究的不足。

第六，本研究尝试把间接成本、机会成本和生态效益等指标纳入到野生动物冲突各方的成本效益指标与核算方法体系中，改变了过去研究仅仅停留在对直接成本和直接效益的关注上，使得各方主体的成本效益核算更加科学和全面。随着我国经济社会的发展和人们生活水平的提高，受害群众对野生动物冲突的成本不再停留在过去对直接财产损失的衡量上，而是从生产生活质量角度对野生动物冲突带来的负面影响进行全方位考虑，对相关间接成本和发展机会成本开始予以关注。此外，由于野生动物保护具有较强的正外部性，将野生动物冲突的优化管理带来的生态效益纳入各方经济利益的考虑范围也是当前生态文明建设的基本要求。

第七，本研究在野生动物冲突各方成本效益的经济均衡研究中综合运用管理学中利益相关方理论、经济学中成本效益理论、博弈均衡理论等相关学科的理论以及结构方程模型、交叉分析等研究方法，构建了一套科学完整的野生动物冲突各方成本效益指标体系和核算方法、野生动物冲突双方及多方的动态博弈理论模型以及野生动物冲突各方经济均衡的成本效益影响模型，开拓了野生动物冲突管理领域的理论和方法应用的新思路，为后续研究开展奠定基础。

2 国内外研究现状分析

2.1 野生动物保护管理的研究现状

随着人类活动加剧，野生动物的发展已经受到很大影响，但是具体影响程度，影响的可控性等是当前加强保护面临的重要难题。目前，我国对野生动物保护及野生动物危害问题越来越重视，虽然野生动物自然保护区的数量在不断增加，但是在生境管理方面相比发达国家尚有许多不足，生物廊道等改善生境破碎化的举措落实不到位（李玉强、邢韶华等，2010），针对保护区以外的野生动物生境研究较少。

在野生动物保护领域，野生动物管理者试图通过降低犀牛角的价值（去角）来保护犀牛资源。为了研究该措施的有效性，有学者构建了犀牛偷猎者与犀牛管理者间的博弈模型，发现当犀牛角全面贬值后可能导致偷猎行为的升级，而只有在制定并实施强有力的管理框架时该措施才是有效的（Nikoleta et al.，2018）。王彬入（2018）考虑到野生动物偷猎者之间存在合作关系，对Stackelberg安全博弈进行了改进，构建了野生动物资源管理者与偷猎者的多轮野生动物保护博弈模型，更好地打击了非法偷猎行为。有学者运用博弈模型对夹金山脉大熊猫保护与周边社区的关系进行了研究，提出管理部门应加强保护监测机制，并在社区积极推广生计替代项目等建议（周婷，2015）。周丹（2014）以辽宁蛇岛老铁山国家级自然保护区为例，构建了当地保护区管理局与本地居民或企业的博弈模型，以及当地保护区管理局与当地政府的博弈模型，得出各方对整体系统的影响可以归结为政府管理、社会进步、经济发展及多方合作四个方面，最后提出构建有机协调、平等互惠、均衡运行的基于各方利益的自然保护区管理模式来促进保护区生态保护与经济发展的协调统一。有学者认为急剧增长的野生动物贸易规模是当前野生动物保护所面临的挑战之一，通过构建从事野生动物的贸易人员与监管野生动物贸易的管理人员双方间的静态博弈模型，求解出纳什均衡，最后提出提高监管力度与技术手段、完善相关法律法规等建议（汤兆平、杜相、孙剑萍，2013）。瞿丹枫（2013）在对药用野生动物资源的保护研究中，采用博弈分析法，构建了药用野生动物资源监管行政机构与资源利用者之间的博弈模型，通过对纳什均衡解的分析提出了建立多部门配合的长效监管机制的建议。

野生动物保护措施的有效实施等（Messmer et al.，1997；Fall and Jackson，1998），多数情况是多种因素共同作用的结果（蔡静、蒋志刚，2006）。其中，有学者认为人类对野生象栖息地的侵占以及捕杀是引发人象冲突的主要原因（O'Connell-Rodwell et al.，2000）。当人的数量和象的种群数量都在增加的时候，人类农业用地不断扩展侵占象的栖息地，进而大象被迫同人类争夺水源、食物以及空间，从而引发人象冲突（Tchamba，1996；Barnes，1996）。在非洲很多地方，非洲象的栖息地面积过小，不能满足现存的种群数量生存需要，从而自发向外扩展空间，导致人象冲突不断（Armbruster and Lande，1993）。在中国，由于人类经济活动大肆扩张，保护区周边亚洲象适宜生活的低地森林生境被开发种植咖啡、橡胶等价值高的经济作物，致使亚洲象栖息地严重破坏和种群向外扩散的天然廊道的消失，造成"孤岛"效应，进而加剧人象冲突（冯利民等，2010）。而人和食肉动物冲突上升的原因与此相似，在印度由于人口增长和耕种放牧面积扩张，造成猎物种类和数量减少，大型食肉动物只能在保护地外游荡寻找食源，便增加了捕食家禽家畜和袭击人的可能性。

对种群数量及影响种群数量和分布变化的因素开展研究，对于野生动物资源的生物多样性保护，生态平衡及合理利用等方面都具有重要的理论与应用价值（孙儒泳，2002）。野生动物冲突致损事件发生的频率上升及受损金额的增长，使得各地野生动物保护及相关林业部门开始重视补偿机制的制定（刘欣，2012）。目前，在全国的很多存在野生动物肇事致损的地区都已经建立了各自的补偿标准。现有损失补偿的资金来源：

一是财政部门拨款。由国家、省财政部门进行拨款，补偿比例约在受损金额的60%以上。

二是公共保险制度。对于冲突密集地区，实行公共责任险制度。2010年始，云南西双版纳将野生动物冲突致损的损失纳入公众责任保险范畴（陈文汇、王美力、许单云，2017）。截至2012年，西双版纳全辖区野生动物投保费用770万，总赔偿金额1565.11万元。公共保险制度获得了较好的效果。

野生动物冲突的补偿方式除经济补偿外，还可以采用政策倾斜的方式。比如增加发放种苗、化肥等优惠措施（蔡静、蒋志刚，2006）对农户进行补偿。

在法律方面，我国目前还没有一部关于野生动物致人损害的专门法律，对有关野生动物致人损害赔偿内容的法律条文仅《中华人民共和国野生动物保护法》中有所提及，并且存在补偿主体模糊不清、补偿经费不足、机制不合理等问题（许迎春、田义文等，2014）。随着冲突事件的加剧，现行的赔偿制度暴露出很多问题(郭会玲、张英豪,2011;饶欢欢、彭本荣等,2014),比如在某些偏远地区,过去的动物肇事致损事件主要是由国家或省级重点保护动物产生,但是近些年随着保护区自然环境的恢复,发生了诸如野猪、獴等非重点保护动物啃食农作物,致使农民受损的情况,而此类的冲突事件却并未列入当地的补偿范围内(周训芳、黄豫湘,2002;周鸿升、唐景全、郭保香等,2010;侯一蕾、温亚利,2012)。

2.2 野生动物冲突管理的研究现状

野生动物冲突管理涉及野生动物管理学、保护生物学、野生动物生态学、环境与资源经济学等学科领域。现对野生动物冲突国内外研究进行梳理与总结,以期对本研究起到参考与借鉴作用。具体包括以下几方面内容:

2.2.1 野生动物冲突原因研究

有研究显示野生动物冲突的强度和范围不仅与野生动物的种群密度、行为、栖息地的生物容纳量密切相关(Rao et al.,2002),还同受损害地区农作物种植方式、家畜的组成相关,甚至与当地人的行为、社会经济政策有一定的关系(Madhusudan,2003)。野生动物冲突的主要原因为人口的日益增长(Vijayan and Pati,2002;Lamprey and Reid,2004)、野生动物栖息地的不断丧失(Nyhus and Tilson,2004)、土地利用方式的改变(Sukumar,1991)、野生动物保护措施的有效实施等(Messmer et al.,1997;Fall and Jackson,1998),多数情况是多种因素共同作用的结果(蔡静、蒋志刚,2006)。野生动物伤害人有时和其本身的行为策略有关,比如在研究陕西羚牛攻击人事件中发现羚牛的主要防御策略为逃离危险区域,只有在无法逃脱时羚牛才会选择攻击人类,因此只要当地居民与羚牛保持一定距离就能确保自身安全(曾治高,2009)。

2.2.2 野生动物冲突控制措施研究

为了缓解野生动物冲突,各国政府积极采取野生动物预防和干扰、栖息地管理、转移与狩猎、社区管理、建立损害补偿制度等手段(Nyhus et al.,2003;Schwerdtner and Gruber,2007;Ogra and Badola,2008;Madden,2008)。

设置防护障碍来减少人与野生动物冲突的方法历史久远,相关的研究也非常多(Biondi et al.,2011;Davies et al.,2011)。传统的障碍物有栅栏、防护墙、防护沟等,现代的有防护网、电网、铰链等,这些防止野生动物越过一定范围的障碍物统称为防护物。在印度,为了防止亚洲狮等野生动物离开保护区，保护区周边建造了碎石墙和带刺的铁丝网，同时防止保护区外的农牧民进入保护区内进行非法放牧。但这种方法受到了一些保护专家的反对，他们认为该种方法制约了野生动物的活动空间，加大了栖息地的孤岛效应。另外，在保护区周边建造和维护这种防护障碍的成本较高，但不经常维护就起不到实际防护的效果（Musiani et al.，2005）。

除了使用防护障碍以外，人们还经常使用干扰技术。干扰技术包括烟火、灯光、电子声音干扰器、警报器、狗等。如果使用得当，这些装置有助于将野生动物驱逐走（Vidrih and Trdan，2008）。现实中常用的干扰方式是利用声音或者火光来驱逐野生动物。在中国云南，当地农民利用敲击铜锣、使用火把等驱赶野生亚洲象（Zhang L and Wang N，2003）；在西非的布基纳法索，当地人们利用鼓声和枪声驱赶野生非洲象（Damiba and Ables，1993），然而这种驱赶方法只是开始奏效，当野生大象习惯了声音、光和火时，就再也不起作用了。为了减少食肉动物造成的损失，许多地区利用狗来看守家畜（Treves and Karanth，2003）。事实证明在欧洲和亚洲使用牧羊犬效果好（Ciucci and Boitani，1998），但在北美，可能由于经验和管理的原因，使用牧羊犬效果一般（Kojola and Kuittinen，2002）。在多数发展中国家，农民在农田里巡护、对着入侵的野生动物叫喊来保护耕种的农作物，人们也常常合作驱赶农田附近入侵的野生动物（Hill，2000）。然而增加看守庄稼的次数并不能显著地减少损失，却减少了做其他事情的时间（Kagoro and Rugund，2004）。另外，开展野生动物肇事预警预报也能有效地预防野生动物损害的发生。已有的野生动物肇事防治研究多在发生肇事事件之后开展，所采取的措施往往错过了最佳防控时期，应通过研究易肇事野生动物的习性和生境特征，分析其迁移规律，建立有关模型，预测潜在的动物肇事发生地，并利用地理信息技术绘制动物肇事风险等级分布图。除了空间上的预警预报外，对重点关注的易肇事野生动物的季节性肇事特点也要进行预测。野生动物肇事预警预报可用于服务农业生产和林业经营，保障从业人员的人身及财产安全。

进行栖息地管理是通过推断野生动物对栖息地的选择及偏爱，开展有目的的管理，通过改造栖息地生境进而改变野生动物行为，减少野生动物造成的损失（蒋志刚，2004）。在美洲，鹿类的损害十分严重，当地人通过在植物叶片上涂抹喷洒鹿类厌恶的味道、减少种植鹿类喜食的树木和农作物等方法来趋避鹿类，从而减少损失（Ward and Williams，2010；Hygnstrom，2009）。再如，野生象的管理者在保护地周边种植一些象不喜吃的作物，如茶叶、橡胶等，并在中国亚洲象保护区内建造人工"硝塘"，减少了亚洲象进入村寨寻觅食盐的次数（Zhang L and Wang N，2003）。另外在保护区内建立食物源基地

"喂养"亚洲象,吸引野象进入保护区,减少了对社区群众庄稼的糟蹋,也是减少危害当地社区的有效途径(刘林云、杨士剑、陈明勇等,2006),或应用生物保护廊道原理规划建立亚洲象保护廊道,以缓解人象冲突(李正玲、陈明勇、吴兆录等,2009)。在多数发展中国家,人们也常采用转移目标法来降低食肉动物的损害,即恢复食肉动物捕食对象的种类和数量,减少其对家畜的捕食。草食动物亦是如此,当天然食物资源比较充足时,草食动物对庄稼的损害降低(Treves and Karanth,2003)。另外,杨文赟等(2007)提出可以从空间和时间两个方面调整作物种植结构以达到管理作物的目的,在空间上可将肇事物种不喜食的作物种植在危害频发的地区,将肇事物种喜食且受害严重的作物转移到距林缘较远的地区种植;在时间上可将易受野生动物危害的作物的成熟期调整到野外食物充足的季节(李兰兰、王静、石建斌,2010)。

转移"问题动物"是避免野生动物冲突的一条途径,很多保护区管理者倾向于把那些徘徊在人类居住地的"问题动物"迁移到其他合适地方(Bradley et al.,2005)。如在研究纳米比亚的非洲象种群中,一些学者认为可以通过将部分大象转移到其他适宜的地点来减少大象密度,或把"问题象"进行圈养(靳莉,2008);在处理引起冲突的狮子时,可以将其转移给动物园进行迁地保护(O'Brien et al.,1987)。猎捕危害严重的"问题动物"也是减少冲突的方法。有学者认为应有选择地射杀伤害人的野生象;在处理人与熊冲突时,加拿大不列颠哥伦比亚省的管理者经常捕杀问题熊;为了降低鹿类动物的密度,减少鹿类动物造成的损失,专家建议对其进行选择性的猎杀;在非洲很多地区,村民利用猎枪或者在田里安铗放套来捕杀损害庄稼的野生动物,农户不但获得野生动物的肉和皮张,也减少了庄稼损失(Naughton-Treves,1998)。在中国,由于缺乏天敌和严格的保护措施等,各地野猪种群数量迅速扩大,损害现象比较严重,为了降低损害,减小当地居民对野猪的反感,学者建议对当地野猪进行狩猎(王丽梅、贾竞波、刘炳亮,2008)。但是应该考虑到,猎捕的方法虽然代价比较低,但是效果还很难评估,因为狩猎者往往不以造成损害的野生动物个体作为猎杀目标,此外猎捕同样会增加人与野生动物的直接冲突。同时,狩猎这种方式也受到了来自动物福利组织、动物保护组织以及旅游业等方面的批评和反对,在欧洲和美国这种反对的呼声最高。

蔡静和蒋志刚(2006)指出缓解野生动物冲突除了对野生兽类进行预防控制,还应该对当地社区居民进行管理。在当地居民中普及保护知识,宣传野生动物保护相关法律法规,提高其保护意识,并让其了解肇事野生动物生活习性、危害及防范措施等知识(陈明勇,2006)。发展社区经济也是进行社区管理的有效方法,有研究表明提高社区经济水平可以增强居民对野生动物损害的容忍度，在我国云南思茅一个以发动社区为主的亚洲象栖息地保护项目，通过提高当地经济来加强周边社区对亚洲象造成损失的容忍度，以达到减缓人象冲突的作用（Zhang L and Wang N，2003）。

为了缓和野生动物冲突，获得当地人对野生动物保护的支持，多数国家政府采取建立损害补偿制度或保险体系等方法。在发达国家，财产权的定义清楚，补偿工作相对比较成功，例如狼和灰熊补偿基金会对当地狼和灰熊的重引入以及保护工作做出了贡献（Rondeau，2001；Wilcove and Lee，2004）。但是在发展中国家，相关补偿进行得并不顺利，原因是政府所设置的补偿项目往往由于资金的缺乏、管理的不彻底以及补偿过程中遇到的困难而中止。另一方面，有研究者在政府对野生动物损害补偿的问题上持反对意见，他们认为补偿会使当地人为了得到补偿而降低采取围栏、烧火或者其他一些非致死的方法以防御野生动物的损害，进而降低防止减少损失的积极性（Bulte and Rondeau，2007）；也有学者认为补偿项目如果进行得不充分彻底，就具有欺骗性（O' Connell-Rodwell et al.，2000），如果只是单纯补偿，而不充分考虑接受补偿者的因素，补偿可能不仅无效，甚至可能对野生动物的保护起到负面的影响，尤其是对于那些濒临灭绝的物种（Bulte and Rondeau，2005）。到目前为止，依然没有哪一种管理措施可以防止所有的损失（Weladji and Tchamba，2003）。但实践证明受损者如果从野生动物保护获利，他们更可能接受野生动物造成的损失（Redpath et al.，2004）。总体上来说，补偿在缓解人与野生动物冲突中的作用，目前得到了许多学者的认同，特别对缓解人对野生动物的不满情绪方面，作用极大。有关研究发现许多城市居民愿意拿出资金来保护大象，这对缓解农村居民的不满情绪是有帮助的，并且这种补偿的方法比转移走大象更好（Bandara and Tisdell，2003）。不过也存在一些不同意见认为补偿不一定能缓解当地居民对大象等野生动物的不良情绪，进而增加对它们的保护（Bulte et al.，2008）。这些不同意见需要在今后的研究过程中，进一步验证。

对野生动物造成损害的补偿，可以理解为两层含义：一种为行政补偿，另一种为生态补偿。当前野生动物损害补偿的形式是一种行政补偿，实质是对当事人人身或财物损害的救济（罗世荣、杨丽娟，2007）。除了行政补偿以外，由于野生动物资源的"公共物品"属性，野生动物损害补偿还应该适用于生态补偿，生态补偿与行政补偿的在补偿主体、方式、手段、标准方面都有很大区别，行政补偿主体是政府，而生态补偿主体除了政府以外，还有生态保护中的利益相关者。针对目前补偿标准低、补偿资金不到位等问题，国内学者认为应建立从中央到地方分级补偿机制，争取国际资金，补偿资金来源多元化。有人认为可通过发行野生动物保护彩票、发放狩猎证来开拓补偿资金渠道(周理明，2008)。另外从野生动物保护角度出发，除了对野生动物造成的直接损害进行补偿外，还应当包括对因为保护野生动物而丧失发展机会的人们进行资金、技术、实物上的补偿、政策上的优惠(周鸿升，2010)。综上，补偿措施成功与否，关键在于准确地确定损失量、补偿公平化、过程透明化、有长期而稳定的补偿金来源、明晰的准则和指导方针来保证补偿的实施等，另外还应该建立社会经济和文化的正确损失评估体系，以及野生动物种群及栖息地的科学监测系统。

2.2.3　野生动物冲突管理的问题与对策

在野生动物肇事补偿机制的问题和完善上，李少柯(2018)指出近年随着各省野生动物补偿办法的出台与完善，我国野生动物冲突管理补偿工作取得了重点省份补偿工作规范化、地方财政补偿投入增加、多渠道补偿资金筹集机制初现等成效，但依然存在补偿标准较低、补偿资金渠道单一、补偿制度不健全等问题，并提出加强野生动物栖息地保护，建立野生动物损害中央和地方分级补偿制度，建立多渠道、市场化野生动物损害补偿机制的建议。同时有学者指出野生动物肇事补偿机制中存在补偿主体与范围不明确、操作性不强、经费无保障等问题，建议通过构建政府补偿、市场补偿和社会补偿的多元补偿主体和采用经济补偿和非经济补偿的补偿方式来完善野生动物肇事损失补偿机制(韦惠兰、贾亚娟、李阳，2008)。程伯仕、曹晓凡、苏倪(2005)通过对野生动物致害经济补偿机制的理论探讨和实务分析，提出在野生动物冲突管理中应进一步完善野生动物保护法律法规及经济补偿机制、完善使用补偿资金的监督体制等政策建议。许迎春、田义文、朱保建等(2006)总结了野生动物冲突管理中补偿制度的问题有补偿主体不清、补偿经费不足、补偿机制不合理、计算损害的标准不明、补偿制度的实施性不强等缺陷，提出了明确补偿义务主体、建立野生动物致害补偿基金制度、明确损害补偿范围、完善补偿标准、制定具体补偿办法等建议。而同时黄松林、王跃先(2002)针对完善野生动物损害补偿制度提出了拓宽补偿基金的资金来源、实行分级分类补偿、明确补偿条件、扩大补偿范围、完善补偿标准、确定司法救济途径等对策建议。基于对秦岭自然保护区的调查，有学者总结了目前野生动物肇事补偿中存在补偿范围小、补偿标准不明确、核查工作难度大等问题，并提出了扩大补偿范围、保证核查资金、明确补偿标准、多样补偿方式的政策建议(侯一蕾、温亚利，2012)。

有学者在对野生动物保护区具体调研的基础上，提出了我国野生动物保护管理的具体问题与建议，谌利民、熊跃武、马曲波等（2006）通过对 2002—2004 年四川唐家河自然保护区周边林缘社区的调查，发现野生动物冲突原因主要为退耕还林后野生动物种群增多且范围扩大、林缘社区自然减员传统防范难见成效，并针对性地提出生态移民、调整种植结构、建设生态旅游小区、发展特色经济等政策建议。康祖杰、田书荣、龙选洲等（2006）通过对壶瓶山国家级自然保护区野生动物危害现状的调查，指出了野生动物冲突管理补偿工作存在以下问题：补偿主体不明确、补偿范围不明确、补偿配套制度不健全、补偿标准不统一和补偿责任不明了，并提出明确补偿主体、经费来源、申请程序、补偿标准、损失计量方法以及补偿基金管理办法的建议。张恩迪、乔治·夏勒、吕植等（2002）在对西藏墨脱县格当乡调查的基础上，总结了当地人虎冲突管理的具体措施。徐志高、王晓燕、宋嘎等（2010）针对西藏羌塘自然保护区人与野生动物冲突，提出了控制保护区人畜数量增长、加强野生动物防治、建立社区共管、实施生态效益补偿、加强野外监测等建议。余海慧、吴建平、樊育英（2009）通过对辽宁省东部山区野猪危害农作物的实地调查，提出了进行回避、从时空角度调整农作物结构、经济赔偿、预防控制、适度捕杀等野猪冲突管理的政策建议。黄锡生、关慧（2005）指出了野生动物冲突本质是人与野生动物在资源占用、空间享用等方面的利益冲突，提出协调野生动物冲突的构想，即从数量到质量的发展上重新定位自然保护区、从绝对保护到相对保护的理念更新、生态补偿制度的完善，并从扩大补偿基金的来源和丰富生态补偿的形式两大方面论述了促进生态补偿的完善的途径。

在野生动物冲突管理的防控措施上，沈洁滢、崔国发（2015）归纳了野生动物冲突管理的五类防控措施，包括物理防控、化学防控、生物防控、基因防控及通过管理手段进行的防控，认为要因地制宜地综合使用多种防控措施。杨文赟（2007）介绍了野生动物冲突管理中大型野生动物的危害防治技术，在防治设施方面介绍了围栏的设置、挖壕沟、缓冲带、干扰物四类方法，在防治行动方面介绍了轰赶、套捕、异地搬迁、种群调控、调整作物结构、危害补偿和其他措施。

在野生动物冲突中，人象冲突由于社会关注度高，大量学者对其开展了研究。学者们在分析人象冲突原因和危害的基础上，提出加大资金投入、完善法律法规、栖息地保护、加强预防控制、控制野生动物数量、异地搬迁、调整产业结构、建立预警信息系统、引入多方合作机制、野生动物肇事全省联保等建议（张立、王宁、王宇宁等，2003；刘林云，2006；王斌、陶庆、杨士剑，2007；唐勤，2007；靳莉，2008；郭贤明、杨正斌、王兰新等，2012；陈文汇、王美力、许单云，2017）。李剑文（2009）认为人象冲突的实质缘于生存空间争夺中人的主动冒进，人象冲突问题影响了边疆民族地区社会稳定和发展，而经济补偿是当前人象冲突管理中的重要措施，其关键在于构建中央财政统筹的野生动物肇事补偿机制。

2.2.4　野生动物冲突利益相关方研究进展

在野生动物冲突管理领域，马建章(2008)指出在野生动物冲突管理中需明确三个管理对象，即动物、生境和人，其中对人的管理就是首先确定与野生动物冲突相关的利益群体，再具体关注其态度变化。陈文汇、王美力、许单云(2017)在对中国亚洲象肇事补偿分析中，首先进行了利益相关者的界定，认为其利益相关者包括当地居民、各级政府、林业部门、保险公司等，并利用3R(responsibility，right，return)模式对各利益相关者的责任与权力进行了分析。刘欣(2012)通过专家访问，认为野生动物损害补偿中的利益相关者涉及野生动物资源的破坏者、野生动物资源的使用者、野生动物生态服务的受益者、野生动物资源的保护者(受损者)和政府五类主体，并由此确定了以政府为主、利益相关者与非利益相关者为补充的联合补偿主体。黄程、于秋鹏、李学友等(2019)运用条件决定树方法对影响当地公众亚洲象保护态度的关键因素进行了分析，调查了涉及当地村民、护林员、定损员、亚洲象监测员、政府人员和普通公众等群体的505份样本，发现了是否赋予亚洲象存在价值、是否遭受亚洲象损害、保险赔偿效果以及冲突预警效果是影响公众对亚洲象态度的关键因子。

在野生动物领域其他方面，王凯(2014)以野生动物资源利用的企业社会责任T-S框架为基础，构建了野生动物资源利用的利益相关者分类模型，模型包括11类利益相关者，即基础层(股东、债权人、供应商、分销商)；稳定层(员工、客户、政府)；次高层(社会公益因素、企业道德因素)；高级层(自然环境、非人类物种)，其构建的利益相关者分类模型较好验证了野生动物资源利用企业社会责任的组成机理。丛丽、吴必虎、李炯华(2012)从利益相关者的角度总结了国外野生动物旅游的相关研究，认为在野生动物旅游活动中，直接利益相关者涉及野生动物及其生境、到访的游客与当地居民，而其研究主要集中在旅游相关方的影响研究及博弈分析，即对旅游者、野生动物和社区居民的影响，以及各方主体间的博弈行为的研究。同时有学者认为，野生动物旅游的利益相关者主要包括旅游者、旅游业、政府部门、东道地社区、环境管理部门、非政府组织、野生动物等7类，并总结了其不同的利益诉求(Higginbottom and Scott，2004)。

在林业经济领域方面，谭红杨(2011)认为生态旅游具有很强的公益性功能，而其公益性的实现取决于生态旅游的核心利益相关者即旅游者、保护地、旅游企业、当地社区、政府、非政府组织、学术界和传媒之间能建立起一种共生关系，其中政府应处于战略层供给地位、非政府组织处于辅助供给地位，旅游企业则是供给的执行层。贾卫国、彭翌峰、张璇等（2016）在对林业企业利益相关者的分析中，从供需、价值、企业与空间四个维度建立利益相关方的识别方法，识别出林业企业的利益相关者有企业管理者、股东、员工、供应商、消费者、政府、社区、社会公众与环境，并分析了各方与林业企业的相关性大小，为林业企业编制社会责任报告奠定了基础。同时，谢煜、胡非凡（2016）利用 Mitchell 三分类评分法对林业企业的关键利益相关方进行了识别，得出企业员工、股东、消费者/客户、承包商、供应商、当地社区、县乡级政府、林地所有者、非政府组织和林业管理部门为林业企业的关键利益相关方，而随着政策、经济条件和技术的变化，其关键利益相关方也在变化。林明鑫，温作民、贾卫国（2020）识别出我国国家公园建设中的主要利益相关者有国家公园管理部门、旅游投资公司和社区居民，并分析了三方主体的行为目标与策略选择，为国家公园的可持续发展提供依据。

有学者将利益相关者理论运用到广东南岭国家级自然保护区的治理问题中，通过 Mitchell 利益相关者理论，把其利益相关者分成三大类：一是包括旅游者、一般公众和媒体在内的潜在型利益相关者；二是包括非政府组织、科研工作者在内的预期型利益相关者；三是包括南岭自然保护区管理局、当地乡镇政府、社区居民、旅游开发商和当地企业在内的确定型利益相关方（麦晓斐，2016）。吴伟光、楼涛、郑旭理等（2005）分析了天目山自然保护区中自然保护区管理者、当地政府、以农林收入为主的社区农民和以非农林收入为主的社区农民等主要利益相关方的利益诉求，得到保护区与周边居民的冲突有生产受限、补偿不到位、规划滞后等。有学者运用利益相关者分析方法对辽宁蛇岛老铁山国家级自然保护区的保护与发展问题进行分析，得到其利益相关者包括自然资源、本地居民和企业、当地保护区管理部门、地方政府、上级政府与科研单位，发现利益相关方的地位不平等与关系不平衡是导致各方矛盾冲突的本质原因，最后提出应将利益相关方的关系从对立转为合作，从弱反馈机制转到强有力支持机制的建议（周丹，2014）。王金龙、杨伶、张大红等（2016）在京冀合作造林工程效益评估的研究中，利用利益相关者理论，采用 Mitchell 评分法对工程涉及的利益相关方进行了界定，得出京冀合作造林工程的核心利益相关者有北京市政府（政策的设计者）、河北省市县级地方政府（政策的执行者）、工程覆盖区的农户（政策的受益者），并分析了三方利益主体在工程项目中的不同价值取向和目标。乌斯娜（2014）在集体林权制度改革中，通过构建 Mitchell 利益相关方显著模型，从正当性、影响力与紧迫性三个维度得分得出林农、地方政府与中央政府是其主要利益相关方。刘梦婕、刘影、冯骥等（2013）在生态公益林补偿问题研究中，以福建三明为例，采用参与式调查法对市县级林业职能部门与当地林农等利益相关方进行调查，发现不同利益主体对补偿政策的诉求不同，最后提出建立多元化补偿方式与提高补偿资金的使用效率的建议。徐超（2013）在对福建三明地区林下经济发展的研究中，通过利益相关方的初选、专家意见征询和意见的定量分析的方法，得出林下经济的核心利益相关方有当地政府、林业主管部门、企业与农户。

西方学者对利益相关方的界定实际上经历了一个"窄定义-宽认识-多维细分-属性评分"过程。20 世纪 60~70 年代是利益相关方理论的初创期，对于利益相关方的定义是狭隘的；80~90 年代初期，从广义上认识利益相关方后迅速兴起了对利益相关方的细分热潮；90 年代中期以后，定量化的评分法大大促进了利益相关方的界定工作，也使利益相关方理论具有了很强的可操作性（贾生华、陈宏辉，2002）。

2.3 研究方法的现状分析

2.3.1 成本效益研究进展

成本效益分析是通过比较项目的全部成本和效益来评估项目价值的一种方法。成本-效益分析作为一种经济决策方法运用于政府部门的计划决策之中，以寻求在投资决策上如何以最小的成本获得最大的收益，常用于评估需要量化社会效益的公共事业项目的价值，也可采用这种方法对大型项目的无形收益进行分析。在该方法中，某一项目或决策的所有成本和收益都将被一一列出，并进行量化。

在野生动物冲突成本效益计量方法研究进展方面，韦惠兰、贾亚娟、李阳（2008）在评估与核算野生动物冲突带来的直接和间接成本时主张针对性地选择市场价值评估法、重置成本法、参与式调查评估法、专家评估法等方法。罗丽（2016）在重大动物疫情公共危机中开展了养殖户采取疫情防控的成本-收益定量分析，并根据成本收益理论提出了养殖户防控的优化策略。谭盼、白江迪、陈文汇等（2020）以"理性经济人"理论为基础，建立了野生动物冲突中受害农户成本与效益对其满意度影响的结构方程模型，并利用云南省的迪庆地区的调研数据对其进行了实证研究，发现冲突成本和管理效益都对满意度的影响显著，其中冲突成本有显著的负影响，管理效益有显著的正影响，最后提出实施有效的预防控制措施减少野生动物冲突发生等建议。而对野生动物相关成本效益的评估和计量离不开对野生动物资源价值的研究，根据韩嵩、刘俊昌（2008）的分类总结，野生动物价值构成主要采用三大分类体系：一是以野生动物功能和用途的不同分为游憩价值、美学价值、生态价值、教育与科学价值、社会文化价值、商业价值与负价值；二是根据受益主体的不同分为生态价值、社会价值和经济价值；三是从经济学的角度，把野生动物资源价值分为利用价值和非利用价值。利用价值分为直接利用价值（游憩价值和实用价值）和间接利用价值（影视、文学和艺术品观赏价值）。非利用价值包括选择价值和存在价值。在野生动物价值分类的基础上，总结了以下三类评估方法：

市场价格法（Conventional Market Approaches）可以应用在野生动物提供的商品和服务在市场上交易所产生货币价值的情况，如野生动物产品和野生动物旅游服务。市场价格法包括市场价值法和费用支出法，费用支出法是从消费者的角度来评价野生动物的经济价值，它以人们对野生动物生态旅游服务的支出费用总和来评价（包括往返交通费、餐饮费用、住宿费、门票费、入场券、摄影费用和购买野生动物纪念品和土特产的费用）。理论上，市场价格法是一种合理的方法，但由于野生动物功能、价值种类繁多，因此环境经济学家们还发展了其他评估方法。

替代市场法（Surrogate Market Approaches）是间接运用市场价格来评估野生动物价值的方法，其原理主要是根据人们赋予的野生动物价值，可以通过他们为生物多样性享用或者防止生物多样性降低所愿意支付的价格来推断。该方法同时可以定量评价野生动物生态功能的效果，然后以这些效果的市场替代物的市场价格为依据来评估其价值。替代市场法主要有旅行费用法（TCM）、享乐价值法（HP）、规避损害法（AB-DE）、预防疾病费用法、生产力价值变化法等。其中，旅行费用法是国外最流行的游憩价值评估方法，但有学者指出该种方法评估出的野生动物价值深受区域社会经济条件的影响，即与收入分配、交通状况等密切相关（黄晨，2006）。

模拟市场法主要指的是条件价值法（Contingent Value Method）。条件价值法在评估野生动物资源的游憩、生态、存在价值上得到了广泛的应用，其优越性主要表现在不但能对野生动物的利用价值进行评估，还可以对野生动物非利用价值进行评估。条件价值法属于模拟市场技术方法，它的核心是直接调查咨询人们对野生动物保护的支付意愿和接受补偿意愿，并以支付意愿、净支付意愿或接受补偿意愿和净接受补偿意愿来表达野生动物保护的经济价值，但是受被调查者心理及社会特征的影响较大。尽管如此，CVM 的应用有助于决策者充分认识野生动物的内在价值，有利于野生动物保护与可持续利用，是迄今为止用得最多也是唯一能够评估非使用价值的方法。

上述三大类方法中，市场价格法和模拟市场法属于直接评价技术，替代市场法为间接评价技术。市场价格法根据对市场行为的观察，要求被评估对象有明确的市场价格，该方法简单方便，但只能估算有市场价格实物的使用价值。模拟市场法根据经济学的效用理论，通过导出消费者的 WTP 或 WTA 确定评价对象的补偿变差或等价变差，从而估算出评价对象的价值。虽然 CVM 研究在实践中仍存在许多问题，但由于它是野生动物存在价值的唯一评估方法，仍受到许多学者的推崇。替代市场法特别适合于评估非实物使用价值和间接使用价值，但人为规定的假设条件是其局限。

在对国内外文献整理的基础上，发现关于野生动物成本效益的研究主要集中在野生动物价值的核算方面，学者们对野生动物的生态价值(鲁春霞、刘铭、冯跃等，2011)、商业价值(马春艳、陈文汇，2015)、负价值(韩嵩、刘俊昌，2008)、游憩价值(王乙、高忠燕、田园双，2018)、存在价值(何杰，2004)、保育价值(王俊峰，2014)等方面进行了探讨，其中野生动物的生态价值(鲁春霞、刘铭、冯跃等，2011)与负价值的计量(韩嵩、刘俊昌，2008)和野生动物冲突管理各方的成本效益核算与测度的关系较大，可以起到参考和借鉴的作用。而在野生动物价值核算评价方法上，主要集中在条件价值法(胡小波等，2010)、统计核算法(马春燕，2015)、旅行费用支出法(林英华、李迪强，2000)、支付意愿法(陈琳、欧阳志云、段晓男等，2006)、选择实验法(王乙、高忠燕、田园双，2018)等方法上，其中条件价值法、旅行费用支出法和选择实验法对野生动物冲突各方成本效益核算方法的选取上有很大的参考价值。整体来说，以往学者在野生动物生态价值等方面的核算方法的分歧较大，还需要学者们进一步深化研究。

在林业经济邻域成本效益的研究进展方面，刘璨、荣庆娇、刘浩等(2012a)在系统回顾成本效益分析的基础上，指出以往的成本效益分析往往是以静态分析为主，动态分析为辅，同时对各类间接效益如生态效益的量化存在困难，最后基于生态系统服务提出土地退化治理项目的成本效益分析方法，指出制度和时间因素对成本效益影响较大。有学者在青海和甘肃两省 200 个样本农户三年的面板数据的基础上，运用生产力变化方法和含有集群标准误的随机效应模型，开展我国西部干旱地区生态系统恢复可持续土地管理(SLM)措施的成本效益分析，结果显示退耕还林(草)和太阳灶项目在经济上是可行的(刘浩、刘璨，2015)。刘璨、荣庆娇、刘浩等(2012b)利用生产函数模型对青海省 105 份成本效益调查问卷进行分析，通过评估林业重点工程(退耕还林工程)和 GEFOP12 项目对农户总收入、以土地为基础的收入和非农收入的影响，进而监测了各大工程项目成本效益，结果显示退耕还林工程显著地增加了农户以土地为基础的收入，并通过对比各项目的内部收益率和投资回收期发现退耕还林项目明显优于 GEFOP12 项目。

吴静(2015)在其博士论文中系统分析了生态旅游中开发者、地方政府和社区居民等利益相关方的成本效益，并通过大量一手调研数据以及二手统计资料实证核算了秦岭生态旅游的主要效益和主要成本，得出其生态旅游整体效益成本比为 6.56，其中各级政府的生态旅游收益成本比最大且净收益最多，是生态旅游最大的受益主体，其次是自然保护区与景区从业单位，而承担了较多生态旅游成本的社区居民却得到了非常少的生态旅游收益。宋莎(2013)分析了生物多样性保护对周边社区发展的限制成本后，以千年生态系统评估中的福利效益框架为基础，构建了生物多样性保护的社区福利效益模型，得到虽然生物多样性保护带来了生态环境改善和经济效益提高等生态福利效益，但不足以弥补资源利用约束产生的社会福利限制成本。王昌海(2011)认为成本效益问题(投入产出问题)是生物多样性保护政策调整的基本依据，研究首先完整界定了生物多样性保护成本效益的概念与内涵，接着系统建立了涵盖经济效益、生态效益与社会效益及保护成本的生物多样性保护成本效益指标体系，并通过实证数据进行计量，最后从计量结果的货币值大小和利益相关方角度对成本效益发展趋势进行了曲线预测分析，为生物多样性保护政策的优化提供理论支撑。

2.3.2 冲突博弈论应用研究进展

刘欣(2012)在制定野生动物肇事补偿标准中主张通过补偿主体和补偿对象协商博弈来进行确定，既要考虑支付方的支付意愿，又要衡量受偿方的受偿意愿，然后双方进行充分博弈，以达到帕累托最优的补偿标准，这个标准是一个范围，上限是受偿意愿，下限是支付意愿。王文瑞、田璐、唐琼等(2018)认为野生动物冲突是生态恢复中生态系统反服务(EDS)的一种表现，并以"猪进人退"为案例设计了博弈分析模型，得出人类在解决野猪侵害问题时的纳什均衡(防治，侵害)，最后提出生态补偿标准的提高可以实现积极保护生态与防治野猪的理想状态。

在野生动物旅游的博弈分析里，有学者采用构建矩阵的方法描述了野生动物旅游影响程度与游客经历的博弈关系，根据旅游经历丰富度和对野生动物影响程度的不同划分为四类区域，其中 C 和 D 区域对野生动物影响较小，还能为游客提供旅游经历，应予以鼓励(Reynolds and Braithwaite, 2001)。鉴于危害的严重性，现有研究对野生动物疫源疫病领域的关注较多，金熙、李燕凌（2018）构建了野生动物疫情事件中的地方政府与疫区农户的演化博弈模型，得到双方的帕累托最优均衡为地方政府完成隔离扑杀工作以及疫区农户得到合理补偿，并提出了完善强制隔离制度与补偿政策等实现最优均衡的相关建议。此外，李燕凌、丁莹（2017）以动物疫情公共危机为例，构建了当地政府、网络媒体与社会公众三方的演化博弈模型，研究结果显示当地政府是各方博弈的主导者，影响着其他两方主体的决策，网络媒体可以通过网络舆情压力使得当地政府应对危机，而社会公众仅是博弈过程中的接受者，同时受到当地政府和网络媒体双方的影响，最后提出了多方主体参与的协调机制来应对动物疫情公共危机。有研究利用"黄浦江浮猪"事件的调查数据，构建了当地政府、生产者和消费者三方群体的演化博弈模型，发现博弈三方行为间互相影响，但当地政府在事件中扮演着关键引导角色，而消费者处于从属地位，在决策的过程中依赖政府发布的信息，最后提出了应建立多方参与危机化解的协调机制（李燕凌、苏青松、王珺，2016）。有学者在关于重大动物疫情公共危机中养殖户防控行为的研究中，采用动态博弈分析方法，分析了养殖户与当地政府、社会公众的委托代理关系，明确了三方主体在公共危机事件中的地位和关系，并提出加强社会公众对养殖户的监督、向养殖户提供有效的防控技术、提高养殖户的防控意识等优化策略（罗丽、刘芳、何忠伟，2016）。动物疫情公共危机中的管理分为对政府和社会公众两个方面，从该事件的内涵出发对国内外动物疫情公共危机中政府与社会公众参与的演化博弈研究进行总结和分析，为多元共治管理模式的建立提供了理论依据（王珺、李燕凌，2015）。

而在林业经济其他领域，有学者认为博弈论可以有效地解决自然保护区管理的保护与发展矛盾，协调好各方利益关系，具体而言自然保护区可以描述为 n 人博弈，通过 Nash 均衡和 n 人合作博弈的 Shapley 值以及核仁（Nucleolus）等方法求解，并实证分析了博弈在天然林保护、以电代柴和适度开发等典型案例中的应用（吕一河、陈利顶、傅伯杰等，2004）。有学者从机会成本的视角建立了政府和农户博弈的动态模型，认为退耕农户选择毁林复耕的概率不仅取决于复耕的净收益，还取决于农户转移劳动力的机会成本（林德荣、支玲，2010）。邓思宇、刘伟平、何仙艳（2017）从生态补偿和生计替代角度出发，构建了动态博弈模型分析自然保护区与周边农户的矛盾，算出生态补偿的动态模型没有均衡点，但可以得到其关键影响因素即破坏行为的净收益和惩罚力度，生计替代动态博弈模型的纳什均衡点（不抗争，发展替代生计），最后提出保护区主动帮助周边农户发展替代生计是解决双方矛盾、实现共同发展的关键。罗宝华、张彩虹（2014）在荒漠地区生态保护补偿机制的研究中，通过构建动态演化博弈分析模型，对各方的行为决策进行了分析，得出政府部门是生态补偿的主导者，其直接决定了模型的均衡解，最后提出确定合理的补偿标准、降低保护成本和加大监管效果等建议。刘璨（2020）运用演化博弈理论对我国集体林权制度变迁的动态过程进行了研究，得出分权多中心决策主体观念的改变是集体林权改革的前提，中央政府是集体林权制度改革的介入者，而集体林权制度改革呈现的间歇性均衡和多重均衡是演化博弈持续的结果。杨加猛、叶佳蓉、王虹等（2018）研究了我国生态文明建设中中央政府与地方政府的委托代理关系，构建了双方的利益博弈模型，以及建立了地方政府、相关企业与社会公众的完全信息静态博弈模型，最后提出了中央政府、地方政府、相关企业与社会公众的四方协同参与生态文明建设的激励机制建议。苏蕾、袁辰、贯君（2020）在对我国林业碳汇供给的研究中构建了林业经营者与地方政府的演化博弈模型，研究表明林业碳汇项目的成本、扶持政策的成本与效果均对演化博弈均衡的实现产生影响，据此提出地方政府出台精简高效的扶持政策，林业经营者努力发挥主观能动性的建议。潘鹤思、柳洪志（2019）在跨区域森林生态补偿的研究中构建了保护地区的地方政府与受益地区的地方政府的演化博弈模型，研究表明双方仅靠自身力量无法实现跨区域生态补偿，而当引入中央政府的"约束–激励"机制时可以促进森林生态补偿的实现。乌斯娜（2014）在集体林权制度改革中，通过构建当地林农与地方政府，地方政府与中央政府的静态博弈模型，得出应建立以中央政府为主导、地方政府为引导和当地林农为主体的"三位一体"的改革管理新模式。

2.3.3 空间数据分析研究现状

空间数据分析主要研究空间地理数据的位置、距离及相互关系。经过长期发展，空间数据分析在地理学、经济学及统计学的理论基础上，已经发展为研究空间数据空间特征、探索空间模式及空间分布规律的非常重要的分析工具。根据1894年的一份记录，John Snow开创性地将数周内霍乱患者的位置标注在地图上，通过对周边水源和街道地貌的分析，得出了布罗德河水井为霍乱患者聚集点的报告。政府以该结论为依据，迅速采取措施有效阻止了霍乱的蔓延，这可以认为是空间数据分析在早期的一次成功尝试（Koch，2004）。空间数据分析真正成为系统的学科始于20世纪60年代，许多统计学家尝试将统计学的概念引入地理学，并尝试进行应用。统计学家Moran（1950）首先在文章中详细阐述了空间自相关的概念。南非工程师Krige（1951），在选矿过程中使用变异函数的方法，该方法能够对连续分布的矿产分布进行预测，这可以视为地统计学的开端。1970年，Tobler在地理学会议报告中提出，地理学上的事物相互关系不同于传统统计学相互独立假设，地理事物相关性随相互之间的距离增加而减弱，奠定了日后空间统计研究空间自相关的前提。Cliff（1981）介绍了通过空间模型来研究具有空间效应的地理信息数据，并给出空间模型的参数估计和假设检验方法，可视为空间自回归模型的雏形。区域经济学家 Anselin 在 1988 年出版的著作中系统地概括了此前空间统计学的成果，包括空间自相关理论、空间结构异质性、空间自回归和空间误差模型、参数估计与检验等，成为日后空间统计学研究中引用最为广泛的文献。Diggle 在其1983 年著作中介绍了空间点数据分析的理论及应用，不同于早期生态学家在田间及动物种群中采用的调查空间密度的方法，Diggle（1981）采用空间点模式分析及空间点过程模型对单变量及多变量进行研究，并介绍了其在流行病学及生物学领域的应用案例，后续再版的著作增加了时空点模式的分析方法。1989 年我国学者周成虎首次发表文章简单介绍空间点模式的概念及数据分析方法。

　　20 世纪 90 年代，空间统计学逐渐走向成熟。局部空间计量研究取得长足进展。Getis（1992）介绍了 G 统计量的性质，以及 G 统计量揭示单个点特定空间距离内的变量关联特点。通过北卡罗来纳州婴儿猝死案例和圣地亚哥城市住宅的案例进一步说明了相比 Moran I 全局统量，G 统计量在局部细节上更具有解释力。为了满足地理信息系统（GIS）进行探索性空间数据的需要，Anselin（1995）引入了局部指标 LISA，并通过非洲国家空间冲突格局的案例说明了 LISA 的作用。一方面，类似于局部 G 统计量，LISA 可以反映局部非平稳区域或者热点指标，另一方面 LISA 可以反映局部变量对全局变量的影响，并识别异常值。Kulldorff（1997）则利用扫描统计量来判断一维点集的分布情况及一维点过程的随机性，并将该方法进一步扩展为多维点集研究、可变面积的点扫描统计量以及非泊松过程或伯努利的点过程分析三个方面。Cressie（1993）撰写的《空间数据统计分析》一书对前人研究进行了系统总结，详细介绍了空间点数据、多边形数据及连续数据的案例及方法模型。

　　进入 21 世纪，空间数据分析技术进一步发展，大数据、机器学习等技术的发展对传统空间数据分析方法提出了新的挑战。周成虎、李婷等（2013）周成虎等介绍了时空点过程分析方法，通过将时空点过程分解为若干特定分布模式，利用 K 函数等方法将其转化为密度函数，经过丛集分解及降噪处理进一步将函数提取出要分析的点模式。王劲峰、柏延臣等（2014）等介绍了时空大数据分析方法，针对海量时空大数据，采用时空回归、时空格局探测、空间格局时序分析、时空异常探测及时空建模等方法。

　　在应用领域，空间数据分析方法伴随着其理论的发展在多个学科取得了很好的应用。在犯罪学领域，吴升（2015）利用空间描述分析和热点探测的方法对福州盗窃案件的空间分布进行分析，获得盗窃案件的空间平均中心、聚集强度及热点区域等信息。颜峻、疏学明（2010）等为研究犯罪率与周边地理因素的关系，将犯罪率、人口密度、道路数据及警力分布信息分别置入普通回归模型及地理加权模型，通过比较发现地理回归模型在解释犯罪率的影响因素上效果更好，对于犯罪研究更有帮助。在流行病学领域，空间数据的分析方法有助于把握疫情的空间分布及扩散趋势，及时发现源头及病因，有效控制疫情发展。王劲峰、孟斌等（2005）等以北京市 2003 年非典型肺炎患者空间位置进行分析，通过热点聚集的方式获得了各级热点在北京市的空间分布，结果表明个体患者具有空间随机性，二级热点患者与北京市交通环线相关，同时根据时空过程分析，分别获得了疫情在早期和加强防控期的不同空间扩散趋势。迟学文、王劲峰等（2007）等在对山西和顺县新生儿出生缺陷的空间特征分析时发现，和顺县新生儿出生缺陷在煤矿周围呈聚集趋势，结合之前学者关于出生缺陷的研究，提出了煤矿的微量元素致病的观点。

相比犯罪学和流行病学，空间数据分析在林业及野生动物领域同样具有重要意义。郭福涛、胡海清等（2009）对 1988—2005 年大兴安岭由雷击引发的火灾点进行时空分析发现，除少量年份外，大部分时间大兴安岭火灾呈聚集分布，存在热点聚集区域，并获得了热点核心区域的坐标。Vadrevu（2008）在对印度地区的植被火灾研究中采用样方分析及 K 函数分析方法，其结果说明了印同邦的火灾密度，不同坡度及不同植被类型对于火灾发生的影响。陈利顶（1998）研究了卧龙自然保护区的坡度、高度及食物来源等熊猫生境因素，通过研究区域叠加分析及生境评价发现熊猫生活区域存在生境破碎化问题，斑块之间无法为熊猫的生存提供有效利用，建议通过减少当地居民活动、退耕还林等措施来改善大熊猫生境。Fisher（2007）则在野生动物管理领域应用空间点模式的分析方法，运用 K 函数对科罗拉多州草原镇穴居猫头鹰的空间分布格局进行分析，并将结果和当地草原修建程度进行比较，证明猫头鹰的聚集受草原修建影响，据此给出猫头鹰的管理建议。

由此，经过了数十年的发展，空间统计学在目前三个主要分支：格数据分析、连续数据分析及点数据分析的基础上，凭借着大数据技术的推动，在经济、生态、流行病学、犯罪学及商业等多个领域获得了更为广阔的发展。

2.4 研究评述

已有文献开展了大量有关野生动物冲突管理问题的理论和实证研究，从研究内容和形式上来看，已开展的研究主要分为以下几方面：

第一，是对野生动物冲突发生原因和冲突控制措施的探讨。这类研究主要集中在野生动物生态学领域，诸如 Sukumar（1991）、Messmer et al.（1997）、Fall and Jackson（1998）、Madhusudan（2003）、蔡静和蒋志刚（2006）等对野生动物冲突发生的原因从不同角度进行了阐述，但他们都支持人类的因素（侵占栖息地等）是野生动物冲突发生的主要因素。在冲突控制措施方面，国内外学者的研究主要集中在防御和干扰技术（Zhang and Wang，2003）、栖息地管理（蒋志刚，2004）、转移与狩猎（Bradley et al.，2005）、社区管理（陈明勇，2006）、野生动物损害补偿（Redpath et al.，2004）等方面，整体来说这些冲突预防措施主要集中在对栖息地的改造、肇事物种的管理和受害农户的补偿及其经济发展上。

第二，大量文献集中在野生动物冲突管理中的问题和对策建议方面。具体主要集中在野生动物肇事补偿机制的问题与完善（李少柯，2018）、具体野生动物保护区的冲突管理问题及建议（侯一蕾、温亚利，2012）、具体物种冲突管理（陈文汇，2017）、生态学相关管理措施（何謦成、吴兆录，2010）等方面。这类研究虽然对野生动物冲突的具体实际问题和对策把握很到位，但其研究结果往往局限在某一地区和物种上，其适用性和可推广性还有待商榷，且这类研究对野生动物冲突现象及问题的分析往往停留在基础数据的简单汇总或描述统计中，缺乏定量的深入分析，而这将是未来研究开展的主要方向。

第三，在野生动物价值计量上，有众多学者开展了卓有成效的研究。学者们对野生动物的生态价值（鲁春霞、刘铭、冯跃等，2011）、商业价值（马春艳、陈文汇，2015）、负价值（韩嵩、刘俊昌，2008）、游憩价值（王乙、高忠燕、田国双，2018）、存在价值（何杰，2004）、保育价值（王俊峰，2014）等方面进行了探讨，其中野生动物的存在价值、负价值和生态价值等方面的研究还较薄弱。而在野生动物价值核算评价方法上，主要集中在条件价值法（胡小波、王伟峰、余本锋等，2010）、统计核算法（马春燕，2015）、旅行费用支出法（林英华，2000）、支付意愿法（陈琳、欧阳志云、段晓男等，2006）、选择实验法（王乙、高忠燕、田国双，2018）等方法上，整体来说以往学者在野生动物生态价值等的核算方法上分歧较大。

以上文献对本研究起到思想启发和方法借鉴的基础作用，具体体现在以下方面：在对野生动物冲突利益相关方的界定和分类上，已有相关研究开始关注。由于野生动物冲突管理是一个比较复杂的工作，在实际中将会涉及多方主体的利益，各方主体的利益诉求和经济均衡将对冲突管理的有效性产生重要影响。已有学者开始关注野生动物冲突利益相关方的研究（马建章，2008；刘欣，2012；陈文汇、王美力、许单云，2017），但主要停留在对野生动物利益相关方的识别和界定与重要性的认识上，而对利益相关方经济均衡的实现没有深入研究，最多是关注农户单一方在野生动物肇事补偿中的意愿及行为上的研究（刘欣，2012）。

在对野生动物冲突利益相关方成本效益的研究上，系统的关注并不多。以往研究主要集中在对野生动物价值的探讨上，即对野生动物各类价值及其核算方法的研究和实证分析上，其中野生动物的生态价值（鲁春霞、刘铭、冯跃等，2011）与负价值的计量（韩嵩、刘俊昌，2008）和野生动物冲突管理各方的成本效益核算与测度的关系较大，可以起到参考和借鉴作用；而野生动物价值的具体核算方法如条件价值法、旅行费用法和选择实验法对野生动物冲突各方的成本效益的核算方法的选取上也有很大的参考价值。但以往研究中并未出现系统核算和评价野生动物冲突管理中各方的成本效益内容，而对野生动物冲突各方成本效益指标体系构建和选择适合的方法进行实证测量对于均衡野生动物冲突各方的经济利益十分关键。

在对野生动物冲突利益相关方博弈均衡的研究上，以往研究关注较少。野生动物冲突管理各方的成本效益和利益诉求的不同，必将出现各方和多方的博弈现象。而在以往研究中，对野生动物冲突管理博弈上主要是对肇事补偿中的农户受偿意愿与公众的支付意愿的简单计算（刘欣，2012），或对野生动物生态旅游中游客和野生动物影响上的不同组合的博弈研究上（Reynolds and Braithwaite，2001），对野生动物冲突管理中利益相关方的博弈实证研究还处于空白领域。一方面可能由于野生动物冲突各方的成本效益的指标体系不健全以及相关成本和效益的计算存在争议，另一方面可能由于冲突各方的成本效益等基础数据的缺失等原因。

综上所述，野生动物冲突作为野生动物保护管理的重要内容，已经引起了国内外广大学者的关注。关于野生动物生态学、野生动物行为学、野生动物物种遗传学的研究成果大量出现，对野生动物冲突发生的生态经济系统背后的各项原因进行了深入的分析和研究，同时对野生动物冲突发生的各类控制措施进行了探讨。我国学者对野生动物冲突管理问题也进行了卓有成效的研究，研究主要集中在对某一特定野生动物冲突危害严重区域的野生动物冲突管理问题和对策进行探讨。而在经济管理领域上，以往有大量学者关注野生动物冲突事件中农户的受偿意愿和行为，当然农户是野生动物保护和冲突管理的最重要的主体，然而要系统地提高野生动物冲突的管理水平和效率，对农户一方的关注和研究显然是不够的。本研究拟弥补野生动物冲突管理领域已有研究的学术不足，在识别和界定野生动物冲突利益相关方的基础上，以利益相关者理论、成本效益理论和博弈均衡理论为基础，尝试构建一套野生动物冲突相关方的博弈均衡模型和经济均衡的成本效益影响模型，以找到实现冲突各方经济均衡的策略，为实现野生动物冲突的最优管理提供方向和思路。

3 理论基础及理论框架分析

3.1 主要理论基础

3.1.1 野生动物管理理论

野生动物管理学作为管理保护动物资源的重要理论基础，据此国家结合资源实际情况制定资源的管理及利用政策，其理论的发展与应用对于野生动物资源利用而言至关重要，深刻影响着产业前景以及企业在经营战略规划、管理方法等方面的规划。因此，野生动物间冲突管理能否科学解决与野生动物管理理论研究进展息息相关。

3.1.1.1 野生动物

野生动物作为发生冲突和致人损害的肇事者，对其进行界定很必要，从不同时期和角度出发，野生动物的定义各不相同。

在英文中，"野生动物"为"Wildlife"，其构词法类似于中文的偏正结构，由形容词"Wild"（野生的）来修饰名词"Life"（生命，泛指动物）。因此，广义上讲，英文 Wildlife 一词包括一切野生生物，如脊椎动物、无脊椎及植物等。但在一般情况下，Wildlife 一词特指野生动物。美国野生动物管理的创始人Leopold（1933）在他的著作《独特管理》（Game Management）中，把野生动物只是狭义地指为大型狩猎动物。Bailey 在他的书《野生动物管理学原理》（Principles of Wildlife Management）中，认为野生动物是指那些"自由地生活在与它们有天然联系的环境中的脊椎动物"。目前，国外的野生动物定义还有"除了家养和驯养以外的动物都是野生动物，包括各种哺乳动物、鸟类、爬行动物、两栖动物、鱼类、软体动物、昆虫及其他动物"等。马建章（2000）在《野生动物管理学》中，将野生动物定义为："凡生存在天然自由状态下，或来源于天然自由状态，虽经短期驯养但还没有产生进化变异的各种动物，均称为野生动物。"基于人工圈养下的野生动物的行为和遗传结构发生了改变，蒋志刚（2004）将野生动物分为"人工养殖的野生动物"和"野生动物"两大类。

在法律上，2016 年新修订的《中华人民共和国野生动物保护法》第二条第二款对"野生动物"界定为"本法规定保护的野生动物，是指珍贵、濒危的陆生、水生野生动物和有重要生态、科学、社会价值的陆生野生动物"。第三款"本法规定的野生动物及其制品，是指野生动物的整体(含卵、蛋)、部分及其衍生物"。《中华人民共和国陆生野生动物保护实施条例》对陆生野生动物的定义为："本条例所称陆生野生动物，是指依法受保护的珍贵、濒危、有益的和有重要经济、科学研究价值的陆生野生动物。"法律之所以要保护这类野生动物，除了数量稀缺外，还因为它们对人类乃至整个生态系统有重要的价值和意义。

依照《中华人民共和国野生动物保护法》对"野生动物"的界定是将野生动物分为"珍贵、濒危"和"有重要生态、科学、社会价值的陆生野生动物"两个类别。其中珍贵、濒危的野生动物受到国家的严格保护，这类动物大多为国家重点保护野生动物。1988年12月20日由国务院批准，林业部和农业部共同拟定的《国家重点保护野生动物名录》共列出国家一级重点保护野生动物96个种或种类，如大熊猫、亚洲象、虎、豹、金丝猴、长臂猿、白鳍豚、中华鲟等；列出国家二级重点保护野生动物160个种或种类，如猕猴、金猫、马鹿、天鹅、玳瑁等。在野生动物冲突损害中，危害最大的就是国家一、二级重点保护野生动物，约占冲突损害的70%左右，如亚洲象、羚牛、云豹、黑颈鹤等国家一级重点保护野生动物以及黑熊、猕猴、棕熊、水鹿、灰鹤等国家二级重点保护野生动物。新修订《中华人民共和国野生动物保护法》中把"三有动物"界定为"有重要生态、科学、社会价值的陆生野生动物"，其中第十条第四款规定"有重要生态、科学、社会价值的陆生野生动物名录，由国务院野生动物保护主管部门组织科学评估后制定、调整并公布"。

本研究课题中的"野生动物"概念将借鉴新修订的《中华人民共和国野生动物保护法》中对野生动物的定义，即指珍贵、濒危的陆生、水生野生动物和有重要生态、科学、社会价值的陆生野生动物，具体主要是指《野生动物保护法》规定范围内的且引发肇事的陆生野生动物。

3.1.1.2　野生动物管理

Aldo Leopold 对野生动物管理学的建立与发展所作出了卓越贡献，因此被尊为"野生动物管理学之父"。野生动物管理学的建立之初，狩猎动物被视为主研究对象，"人类与土地和谐共处"和"明智地利用资源"的思想是其指导思想。通过对野生动物的生活及生态特性的进一步了解，为资源繁衍提供良好生境，使可加以利用的个体资源在种群中所占比例较大是管理工作的主要目标。这种倾向也同样体现在野生动物资源的行政管理方面，20世纪30~50年代美国通过的主要也是限制野生动物资源利用的程度，从而可以更好地为野生动物提供生存环境的相关法律和法规。

此外，除了经济学家、野生动物管理学家等对野生动物的管理和利用持续关心，为了加强野生动物管理，生态学、保护生物学等自然学科的学者也作出了巨大贡献。在野生动物资源管理模型的研究方面，最大持续产量理论作为其主要理论基础，是指使可更新资源提供最多的产量，但又不影响和危害其种群的增长，从而实现长期持续利用目的。研究的主要政策问题：一是野生动物捕捞能力的规划和控制问题；二是野生动物资源法规以及扩大的野生动物资源管辖区域问题。

随着知识和管理经验的累积，人们越来越倾向于将自然界视为一个整体，而野生动物资源作为管理的其中一个组成部分。参与自然资源保护和利用的研究人员一直在寻求土地资源能够多重利用的方法与途径，并将资源管理工作进一步细分为狩猎动物的经营管理、非狩猎动物的保护工作以及濒危物种的资源拯救三个方面，野生动物管理学成为自然及自然资源保护工作的重要组成部分。

野生动物管理学本身是以动物学与动物生态学作为理论基础，在此之上侧重于管理实践的科学研究，因此便有众多学者不仅从经济管理的角度对其进行探讨，还有来自生物技术、工业科技、法律政策各方面角度切入的许多研究和支持。

3.1.2　野生动物冲突理论

3.1.2.1　野生动物冲突

习惯上我们把野生动物冲突所造成的财产损失与人身伤害统称为野生动物损害（即野生动物肇事）。野生动物冲突主要表现为损害庄稼，捕食家畜，威胁人身安全等，以人类中心角度，野生动物冲突严重威胁了人们物质和精神生活，降低了人们的生活质量（Conover and Decker，1991；Conover，1994，1997；Fall and Jackson，2002）。

本研究所界定的野生动物冲突即野生动物损害，是一种损失事实，是受害人请求野生动物损害补偿的客观前提。损害，从字面上讲是指伤害和使其蒙受损失两层意思。古代典籍《人物志·七缪》："夫人情莫不趣名利，避损害。"而损害在《现代汉语词典》是"使人或事物遭受不幸或伤害"。有学者认为损害是指一定的行为致使权利主体的人身权、财产权受到侵害，并造成财产利益和非财产利益的减少或灭失的客观事实（董波，2001）。简言之即权利因侵权行为遭到侵害，利益因此而受到减损。按照现行法律，行为的实施者必须是在法律上具有主体资格的人，可是关于野生动物是否具有主体地位的问题，理论上的研究尚无定论，主体资格的立法更是无从谈起，由此野生动物肇事的损害过程不能称之为"行为"，野生动物造成的"损害"不能称为损害，显然，这种对损害事实的定义是狭隘的。实际上，损害事实不一定都由行为造成，特定的客观事件同样能导致损害的发生，例如自然灾害等。还有一种观点认为，所谓损害，是指一定行为或事件造成人身或财产上的不良后果或不良状态，这种观点为野生动物导致的损害被称之为损害提供了理论依据。在野生动物致人损害中，损害是指野生动物造成人身权和财产权损害的事实或客观结果，通常表现为：野生动物的攻击导致人身残疾或丧失劳动能力、需要付出医疗费用、失去误工收入；牲畜被猛兽捕食、农作物遭到野生动物哨食、践踏、设施被野生动物破坏等造成的财产损失。

在法律实践中，由于野生动物的生存状况或占有人不同，引起的法律责任的性质也就有所不同。《中华人民共和国民法通则》第一百二十七条规定："饲养的动物造成他人损害的，动物饲养人或者管理人应当承担民事责任。"生存于动物园、驯养繁殖场或野生动物园的野生动物造成他人人身、财产损害，由于野生动物的占有权、管理权归驯养繁殖场或野生动物园，并且野生动物具有真实的监管者，所以由此而引发的法律责任属于民事法律责任。而本课题研究的是纯粹生存于野外的野生动物，生存于国家自然保护区的野生动物，《中华人民共和国野生动物保护法》规定其为国家所有，各级政府及相关管理部门对其有管辖的责任和义务，野生动物冲突属于国家管理不善造成的结果，属于"野生动物伤人，国家买单"的原则，即由国家承担行政法律责任（邱之岫，2006）。

由此，本研究给野生动物冲突下个定义。野生动物冲突是指由野生动物肇事造成的侵害人身权和财产权的一种事实状态，致使人身权品质的贬低，或者说野生动物的一定行为或事件使人身和财产遭受到不利、不良后果或状态，野生动物资源属于国家，野生动物相关管理部门需要对此承担责任。简而言之，本研究中"野生动物冲突"的定义指野外生存的野生动物对其周边居民肇事所造成其财产和人身方面的损害状态。

3.1.2.2 人与野生动物冲突产生原因

人与野生动物冲突的根本原因在于资源共享，人类和野生动物共同生存在资源有限的地球上，因争夺彼此生存发展所需的资源而产生冲突。具体来看，人与野生动物冲突的产生的主要有以下三个方面的原因：

第一，人类养殖的畜牧动物同野生动物竞争食物资源。为了满足人们的肉类食物需求，人类畜牧业一直保持着高速发展趋势，对草料资源的需求也不断增长，由此加剧了畜牧动物同野生食草动物的食物资源竞争，致使野生食草动物种群增长受限，甚至面临灭绝风险。当野生食草动物的数量远小于当地居民养殖的畜牧业动物数量时，家畜占据了绝大部分的草地，从而使得野生食草动物种群数量下降。与此同时，中小型食草动物作为大型肉食动物的重要食物来源，面临食物资源减少风险的大型肉食动物不得不将捕食对象转向人类养殖的家禽家畜（Mishra，1997）。在羌塘地区，家畜数量增长加剧了与野驴等食草野生动物的争夺，食物来源缩减的野驴等野生动物经常啃食人类的预备草场，这类冲突致使牧民经济受损（徐志高、王晓燕、宗嘎等，2010）。

第二，人类社会发展改变土地利用方式，挤压野生动物栖息地，致使栖息地丧失或破碎化。人口的持续增长和人类社会活动范围的扩大，增加了人与野生动物产生直接接触的概率，部分地区的城镇村扩张已经与野生动物保护区产生越来越多的接壤。在我国的西双版纳地区，伴随人口增长的是农业种植范围扩张，亚洲象被迫向更小的栖息地中聚集，造成区域内的亚洲象种群密度增加而生存资源减少，象群不得不向人类种植区中寻找食物资源，人象冲突频发（陈明勇，2006）。在中国西藏羌塘自然保护区，人口数量和家畜数量迅速增长使得人类的影响日益加剧，原来的放牧草场严重超载，牧民向羌塘北方牧区扩张迁移，激化了野驴群等食草野生动物与牧民之间的冲突（徐志高、王晓燕、宗嘎等，2010）。除自然保护区、山区和农村地区之外，城镇周边由于人口增长和土地利用方式转变而导致的人与野生动物冲突也并不罕见，对北京市人与野生动物冲突和土地利用的实证研究发现，面板回归模型证实了二者之间的强相关性，土地利用形式的改变是人与野生动物冲突发生频次的强影响因素（曾巧等，2019）。

第三，部分野生动物种群数量因野生动物保护工作呈现增长趋势。随着人们野生动物保护意识的提高，全球范围内野生动物保护工作持续推进，部分野生动物种群数量逐步从衰退趋势转为增长趋势，同时存在一些野生动物种群在保护之后实现了更快速的种群数量增长，种群的增长带来野生动物对资源和栖息地需求的增长，不可避免地产生了资源竞争和新的冲突。北美洲的狼在几个世纪前已经近乎被消灭，而随着20世纪以来野生动物保护计划的开展和国家公园的建立，北美的狼群数量正在逐渐恢复，与此同时农场、牧场周边地区冲突愈演愈烈（Musiani et al.，2003）。印度在吉尔国家公园内大力度推行野生动物种群恢复和栖息地保护工作，成效显著，公园中亚洲狮数量在20年间增长了一倍。然而亚洲狮作为一种大型猫科动物，国家公园内的资源难以满足其生存繁衍的栖息地要求和食物要求，导致亚洲狮频繁向国家公园边缘的村庄入侵，许多家禽家畜被掠食，引发了亚洲狮与人类的剧烈冲突（Vijayan and Pati，2002）。在中国云南白马雪山自然保护区，设立保护区之后野生动物数量逐年增加，野生动物活动区域的增加也导致了人与野生动物冲突事件的逐年上升(任江平，2018)。

3.1.2.3　人与野生动物冲突协调措施

人与野生动物冲突已然对人类和野生动物双方都造成了不可忽视的影响，人类为缓解冲突、尽最大可能降低双方的损失，提出了一些协调冲突的针对性措施。目前来看，不同地区针对不同的野生动物物种通常有着差异性的冲突协调方案，当前已有主要协调方法包括以下几种：经济补偿、保险赔偿和迁移等。

经济补偿。补偿是一种事后协调措施，指由政府建立补偿制度，在人与野生动物冲突发生之后，对受损居民根据受损情况给予经济性补偿，以减少人们遭受的损失，缓和人与野生动物冲突。补偿通常通过金钱支付来实现，或以等价的自然资源利用许可作为交换。在英国、美国、加拿大均有野生动物致害补偿的相关法律法规(孙畅，2018)，我国野生动物肇事补偿制度被写入了《野生动物保护法》："因保护国家和地方重点保护野生动物，造成农作物或者其他损失，由当地政府给予补偿。补偿办法由省、自治区、直辖市政府制定。"

经济补偿措施和补偿制度研究是人与野生动物冲突管理研究中的重点课题，而大量研究表明，当前的补偿机制仍存在局限性。对我国西双版纳地区损害补偿制度的研究显示，地方经济欠发达将使得补偿金额低于居民实际损失，挫伤居民的野生动物保护积极性(甘燕君、李玲，2018)。对我国多个自然保护区的人与野生动物冲突补偿现状研究显示，多地对补偿方式、标准和范围规定不明确，导致受损农户的利益不能得到切实保障(窦亚权等，2019)。

保险赔偿。保险机制自2010年起逐步引入到我国的人与野生动物冲突管理工作之中。相较于补偿机制，保险赔偿制度的赔偿主体不再局限于政府，变得更加多样化，是一种市场化的运作机制(李雨晗、高煜芳，2019)。西双版纳地区在2010年实施公共责任保险制度后，赔偿资金得到保障，赔偿率大幅提升，为缓解人与野生动物冲突工作提供了巨大支持(陈文汇、王美力、许单云等，2017)。

迁移。迁移分为两种类型，野生动物迁移和当地居民迁移。在有合适的栖息地空间和土地资源的情况下，将野生动物种群整体从冲突高风险地区向远离人类生活区的地方迁移。尽管迁移过程存在风险，这也将是一种缓解人与野生动物冲突的可能性方法(Treves and Karanth，2010)。居民迁移相较于野生动物迁移有着更高的可行性和有效性，随着人类聚居区的城镇化和社会经济的发展，部分遭受冲突的居民从与野生动物接触概率较大的深山、农村、城郊地区向更繁荣的城镇区迁移，为野生动物让出更多的生存空间，从而缓解人与野生动物冲突。

3.1.2.4 人与野生动物冲突影响因素

目前的人与野生动物冲突风险的研究文献主要集中在前文已阐述的冲突成因分析和冲突协调措施研究，少有研究在对冲突产生的原因进行阐述之后，继续寻找冲突的定量影响因素，继续挖掘冲突事件与各类影响因素的数量关系，进而对冲突继续展开预测研究。

冲突的影响因素研究与冲突的预测研究有着最为密切的相关性。找到人与野生动物冲突的强影响因素，发现影响因素与冲突之间的数量关系后，可通过一定的拓展延伸将其深化为冲突预测研究。其操作方法为预留部分原始数据不进入数量关系研究，将这些预留数据的影响因素代入数量关系模型，即可得到表示冲突情况的被解释变量数据，比较模型计算冲突和实际冲突数据的偏差，可进行该影响因素的数量关系模型能否用于冲突预测的探讨。在这一基础上，继续利用最新的已知影响因素数据对未知的冲突情况进行预测，即可完成人与野生动物冲突风险的预测研究。

然而当前已有的研究成果中从未有过人与野生动物冲突风险预测的尝试，且有关人与野生动物冲突发生的影响因素的定量研究成果数量也并不多。当前国内外关于人与野生动物冲突影响因素的定量研究成果综述如下：

云南永德大雪山国家级自然保护区的野生动物造成损失补偿研究显示，区域内黑熊造成损失的次数与该区域到自然保护区的距离、森林面积占区域的比例呈负相关，而与农作物种植面积占区域面积的比例正相关（黄程等，2018）。徐建英等（2015）以四川卧龙国家级自然保护区为例，建立了野生动物造成损失与农地特征之间的逻辑回归模型，研究结果表明二者之间相关关系显著，其中最为显著的几大农地特征指标为：农地种植作物类型、农地与森林的距离、农地与公路的距离。对江西省的人与野猪冲突情况问卷调查和分析发现，冲突在所调查的地区具有明显区域性特征与空间相关性，生活在林地边缘地区和行政区边界的居民有着更大的风险遭受野猪的侵害（江晓萍等，2018）。

以上文献表明农作物类型、农地特征、周围环境、土地利用情况是冲突的主要影响因素，且冲突事件表现出一定的空间相关性。在人与野生动物预测研究中，可以综合考虑以上影响因素指标的可获取性和对模型的增益效果，酌情选取指标加入预测模型中，以提升预测精度和预测的可解释性。

3.1.3 空间统计理论

在空间统计学的研究中，我们一般采用三步来对于面状数据进行空间上的描述和分析。首先是运用探索性空间数据分析，将数据与地理相结合，运用地图的方式描述数据在空间上研究区域概况及研究方法概述的分布情况；其次是空间自相关分析，探索在空间上各个区域之间各个观测值的相关性，从而判断空间对于各个观测值的影响程度；最后是空间回归建模，在综合考虑各种自变量和空间依赖性后，对于因变量进行建模，从而获得更优的拟合效果。

3.1.3.1 探索性空间数据分析

探索性空间数据分析是空间统计学的基础，一般是指基于数据的空间地理属性，运用基础的统计学理论和图表对空间数据进行探索性研究，例如直方图、折线图、地区分级图等。其中地区分级图是较为常用的分析方法之一，这种分析图根据对空间单元中所有的观测值大小对对应的空间区域进行填色从而对各个空间单元进行分类，能更有效的展示各空间单元在地图上的异同。

3.1.3.2 空间自相关

空间自相关是指一种研究整个空间及内部各个单元间的相关关系的空间统计方法，主要用来描述研究区域的空间聚集性特征，可以分为全局空间自相关和局部空间自相关两种统计方法。空间自相关通过探索研究对象与其空间位置之间的相关性，反映空间区域间的依赖性与集聚性，主要检验某一要素属性值与其相邻空间要素上的属性值是否存在显著关联性，分为全局自相关(Moran's I 指数)和局部自相关(LISA)。全局空间自相关大小运用 Moran's I 统计量进行度量，用于衡量研究区域整体的空间依赖关系。局部自相关运用 LISA 进行度量，用于衡量局部区域的空间自相关情况。本研究采用全局自相关方法，运用 Moran's I 指数度量北京市野生动物造成农作物损失的程度在空间上的集聚效应。

3.1.3.3 核密度分析

核密度分析通过对空间要素点的分布热点进行分析，能够可视化地展现点群聚集或离散的分布特征。核密度分析基于"距离衰减效应"，即随中心单元辐射距离的增大，区域单元获取的属性值(即核密度估计值)逐渐减小，其分析结果表现出距离越相近的事物相关性越大的特征。通过对密度计算结果进行二维灰度表达或三维曲面表达，核密度分析能够以一种平滑的方式展现要素点与区域的空间拓扑关系。

3.1.3.4 标准距离

标准距离最初由 Bachi 提出，是经典统计学中的标准差在二维空间中的推广，能够度量要素在空间中分布的离散趋势，运用距离值来反映空间要素分布偏离重心的程度。加权标准距离能够以某一属性值作为权重，度量该属性值在空间上分布的离散程度。

3.1.3.5 标准差椭圆

标准差椭圆方法最早由 Lefever 提出，近年来广泛应用于空间统计学的相关研究。标准差椭圆能够从中心、方向、形状与展布范围多角度反映要素在空间上的分布特征。标准差椭圆的中心能够反映要素在空间上分布的中心，长轴与短轴的长度反映主要与次要趋势方向上的分布范围与离散程度，以正北方向为 0 度顺时针旋转与长轴形成的偏转角能够说明分布的主趋势方向，长轴与短轴的比值能够反映分布的形状。标准距离能够直观有效地显示点空间的分散情况，但是由于地理现象空间分布具有不规则性，标准距离无法全面揭示空间分布的方向和范围。因而，将标准距离的概念进行拓展引入标准差椭圆来表现空间活动的方向偏离程度。标准差椭圆能够从中心、方向、形状与展布范围多角度反映要素在空间上的分布特征。

本研究运用空间自相关分析研究野生动物冲突发生的全局空间聚集程度；运用密度分析法，绘制野生动物冲突分布热度图；运用标准距离与标准差椭圆分析方法探究野生动物冲突的空间分布重心、分布范围及分布方向。

3.1.4 利益相关者理论

3.1.4.1 形成背景

从现有文献来看，利益相关者理论产生的背景主要有两个：一个是契约理论，另一个是产权理论。从契约理论的角度，利益相关者理论认为企业是由多个相关利益者所构成的契约联合体，企业出资不仅来自于股东，也来自于企业的雇员、供应商和债权人等，股东提供的是物质资本，其他的相关利益者提供的不仅有物质资本更有人力资本。在知识经济时代，人力资本的作用在某种程度上超过物质资本。企业已不再是简单实物资本的集合物，而是种治理和管理专业化投资的制度安排，本质上是各种契约形式的集合（Blair，1995）。每一个契约参与者都向公司提供个人资源，为了保证契约的公正和公平，契约各方都应有平等谈判的权利，以确保所有当事人的利益都能被照顾。从产权理论的角度，利益相关者理论认为，主流企业理论对产权理解过于狭隘，现实中要在公司这个错综复杂的组织里完整清晰地界定"产权"是不可能的，原因在于公司控制权由股东和利益相关者共同掌控。而基于"多元个体判断"形成的产权概念更加符合实际，"多元个体判断产权理论"是建立在自由意志论、功利主义和社会契约论等理论上的产权观，自由意志论认为财产所有权人可以自由使用其拥有的资源，但根据功利主义原则，财产所有权人又必须压抑自我欲求，以满足他人利益要求，而社会契约论更强调个人和群体之间在私人财产分配和使用上的相互理解。

利益相关者理论的产生和发展与 20 世纪 60 年代后企业所处的现实背景密不可分。从宏观经济状况来看,20 世纪 60 年代后奉行"股东至上"的英美等国经济遇到了前所未有的困难,而在企业经营中体现"利益相关者理论"思想的德国、日本以及许多东南亚国家经济迅速崛起。众多学者认为产生这种差距的原因之一在于"股东至上"公司治理模式使经理人处于严重的短期目标中,无暇顾及公司的长远发展。而德国、日本实行的是内部监控型公司治理模式,企业经营活动注重利益相关者的利益诉求,充分融合了人本主义的管理思想。另一个促使学术界和企业界重视利益相关者理论的原因是 20 世纪 70 年代全球企业普遍遇到一系列现实问题,主要有企业社会责任问题、企业伦理问题、环境管理问题等。

3.1.4.2　概念界定

"利益相关者"一词的英文为 Stakeholders,最早出现在 1963 年斯坦福大学一个研究小组(SRI)的内部文稿中,是指那些没有其支持,组织就无法生存的群体,包括股东、雇员、顾客、供货商、债权人和社会。有人将它译为"相关利益者"、"利害关系人"或"利害相关者"。研究利益相关者问题,首先需要对"利益相关者"的概念进行界定,表 3.1 为米切尔(Mitchell)归纳的 20 多种定义。

表 3.1　利益相关者涵义

Table3. 1　The implications of stakeholders

研究者	"利益相关者"定义
斯坦福大学(1963)	利益相关者是没有其支持组织就无法生存的团体
雷恩曼(1964)	利益相关者依靠企业实现个人目标,企业也依靠其维持生存
阿斯特兹和简奴凯恩(1971)	利益相关者是企业的参与者,他们被利益和目标所驱动,因而需要依靠企业;而企业为了生存也需要依靠利益相关者
弗里曼和瑞德(1983)	利益相关者能影响组织目标的实现,或他们自身受组织实现目标过程的影响,利益相关者是组织实现其目标必须依赖的人
弗里曼(1984)	利益相关者是能影响组织目标实现或被组织目标实现过程影响的人
科奈尔和夏皮洛(1987)	利益相关者是与企业有合约关系的要求权利人(claimant)
伊万和弗里曼(1988)	利益相关者在企业有笔"赌注"(stake),或对企业有要求权。他们的权利和利益因企业活动受益或受损
鲍威尔(1988)	没有他们的支持,组织将无法生存
阿尔卡法奇(1989)	利益相关者是那些公司对其负有责任的人

（续）

研究者	"利益相关者"定义
卡罗（1989）	利益相关者能以所有权或法律的名义对公司资产行使收益和权利
弗里曼和伊曼（1990）	利益相关者是与企业有合约关系的人
汤普逊等（1991）	利益相关者是与某个组织有关系的人
斯威齐等（1991）	利益相关者的利益受组织活动的影响且他们有能力影响组织
黑尔和琼斯（1992）	利益相关者是那些对企业有合法要求权的团体，他们通过交换关系建立，即他们向企业提供关键性资源，以换取个人目标的满足
卡罗（1993）	利益相关者在企业投入资产，构成一种或多种形式的"赌注"，通过这些"赌注"，他们或影响企业活动，或受企业影响
弗里曼（1994）	利益相关者是联合价值创造的人为过程的参与者
威克斯等（1994）	利益相关者与公司相关联，并赋予公司以意义
朗特雷（1994）	利益相关者对企业有道德或法律的要求权，企业对其福利有责任
斯塔里克（1994）	利益相关者能够或正在向企业投入真实的"赌注"，他们会受到企业活动明显或潜在的影响，也可以明显或潜在影响企业活动
克拉克森（1994）	利益相关者在企业投入实物资本、人力资本等，并承担了风险
纳思（1995）	利益相关者是与企业有关系的人，他们使企业运营成为可能
布纳瑞（1995）	利益相关者能够影响企业，又能被企业影响
道纳尔逊和普瑞斯顿（1995）	利益相关者是在公司活动过程中有合法利益的人或团体

在所有关于利益相关者的定义中，弗里曼的观点最具代表性。事实上，学术界认为利益相关者理论正式形成的标志是弗里曼的《战略管理：一种利益相关者的方法》一书的出版（Freeman，1984）。在这本书中，弗里曼认为"利益相关者"是能影响一个组织目标的实现，或受到一个组织实现其目标过程影响的所有个体和群体"。弗里曼除了将影响企业目标达成的个体和群体当做利益相关者外，同时也将受企业目标达成过程中所采取的行动影响的个体和群体视为利益相关者，并正式把当地社区、政府部门、环境保护主义者等实体纳入利益相关者管理的研究范畴，这大大拓展了利益相关者的内涵（陈宏辉，2003）。

通过上面对利益相关者理论发展进程中代表性定义的分析，鉴于弗里曼定义的典型性和 20 世纪 80 年代后的趋势，给出本论文中野生动物冲突利益相关者的定义：野生动物冲突管理的利益相关者是指受到野生动物冲突管理的影响，同时也能在不同程度上影响着野生动物冲突管理工作的个人、群体和机构，他们往往有着不同利益诉求和成本效益。本研究的利益相关者具体包括有野生动物冲突管理的中央政府、省级政府、县级政府、乡镇及村组织、村民、一般城市居民、科研机构、媒体、国内外野生动物保护组织、其他相关人员及组织等。

3.1.4.3 相关分类

学者们普遍认识到，企业的生存和繁荣离不开利益相关者的支持，但不同类型的利益相关者对于企业决策的影响以及被企业影响的程度不一样，因此可以从多个角度对利益相关者进行细分。具体分类见表3.2所示。

表3.2 利益相关者分类

研究者	"利益相关者"的分类
弗里曼(1984)	从所有权、经济依赖性和社会利益三个角度进行分类
弗雷德里克(1988)	以是否有市场交易关系将利益相关者分为直接和间接利益相关者
查克汉姆(1992)	将利益相关者分为契约型利益相关者和公众型利益相关者
卡罗(1993)	将利益相关者分为直接利益相关者和间接利益相关者以及核心利益相关者、战略利益相关者和环境利益相关者
克拉克森(1995)	将利益相关者分为自愿的和非自愿的以及首要的和次要的
阿特金森等(1997)	将利益相关者分为外部环境型和过程型利益相关者
米切尔(1997)	根据合法性、影响力和紧迫性将利益相关者分为确定型利益相关者、预期型利益相关者和潜在型利益相关者
威勒(1998)	将利益相关者分为首要的社会性利益相关者、次要的社会性利益相关者、首要的非社会性利益相关者、次要的非社会性利益相关者
沃克和马尔(2002)	将利益相关者分为完全忠诚型、易受影响型、可保有型和高风险型
陈宏辉(2003)	从主动性、重要性和紧急性出发，将利益相关者分为三类：核心利益相关者、蛰伏利益相关者和边缘利益相关者

毋庸置疑，上述表格从多个维度细分利益相关者深化了人们对利益相关者的认识。然而这些界定方法普遍缺乏可操作性，仍然停留在学院式研究上，制约了利益相关者理论的实际运用。而美国学者米切尔提出了一种属性评分法以界定利益相关者，这种方法把利益相关者的界定和分类结合起来，简单易行，思路清晰，受到了学术界和企业界的普遍推崇，从而大大推进了利益相关者理论的应用和实践(陈宏辉，2003)。

米切尔(Mitchell，1997)指出利益相关者理论有两个核心问题：一是利益相关者的认定(Stakeholder Identification)，即谁是企业的利益相关者；二是利益相关者的属性(Stakeholders Saliencies)，即管理者依据什么来给特定群体以关注。米切尔认为利益相关者必须具有三个属性之一：①合法性：即某一群体是否被赋有法律上的、道义上的或者特定的对于企业的索取权；②影响力：即某一群体是否拥有影响企业决策的地位、能力和相应手段；③紧迫性：即某一群体的要求是否立即引起企业管理层的关注。根据利益相关者对三个属性的拥有情况进行评分，把利益相关者细分为三类：①确定型利益相关者（Definitive Stakeholders），这一群体同时拥有对企业的合法性、影响力和紧迫性。典型代表为大股东、拥有人力资本的管理者等；②预期型利益相关者（Expectant Stakeholders），这一群体拥有对企业属性的两项。可分为三种情况：第一，对企业拥有合法性和权利性的群体，如股东、雇员等；第二，对企业拥有合法性和紧迫性的群体，这一群体为达到目的通常采取参与政治活动等方法，来影响管理层的决策；第三，对企业拥有紧迫性和影响力的群体，这一群体没有合法性。如罢工者、环境保护主义者、政治和宗教极端主义者等。③潜在的利益相关者（Latent Stakeholders），它是指只拥有一项企业属性的群体。这一群体将随着企业的运行情况来决定是否能拥有其他两项企业属性。米切尔关于利益相关者分类模型的独特之处在于它把企业利益相关者及其组成看做是动态变化的。任何利益相关者在企业不同发展阶段可以获得或失去某些属性后，从一种类型转化为另一种类型。米切尔评分法改善了利益相关者界定的可操作性，推动了利益相关者理论的推广和应用。

陈宏辉（2003）从利益相关者的主动性、重要性和紧急性三个维度出发，将利益相关者分为三类：①核心利益相关者：他们是企业不可或缺的群体，与企业具有紧密的利害关系，甚至可以左右企业的生存和发展，包括管理人员、员工、股东三类利益相关者；②蛰伏利益相关者：他们往往已与企业形成了较为密切的关系，所付出的专用性投资实际上使得他们承担着企业一定的经营风险。在企业正常经营状态下，他们也许只是表现为一种企业的显性契约人而已，然而一旦其利益要求没有得到很好的满足或受到损害时，他们可能就会从蛰伏状态跃升为活跃状态，其反应可能会非常强烈，从而直接影响企业的生存和发展，包括供应商、消费者、债权人、分销商和政府；③边缘利益相关者：他们往往被动地受到企业的影响，在企业看来他们的重要性程度很低，其实现利益要求的紧迫性也不强，包括特殊团体、社区两类利益相关者。

3.1.4.4 实证研究

目前，学者们强调规范性理论对利益相关者理论的重要性，实际上反映了利益相关者理论在实证检验上的不足，而且利益相关者分类方法普遍停留在学院式研究中，缺乏实践数据和实证研究，从而制约了利益相关者理论在具体实践中的运用。因此，将研究触角从对利益相关者的概念辨析延伸到对利益相关者实际影响的实证研究中，是利益相关者理论研究的必然趋势。

杰弗里·S·哈里森（Jeffrey S. Harrison, 1999）通过实证研究表明：企业和外部利益相关者(External Stakeholder)建立伙伴关系将会带来显著正效益，产品成功率、生产效率、企业竞争力会提高，以及可以减少不必要的诉讼等。谢雷夫和萨默斯(Shleifer and Summers，1988)通过计量分析发现，当新的管理层打破企业与利益相关者间现有的合约关系时，接管就会产生收益。安格、米切尔和索尼菲尔德(Agle，Mitchell and Sonnenfeld，1999)应用米切尔建立在合法性、权利性和紧急性基础上的属性累积评分法，对企业的利益相关者：股东、雇员、顾客、政府机构和社区五大类开展分析。陈宏辉、贾生华(2003)对国内22家企业67位员工实地访谈，并且在全国9省份收集了423份有效调查问卷，运用数理统计方法对利益相关者的利益要求和利益要求的实现方法进行统计分析，将利益相关者分为核心利益相关者、蛰伏利益相关者和边缘利益相关者，并通过量化的数据检验了上述分类是成立的。吴玲、陈维政(2003)构建了对企业利益相关者进行分类管理的定量模式，然后根据对分类管理绩效评价结果，计算各评价指标的瓶颈度，找出关键利益相关者，并为企业实施利益相关者分类管理制定定量的管理策略。俞秀宝(2001)采用多个能反映不同利益相关者利益的指标，应用Cross Section及时间序列方法和联立方程对山东省国有煤炭企业效益与其利益相关者间关系进行分析，研究结果表明：企业效益与其利益相关者间存在很强的定量关系，即企业效益对其利益相关者有着显著影响。

3.1.4.5 外延扩展

从利益相关者理论研究中可以看出：不仅企业组织有利益相关者，而且任何一个组织都有利益相关者。近年来，利益相关者理论研究已从一般意义上的企业外延扩展到特殊意义上的企业，如投资项目、建筑业企业、旅游类企业、公共项目等。黄昆(2004)将利益相关者理论应用在旅游地环境管理中，并创造性地提出了利益相关者共同参与的战略性环境管理模式，这种新模式要求旅游地建立环境管理与利益相关者双向互动机制，实现环境管理的外部环境内部化，才能全方位地开展环境管理工作，实现旅游地的可持续发展。张文雅(2005)以长江三峡的旅游合作为实例，揭示区域旅游合作中合作方的利益格局，探讨了区域旅游合作利益协调机制问题，并提出三个层面的利益协调对策，以实现各利益方的平衡治理，从而使区域旅游合作得到更为长足的发展。

总之，利益相关者作为一个"社会存在"，研究范围已从一般意义的企业拓展到项目的实施活动、旅游活动等领域；研究方法从定性描述转变到定量的实证研究；研究视角从单一学科到项目管理学、伦理学、组织行为学等多学科综合。

3.1.5　成本效益理论

成本效益分析的理论渊源有三个：一是福利经济学，二是微观经济学，三是公共选择理论。社会净效益最大化是成本效益分析的基本原则，成本效益分析是一种政策评估工具，它用于评估执行各个项目所带来的成本和效益。

3.1.5.1　发展历史

成本效益理论（Cost Benefit Theory）最早源于 19 世纪的福利经济学，美国经济学家富兰克林是该理论的最初实践者，他度量了公共工程项目的费用和效益，并根据其重要程度进行打分和做出最终决策。1844 年，杜比特（Jules Dupuit）在其论文《公共工程效用的衡量》中首次明确了公共工程项目中的社会总效益为项目产生的净效益与增加的消费者剩余之和。而成本效益的概念是在 19 世纪法国经济学家朱乐斯·帕帕特的著作中首次出现的，被定义为"社会的改良"。其后这一概念被意大利经济学家帕累托重新界定，"帕累托最优"（Pareto Optimality）是指一个经济体系达到最优资源配置时无论做任何改变都不可能使一部分人受益而没有其他人受损，而"帕累托改进"（Pareto Improvement）指的是通过改变现有资源配置，在不使任何一人福利受损的情况下使其他人的情况得到改善，而成本-效益分析的目的就是为了通过帕累托改进到帕累托最优。在成本效益概念的使用上，美国 1936 年《防洪控制法案》的前言中指出进行防洪控制的前提条件是对任何人可能产生的效益高于估计的成本，并计算出了因防治洪水可能增加的粮食产量和可能减少的人员伤亡数量。到 1940 年，美国经济学家尼古拉斯·卡尔多（1939）和约翰·希克斯（1940）通过提炼了前人的理论，形成了"成本—效益"分析的理论基础，即卡尔多-希克斯准则（the Kaldor-Hicks criterion），也称为卡尔多-希克斯补偿准则。他们指出：假定某种行动的受益者能够转移自己的效益，对受损者进行补偿（Benefit Transfer），且在补偿后还有净余收益，则可以说社会福利得到了提高。也就是说，市场价格的变化会影响人们的福利状况，即使一些人受损，另一些人受益，但只要总体上来看益大于损，就表明总的社会福利增加了，这就是有名的"卡尔多-希克斯福利检验标准"（Kaldor-Hicks Compensation Test），一种作为检验社会福利的虚拟补偿标准，后来成为成本效益分析理论的主要内容之一。皮尔斯指出，在评估政策或项目时，使用成本效益分析要考虑三方面合成计量原则：首先要把国家的成本和效益、不同社会阶层团体合成总量计算；其次在评估成本效益时，可以考虑把社会弱势群体的成本和效益以不同权重修正再合成计算；再者要在某一段时间内以计算净现值法把成本效益合成计算。20 世纪 70 年代来，公共产品成本效益分析建立在会计学、微观经济学、一般均衡理论、博弈论和宏观经济学发展的基础上，产生了众多评估模型。这些理论和模型过于繁琐和复杂，不容易实践。

20世纪60年代以前，成本效益分析的研究主要集中在市场价值方面。随着环境保护意识的增加，人们对非市场价值给予越来越高的关注。20世纪60年代以后，非市场价值逐步纳入到成本效益分析的范畴。成本效益分析得到广泛采用的一个重要原因在于在经济学领域已经存在了许多非市场产品与服务的价值计量方法，如环境经济学家广泛使用的显性偏好方法等。我国在20世纪70年代吸收了发达国家关于可行性研究和成本效益分析的科学方法，主要用于工程项目的决策工作。在林业经济领域，亚洲开发银行的技术援助项目（No. TA-4307）就采用了成本效益分析方法对林业重点工程进行评估，从而探索缩小收入差距的政策；全球环境基金伙伴关系中的土地退化防治项目也采用了成本效益分析方法。

目前，成本效益分析被广泛应用于工业、农业、军事、交通运输、环境保护、水利、教育和卫生等社会生活的各个领域。管理学认为管理是追求效益的过程。效益是个人和组织进行管理和决策时的目标追求，理性人在做出任何决策时通常要进行边际成本和边际收益的比较，同时各级政府在进行管理和决策时也追求自身效益的最大化。而成本效益分析作为一种经济决策方法，主要是通过比对某一决策可能产生的全部成本与效益来评价该决策的可行性，通过成本效益分析，有助于找到降低成本、提高效益的办法。野生动物管理部门及各级政府属于行政部门组织，主要负责野生动物管理保护工作和向社会提供公共服务，具有福利性和公益性特征，提高其社会经济效益和降低其各项成本可以有效地提高其工作积极性。

3.1.5.2　概念界定

成本效益理论的成本指的是对投入要素的支付，是为了获得某种收益而必须为之付出的代价。野生动物管理部门的野生动物保护与冲突管理的开展需要投入一定的资源，如人员、设施和资金等，这些资源就是保护与管理中的执行成本，当然除了直接显性成本外，对相关间接成本、机会成本的评估与核算也非常重要。为了能提高保护管理工作的效益成本比，需要对所有涉及的成本进行综合分析、评估与管理。而成本效益理论中的效益指的是在某项决策中所带来的所有收益，任何一项有目的的活动都存在效益，效益的高低直接影响某项决策的后期执行。对效益的理解，主要有以下观点：①效益是产出与投入之间的差值，差值越大，效益越高。追求高效益就意味着要以最小的投入换取最大的产出；②效益是有效产出与投入之间的比例关系，包括社会效益、经济效益和生态效益三个层面；③效益是组织获取的实际利益与所耗用的全部资源之比。上述三种观点都认为效益是投入与产出之间的比较。效益是一个综合性的指标，包括经济效益、社会效益和生态效益等。对于绝大多数的企业组织而言，效益分析侧重于强调其取得的经济效益，但各级政府是以社会福利最大化为目标追求的公共服务部门，其效益分析除了经济效益外，更应强调其所带来的社会效益和生态效益。经济效益可以根据其货币价值来进行计算和测量，但社会效益和生态效益则需要通过多种计量方法来核算。

3.1.5.3 分析方法

成本效益的分析方法和公式主要有净现值收益法、现值指数法和内含报酬率法。净现值（NPV）法是利用净现金效益量的总现值与净现金投资量之差算出净收益，然后根据净收益的大小来评价投资方案。净现值为正值，投资方案是可以接受的；净现值是负值，投资方案就是不可接受的。净现值越大，投资方案越好。计算公式为：

$$B_i = \sum_{i=1}^{n} \frac{b_i(t) - c_i(t)}{(1+r)^t} - k_i$$

式中：B_i——某一项目 i 所可能产生的净收益总值；

t——项目建造和投入使用的第 t 年；

$b_i(t)$——项目 i 在第 t 年所产生的收益；

$C_i(t)$——项目 i 在第 t 年所支出的成本；

$1/(1+r)$——利息率为 r 时的折现系数；

n——所分析项目的存在期间；

k_i——项目 i 最初的投入资本。

而现值指数法简称 PVI 法，是指某一投资方案未来现金流入的现值，同其现金流出的现值之比。内含报酬率法（Internal Rate of Return，IRR 法）又称财务内部收益率法（FIRR）、内部报酬率法以及内含报酬率法。这三种方法各具所长，有其不同的适用性。一般而言，如果投资项目是不可分割的，则应采用净现值法；如果投资项目是可分割的，则应采用现值指数法，优先分析现值指数高的项目；如果投资项目的收益可以用于再投资时，则可采用内含报酬率法进行分析。

3.1.5.4 评价方法

资源按照其所有权可以分为私人物品和公共物品。一个纯粹的私人物品的特征就是竞争性和排他性。对竞争性物品来说，每增加一单位物品的消费就要增加边际生产成本。排他性意味着一个人消费一单位商品，其他人只能少消费一个单位该商品。但对于非市场资源来说，不能满足竞争性或排他性，或两者都不满足，这就有了公共物品的概念，它的根本特征是非竞争性，也即每增加一个单位物品消费并不会导致成本的增加，意味着一个人的消费不会影响他人的消费。

野生动物资源具有同样的特性，根据是否具有市场，将野生动物产品分为具有市场、具有私人产品性质的野生动物和不具有市场的公共物品性质的野生动物。私人产品的野生动物主要是指人工饲养的野生动物，而公共物品性质的野生动物就是指那些不具有排他性产权而不能形成市场，或者由于物种濒危国家法律规定不允许存在私有产权的野生动物。一般来说，评价方法有三种分类：直接市场评价、间接市场评价和虚拟市场法。

3.2 研究的理论思路分析

本研究的核心科学问题是：如何实现野生动物冲突各方的经济均衡，以达到野生动物冲突的最优管理目的。

第一，进行研究背景分析，提出本研究的核心问题，界定相关概念、进行相关文献综述并挖掘理论基础，这是第一至三章的主要内容。

第二，以生物种群增长模型，种群扩散模型为基础，将经济系统对野生动物生物种群增长及扩散变化进行了比较系统的分析，将各类影响先浓缩为对种群数量变化的影响，提出了经济–生物双系统影响下野生动物种群增长模型和种群扩散模型，并利用优化控制模型对野生动物种群管理进行了动态均衡分析。

第三，野生动物冲突影响因素指标的构建原则，依据指标原则及内涵构建了北京市野生动物冲突影响因素的指标体系。结合冲突的时间维度及截面维度，建立了北京市野生动物冲突影响因素的固定效应面板数据模型。

第四，运用空间自相关分析、核密度分析、标准距离与标准差椭圆等空间统计分析方法，探究 2011—2016 年该地区野生动物造成农作物损失的空间分布特征，在此基础上，分析其空间驱动因素，并通过构建混合截面回归模型，分析野生动物造成农作物损失的程度的影响因素。

第五，基于 Xgboost 的冲突热点预测算法和基于 ARIMA、LSTM 算法的区域冲突数量预测这两类冲突预测方法，对人与野生动物冲突风险预测的方法和应用进行了研究。

第六，以橡胶林面积扩张为主要影响因素，对人类干扰影响下的亚洲象种群发展与冲突进行逻辑分析，运用逻辑分析法，种群增长模型，环境–经济综合控制模型等构建了亚洲象种群发展与冲突的生态经济模型，并收集数据进行了应用拟合。

第七，野生动物冲突管理利益相关方的界定与识别问题。通过专家打分法对野生动物冲突涉及的利益相关方进行筛选，再运用米切尔评分法对筛选后的利益相关方进行合法性、权利性、紧急性三个维度的评分，识别出野生动物冲突的核心利益相关方，并对识别出的核心利益相关者的利益诉求进行分析。

第八，野生动物冲突管理的核心利益相关方成本效益指标体系的构建与具体核算问题。本研究欲构建一套野生动物冲突管理利益相关方的成本效益核算指标体系，并针对各个指标选择合适的计量方法，通过调研数据和相关二手统计数据进行实证计量，得到各方的成本效益值。野生动物冲突管理中各主要利益相关方的博弈均衡问题，通过构建野生动物冲突双方或者多方的博弈均衡模型，并利用上一部分核算出的成本效益具体数值进行实证分析，得到冲突各方最优经济均衡的具体实现条件。

第九，野生动物冲突各方经济均衡的成本效益影响研究问题。本部分将对以上识别出的野生动物冲突的核心利益相关方进行经济均衡的成本效益影响研究，了解各主要利益相关方在野生动物冲突管理过程中的各项成本效益与其自身经济均衡关系，找到影响各方经济均衡的关键成本效益因素及影响程度，为野生动物冲突管理各方的经济均衡指明方向。

第十，野生动物冲突各方经济均衡的实现策略问题。这是本研究的落脚点，在对野生动物冲突各方进行经济均衡的成本效益影响研究的基础上，最后有针对性地提出实现野生动物冲突各方经济均衡的相关策略建议，为有关部门提供参考。

3.3　本章小结

本章主要介绍了野生动物冲突的相关概念与理论基础。首先，对野生动物、野生动物冲突和经济均衡相关概念进行了界定和辨析，指出野生动物冲突各方经济均衡领域仍存在较大的研究机会，进一步理清研究思路和方向。再者，阐述了与本研究相关的理论基础，即对野生动物管理理论、野生动物冲突理论、空间统计理论、利益相关者理论、成本效益理论进行了分析，为本研究的开展奠定基础。

4 野生动物种群变化及分布扩散模型及应用

随着科技的发展，人类对于全球生态系统的影响日益增大。即使生态学方面的谨慎活动能够弥补人类行为对环境的负面影响，人类也不可抗拒技术引发的自然环境的变化（Natali Hritonenko and Yuri Yatsenko，2011）。人们对野生动物栖息地的日渐侵蚀，造成了越来越多的野生动物处于濒危状态，这引起国际社会的广泛关注。野生动物种群数量以及分布扩散变化的研究已经从传统上单纯的生物学、生态学意义上的变动，转向考虑多方面影响因素的综合性研究。

从生态学角度看，野生动物的种群数量变化与其他一般生物的种群变化的含义相似，反映的是野生动物种群数量在时间上和空间上的变化规律（李博等，2000）。对种群数量及影响种群数量和分布变化的因素开展研究，对于野生动物资源的生物多样性保护，生态平衡及合理利用等方面都具有重要的理论与应用价值（孙儒泳等，2002）。研究种群数量变化的方法主要有三种：一是理论模型方法，具体包括种群增长的确定型模型，具体根据不同条件又分为种群离散型增长模型、种群连续型增长模型、logistic 模型和改进型 logistic 模型（Verhulst，1838；Pearl，Reed，1920；Cunningham，1954；Smith，1963；崔启武、Lawson，1982；张大勇、赵松龄，1985；刘金福等，1998；刘金福、洪伟，2001；洪伟等，2004b）；二是生命表（life table）方法，通过对种群生命表的编制可得到存活率、死亡率和消失率等重要参数，从而为种群数量变化提供更多信息（Armesto et al.，1992；吴承祯等，2000；洪伟，2004a；陈远征等，2006；林勇明等，2007）；三是时间序列分析法（time series analysis），主要用于描述和探索种群数量的周期性波动，是探讨分布波动性和年龄更替过程周期性的数学工具（伍业钢等，1988；毕晓丽等，2002；刘金福等，2003；洪伟等，2004a）。

从生态学角度来看，对于种群数量变化的研究已经形成了一系列的研究成果，而且已经从单物种过渡到多物种相互作用的种群数量变化的研究。比如竞争型种群增长模型 Lotka-Volterra 方程，共生性增长模型等（Jorgensen and Bendoricchio，2008）。

随着越来越多的研究更加重视人与自然的关系，更多的研究人员关注经济-生态系统的交互作用。在更加广泛的基础上讨论自然环境与人类行为的和谐关系，那就是把人类治理生产过程与自然生态过程结合起来，把开发自然过程看做是技术过程，形成经济-生态控制系统。具体过程有测量(监测)、建模和控制，这三个部分互相支持，不可分割。在这三者中测量是基础，建模是形成决策的关键，决策是结果(Natali Hritonenko and Yuri Yatsenko，2011)。

随着我国对野生动物保护的日益重视，特别是进入新世纪以来对于生态建设的巨大投入，使得我国野生动物种群数量变化经历了泛滥——萎缩——濒危——扩张的过程。在这一变化过程中产生了一系列的问题：如何在经济-生态双系统的共同作用下寻求野生动物种群数量的变化规律，扩散程度，不仅有助于野生动物资源的保护，而且有助于采取更加科学合理的政策，避免野生动物对人们生产生活带来的负面影响，促进人与野生动物的和谐共处。

4.1 研究方法与数据来源

4.1.1 研究方法

研究中在非线性变化的单物种种群的动态模型——Verhulst-Pearl 模型基础上，考虑各种外生和内生要素的联合影响以及种群变化的滞后性等，构建野生动物种群数量变化的动态均衡模型。对于野生动物种群分布的变化，运用随机扩散模型，结合种群生长变化，建立结合种群生长和扩散的综合模型。通过调查获得的实际数据，结合野生动物管理和生态学专家对于一些典型野生动物生态学和行为学的研究成果，提取模型的相关技术参数，然后纳入人类生产生活活动，采取野生动物保护与管理措施等外在影响变化，建立野生动物典型物种的种群数量变化和分布扩散模型。基于上述研究过程，在本研究中所采取的具体方法如下：

4.1.1.1 理论框架分析法

主要针对经济系统的政策和管理措施如何量化进入到已经相对成型的生物种群增长模型中，另外如何将实际问题转化为数学问题，形成科学规范的量化分析模型。实际问题转化为数学模型的交互作用过程如图 4.1 所示：

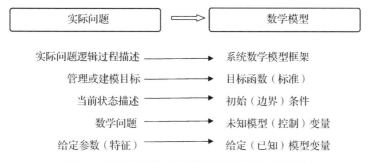

图 4.1　实际问题与数学模型之间的相互作用图

4.1.1.2　**Verhulst–Pearl** 模型

该模型的基础形式:

$$\frac{\mathrm{d}N(t)}{\mathrm{d}t} = \mu N(t)\left(1 - \frac{N(t)}{K}\right) \tag{4-1}$$

式中: $N(t)$——t 时刻某一野生动物种群数量;

　　　μ——某一野生动物种群增长率;

　　　K——野生动物种群的最大承载量。

如果某一种野生动物具有自我调节能力,在种群增长一段时间以后可以进行调整,则模型可以修正为:

$$\frac{\mathrm{d}N(t)}{\mathrm{d}t} = \mu N(t)\left(1 - \frac{N(t)}{K} - \int_0^t f(t-\tau)\,N(\tau)\,\mathrm{d}\tau\right) \tag{4-2}$$

符号含义同上。

在上述基础模型基础上,进一步考虑外生变化对种群变化的影响,也就形成了相关的约束条件,在不同的约束条件下,可以建立相应的野生动物种群数量的动态均衡模型。

4.1.2　**数据来源及处理**

本研究的主要数据来源于两方面。一方面是间接数据,主要是野生动物生态学及管理学研究的成果,包括具体典型物种种群变化的基本技术参数,种群之间相互影响的可能程度等。野生动物保护管理部门的数据资料,包括野生动物活动范围,造成危害的情况等。另一方面的数据源于直接调查数据,通过对野生动物栖息地周边基地居民,相关保护机构及巡护人员等进行调查与访谈获取的数据资料。

根据构建的理论模型框架,将获取的数据进行系统的梳理以后,采取征询野生动物保护及管理专家意见的方式,确定技术参数和模型模拟变量的数值范围的合理性，然后再进行模型分析与模拟。

4.2 理论模型

4.2.1 野生动物种群变化及分布扩散模型分析

对于某一种野生动物种群而言，其种群数量变化的最佳模拟模型为 Verhulst-Pearl 模型，如公式 4-3。下面对 Verhulst-Pearl 模型进行分析。

在公式 4-3 中这一非线性微分方程的静态路径有两个均衡状态，即 $N=0$ 或 $N=K$。其中 $N=0$ 为非稳态，$N=K$ 是稳态。经过求解可得单一物种野生动物种群变化方程为：

$$N(t) = \frac{K}{(1 + Ce^{\mu t})} \quad C \text{ 为任意常数} \tag{4-3}$$

符号意义同前。

公式 4-3 是常见的 logistic 曲线，该曲线能够较好的模拟各类野生动物、植物以及人类数量变化的真实变化规律。该曲线表现的规律性具体为：

当 $t \to \infty$，$N(t) \to K$，且增长率 $N'(t)$ 在点 $N = \frac{K}{2}$ 处取得最大值。这一变化反映了食物资源会随着种群的增长而减少。因为食物资源呈现递减趋势，因此种群增长速度也是递减的，且整个种群规模趋向于有限的环境容量 K。

当 $N/K \ll 1$ 时，公式 4-3 趋向于

$$\frac{\mathrm{d}N(t)}{\mathrm{d}t} = \mu N(t) \tag{4-4}$$

可得解为：

$$N(t) = N(t_0) e^{\mu t} \tag{4-5}$$

这一结果是指数函数，具有增长的无限性。实际上，野生动物种群增长是有界的，当 $t \to \infty$，$N(t) \to K$（环境容量），因此该模型主要适用于当食物资源无限，且缺乏种群竞争的状态（即种群规模不大）的时候，野生动物种群增长变化规律模拟。

Logistic 模型虽然很好地反映了野生动物种群变化规律，但是也存在较多的局限性。Logistic 模型能够反映野生动物种群处于最有利季节情况的变化，满足短期内种群变化规律的模拟。但当种群数量接近于 K 时候，其种群变化呈现出不同变化方式，有的呈现不规则性，有的呈现出周期性，几乎很难稳定在 K 值不变。另外，通过进一步研究发现，该模型对于环境因子的变化，种群密度上升所产生的拥挤效应等因素对内禀增长能力的限制考虑不够。还有该模型没有任何时滞，也未考虑年龄结构和迁移现象等。但该模型依然可

以作为野生动物种群变化的基础模型，开展进一步的研究。

对于时滞和种群密度变化的影响，都可以归结到物种自身的调节变化方面。因此在传统的 Logistic 模型基础上进行了修正，形成了带有遗传效应的 Volterra 模型，即公式 4-2。在公式 4-2 中引入区间 [0, t) 上的分布式时滞考虑进来，将集中点时滞引入到 Verhulst-Pearl 模型，得到时滞微分方程：

$$\frac{\mathrm{d}N(t)}{\mathrm{d}t} = \mu N(t)\left(1 - \frac{N(t-T)}{K}\right) \tag{4-6}$$

这就是 Cunningham（1954）提出的时间阻滞方程。随后不同学者从各自不同角度考虑时滞、环境容量影响因子、种群密度的拥挤效应等各种约束条件，提出了一系列具体改进方法。包括①Smith（1963）提出的下凹增长曲线方程；②崔启武和 Lawson（1982）提出的基于密度制约效应的上凸种群增长模型；③张大勇和赵松龄（1985）提出的自适应调整种群增长模型；④刘金福和洪伟（2001）提出的密度制约效应呈现非线性的模型以及洪伟等（2004）提出的密度制约效应呈非线性且考虑环境因子对种群增长影响的模型。上述考虑时滞及密度制约的模型虽然对某些约束条件进行了明确，但由于不同种群自身变化的复杂性，各种不同模型都有一定的适应局限性。因此在具体研究中不同学者都会基于自身研究对象的变化对现有模型进行适当改进，以满足研究需要。

野生动物种群增长模型考虑的是在时间维度下变化规律，而野生动物分布扩散模型则考虑在空间维度上的变化。野生动物种群变化过程是内在的，不可避免的一种时间-空间过程。过去几十年的生态学研究表明，不仅生态系统、食物、天敌物种等自然因子对野生动物的种群变化、扩散以及各种过程有显著影响，而且各种人类活动的干扰，野生动物及其天敌物种，食物物种的迁移与拓居等隐性空间影响也越来越明显。时间和空间对于野生动物种群变化，生物多样性的丧失与恢复等具有十分密切的关联性影响。种群分布扩散模型以随机游走模型为基础，结合种群增长模型，可以得到单一野生动物种群的分布扩散模型。即：

$$\frac{\partial N(t)}{\partial t} = f(N(t)) + D\frac{\partial^2 N}{\partial x^2} \tag{4-7}$$

其中，x 表示野生动物个体扩散的距离，$f(.)$ 表示野生动物种群增长模型，其他符合含义同上。

总的来看，无论如何改进，生物种群变化模型的基础依然是 Logistic 模型。因此，本研究在研究经济系统对野生动物种群变化的影响过程中依然以 Logistic 模型为基础，根据具体选择物种的不同以及影响因子的差异性，进行选择和改进。基于当前我国野生动物种群所处的自然环境及食物链条的状态，本研究提出野生动物种群增长变化及扩散模型如下：

4.2.1.1 初始扩张型

当野生动物种群数量不大（即处于几近灭绝之后的扩张的野生动物或者某一栖息地新入侵的野生动物），采用指数增长模型，形成的分布扩散模型如下：种群增长模型：

$$f(N(t)) = \frac{\mathrm{d}N(t)}{\mathrm{d}t} = \mu N(t) \tag{4-8}$$

种群分布扩散模型：

$$\frac{\partial N(t)}{\partial t} = \mu N(t) + D \frac{\partial^2 N}{\partial x^2} \tag{4-9}$$

式中符号含义同前。

联立公式 4-8、4-9 可解得：

种群数量变化方程：

$$N(x, t) = \frac{N(t_0)}{2\sqrt{\pi D t}} e^{\left(\mu t - \frac{x^2}{4Dt}\right)} \tag{4-10}$$

种群扩散方程：

$$\frac{x}{t} = 2\sqrt{\mu D} \tag{4-11}$$

4.2.1.2 密度影响的发展型

当种群数量比较大（种群增长受到种群密度影响），采用 Logistic 模型描述种群增长模型，形成的分布扩散模型如下：

种群增长模型：

$$f(N(t)) = \frac{\mathrm{d}N(t)}{\mathrm{d}t} = \mu N(t)\left(1 - \frac{N(t)}{K}\right) \tag{4-12}$$

种群分布扩散模型：

$$\frac{\partial N(t)}{\partial t} = \mu N(t)\left(1 - \frac{N(t)}{K}\right) + D \frac{\partial^2 N}{\partial x^2} \tag{4-13}$$

式中符号含义同前。

联立公式 4-12、4-13 可解得：

种群数量变化方程：

$$N(x, t) = \frac{K}{1 + \frac{N(t_0)}{2\sqrt{\pi D t}} e^{\left(\mu t - \frac{x^2}{4Dt}\right)}} \tag{4-14}$$

种群扩散方程：

$$\frac{x}{t} = 2\sqrt{\mu\left(1 - \frac{2N(t_0)}{K}\right)D} \qquad (4\text{-}15)$$

在公式 4-15 中当 $N{\to}0$，则 $\dfrac{x}{t}{\to}2\sqrt{\mu D}$。

4.2.1.3　多重因素影响制约型

当种群数量比较大，考虑种群密度和环境因子的影响，则种群增长模型可以采用密度制约效应呈非线性且考虑环境因子的种群增长模型。形成的模型如下：

种群增长模型：

$$f(N(t)) = \frac{\mathrm{d}N(t)}{\mathrm{d}t} = \mu N(t)\left(1 - \frac{rN(t)^{\theta}}{K}\right) \qquad (4\text{-}16)$$

种群分布扩散模型：

$$\frac{\partial N(t)}{\partial t} = \mu N(t)\left(1 - \frac{rN(t)^{\theta}}{K}\right) + D\frac{\partial^2 N}{\partial x^2} \qquad (4\text{-}17)$$

式中 r 表示环境对种群增长的影响，其值大小反映了环境对种群的影响强度。当 $r>1$，表示环境对种群增长起抑制作用；$r<1$，表示环境对种群增长起促进作用。θ 是种群内部竞争特性参数，取值范围 $(0, \infty)$。当 $\theta<1$，表明模型呈下凹增长趋势；当 $\theta>1$，表明模型呈现上凸增长趋势；当 $\theta{\to}0$，表明种群增长趋向于固定密度的指数增长；当 $\theta{\to}+\infty$，表明种群呈现负增长趋势。

联立公式 4-16、4-17 可解得：

种群数量变化方程：

$$N(x, t) = \left(\frac{K}{r + \dfrac{N(t_0)}{2\sqrt{\pi Dt}}e^{\left(\mu - \frac{x^2}{4Dt}\right)}}\right)^{1/\theta} \qquad (4\text{-}18)$$

种群扩散方程：

$$\frac{x}{t} = 2\sqrt{\left(\mu - \frac{r\mu N(t_0)^{\theta}}{K}(1+\theta)\right)D} \qquad (4\text{-}19)$$

在公式 4-19 中当 $N{\to}0$，则 $\dfrac{x}{t}{\to}2\sqrt{\mu D}$。

在公式 4-15、4-19 中，无论种群内部密度如何变化，其种群扩散速度是一致的，均取决于种群增长率 μ 和扩散方程恒量系数 D。恒量系数 D 可以利用对流扩散方程的似然函数求得。如果野生动物种群个体扩散距离 x 是一维的，扩散速度为 v，则对流 - 扩散方程的似然函数为：

$$L(x; D, v) = \frac{\prod_{i=1}^{n} \frac{1}{2\sqrt{\pi Dt}} e^{\left[-\frac{(x_i - vt)^2}{4Dt}\right]}}{D^{-\frac{n}{2}} e^{\left[-\frac{1}{4Dt}\sum_{i=1}^{n}(x_i - vt)^2\right]}} \qquad (4\text{-}20)$$

利用极大似然估计法求解可得：

$$D = \frac{1}{2nt}\sum_{i=1}^{n}(x_i - vt)^2 \qquad (4\text{-}21)$$

4.2.2　经济系统对野生动物种群变化的影响分析

单一野生动物种群变化在自然生物系统的影响下，主要是受到种群内部竞争以及环境因子的影响，其变化趋势在生态学方面已经有比较充分的探讨，也形成了比较完备的模型及应用研究成果。正如生态学家在针对野生动物种群变化的空间分布研究中所提出的那样，越来越多的野生动物种群变化受到人类活动的干扰与影响，经济系统对于野生动物种群变化的影响日益突出，而且在很大程度上影响着一些物种的濒危程度，甚至直接导致物种灭绝（王凯等，2012；2013；陈文汇，2013；2014；2015）。人类经济活动的影响在某种程度上远远超越了自然环境因子对于野生动物种群变化的影响。因此，在当前探讨野生动物资源保护，寻求解决人与野生动物和谐发展的大背景下，开展经济系统对于野生动物种群变化的影响研究具有紧迫的理论与现实意义。

经济系统对与野生动物种群变化及扩散的影响，主要在体现在两方面：一是直接对野生动物种群数量变化的影响，主要是猎捕（包括盗猎）；另一方面通过对野生动物栖息环境的影响进而造成对种群数量变化的影响，主要包括侵占栖息地，猎采野生动物的天敌或者食物性动植物资源以及在栖息环境中开展经济活动。将上述定性分析的影响具体分析如图4.2和图4.3所示。

由图4.2可知，经济系统对于野生动物种群数量的直接影响在于通过控制变量猎捕量影响野生动物种群数量变化，通过对种群数量变化的影响造成对种群扩散速度的影响。经济系统对于野生动物种群及扩散的间接影响主要在于对野生动物栖息环境的影响，通过对栖息环境的影响造成对环境容量、最大承载量以及种群增长率的影响，造成对种群数量的变化。同时通过种群数量变化以及栖息地承载能力的变化造成对种群扩散速度的影响，影响路径见图4.3。

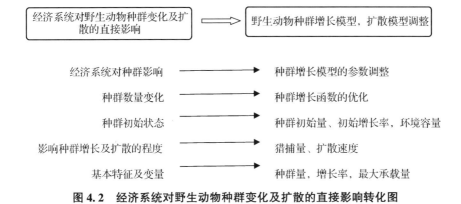

图 4.2 经济系统对野生动物种群变化及扩散的直接影响转化图

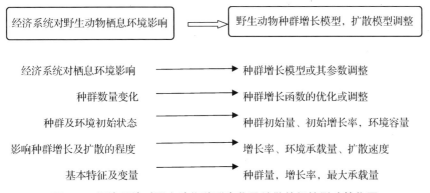

图 4.3 经济系统对野生动物种群变化及扩散的间接影响转化图

4.2.3 双系统影响下野生动物种群变化及分布扩散模型构建

通过上述经济系统对野生动物种群变化及其扩散的影响分析，结合上述三类不同野生动物种群变化模型，建立经济–生物双系统下野生动物种群变化模型、扩散模型。具体如下：

4.2.3.1 初始扩张型

当野生动物初始种群数量不大的时候，经济系统对于野生动物种群的影响主要是直接影响，也就是对于种群数量的猎捕。而经济系统对栖息地环境的影响对于种群增长变化影响不大，这主要是种群数量不大，环境容量远远超过种群所需的各类自然条件。因此，将猎捕量 $h(t)$ 引入后，形成的新的模型如下：

种群增长模型：

$$f(N(t)) = \frac{\mathrm{d}N(t)}{\mathrm{d}t} = \mu N(t) - h(t) \tag{4-22}$$

种群分布扩散模型：

$$\frac{\partial N(t)}{\partial t} = \mu N(t) - h(t) + D\frac{\partial^2 N}{\partial x^2} \tag{4-23}$$

4.2.3.2　密度影响的发展型

当野生动物种群数量达到一定水平以后，野生动物种群增长和扩散将受到野生动物种群密度的影响。在这种情况下，经济系统对野生动物的影响将是双方面的，既包括直接影响，即通过猎捕量的影响，也包括间接影响，即影响野生动物种群增长率。但是由于整个野生动物种群规模受到环境容量的影响依然很小，因此，经济活动对于栖息地环境容量的影响并不大。因此在密度影响的发展型模型中，经济活动对于环境承载量的影响可以忽略不计。形成新的模型如下：

种群增长模型：

$$f(N(t)) = \frac{\mathrm{d}N(t)}{\mathrm{d}t} = \mu(t)N(t)\left(1 - \frac{N(t)}{K}\right) - h(t) \tag{4-24}$$

种群分布扩散模型：

$$\frac{\partial N(t)}{\partial t} = \left[\mu(t)N(t)\left(1 - \frac{N(t)}{K}\right) - h(t)\right] + D\frac{\partial^2 N}{\partial x^2} \tag{4-25}$$

4.2.3.3　多重因素影响制约型

当野生动物种群数量增长到一定水平以后，野生动物的种群增长和分布扩散不仅受到野生动物种群密度的影响，也受到栖息地各种自然条件的影响。在这种情况下，经济系统对于野生动物种群的影响既包括直接影响，即通过猎捕量影响，也包括间接影响，即影响野生动物种群增长率以及环境承载量。形成新的模型如下：

种群增长模型：

$$f(N(t)) = \frac{\mathrm{d}N(t)}{\mathrm{d}t} = \mu(t)N(t)\left(1 - \frac{rN(t)^{\theta}}{K(t)}\right) - h(t) \tag{4-26}$$

种群分布扩散模型：

$$\frac{\partial N(t)}{\partial t} = \left[\mu(t)N(t)\left(1 - \frac{rN(t)^{\theta}}{K(t)}\right) - h(t)\right] + D\frac{\partial^2 N}{\partial x^2} \tag{4-27}$$

4.2.4　野生动物资源管理的动态经济模型

当引入经济系统影响以后，野生动物种群管理的目标就不单纯是种群数量最大化并且持续稳定发展，而是基于经济学角度的野生动物资源综合效益的最大化（陈文汇，2013；2014；2015）。从野生动物资源管理角度，无论是生态控制，收获资源产品还是人工促进野生动物种群增长都将会体现在猎捕量这一变量。通过猎捕量这一控制变量实现经济系统对于生物种群变化的具体量化影响。因此下面首先讨论猎捕量 $h(t)$ 的函数形式。猎捕量主要受到猎捕努力程度和野生动物种群数量的影响，因此猎捕量 $h(t)$ 的一般函数形式可以设为：

$$h(t) = h(E, N, t) \tag{4-28}$$

式中：$h(t)$——t 时候猎捕量；

  E——猎捕努力量；

  N——种群数量；

  t——时间刻度。

如果用最简单的函数形式可将 $h(t)$ 设为：

$$h(t) = qE(t)N(t) \tag{4-29}$$

式中：q——可捕系数。

野生动物管理活动的目标即实现综合效益的最大化。其函数形式如下：

$$MaxPV = \int_0^T \{ [p(t) - C_h(t)]h(t) + NE(N(t)) - C_p(t)N(t) \} e^{-\delta t} dt + g(N(t)) e^{-\delta t}$$

$$\tag{4-30}$$

式中：PV——野生动物资源的综合效益值；

  $NE(\cdot)$——非猎捕产品收益；

  $C_h(t)$——猎捕的成本；

  $C_p(t)$——保护野生动物的投入成本；

  $g(N(t))$——残差函数；

  δ——折现率；

  T——经营周期；

  其他符号意义同上。

下面进一步分析目标函数的约束条件。以初始扩张型为例，其约束条件为：

野生动物种群的增长方程：$\dfrac{dN(t)}{dt} = \mu N(t) - h(t)$

猎捕量函数方程：$h(t) = qE(t)N(t)$

初始条件：$N(0) > 0$；$h(t) >= 0$。

综上形成的双系统影响的野生动物资源管理的动态经济模型形式如下：

$$MaxPV = \int_0^T \{ [p(t) - C_h(t)]h(t) + NE(N(t)) - C_p(t)N(t) \} e^{-\delta t} dt + g(N(t)) e^{-\delta t}$$

$$\text{s. t. } \frac{\mathrm{d}N(t)}{\mathrm{d}t} = \mu N(t) - h(t)$$

$$h(t) = qE(t)N(t)$$

$$N(0) > 0$$

$$h(0) \geqslant 0 \tag{4-31}$$

根据最大值原理，优化控制模型求解方法，构建汉密尔顿函数如下：

$$H(N,\ t,\ h,\ \lambda) = \{[p(t) - C_h(t)]h(t) + NE(N(t)) - C_p(t)N(t)\}\mathrm{e}^{-\delta t} +$$
$$\lambda[\mu N(t) - h(t)] \tag{4-32}$$

如果 $h(0) >= 0$ 没有约束力，则最大值原理表明，$\frac{\partial H}{\partial h} = [p(t) - C_h(t)]\mathrm{e}^{-\delta t} - \lambda = 0$，则有：

$$\lambda = [p(t) - C_h(t)]\mathrm{e}^{-\delta t} \tag{4-33}$$

那么，

$$\frac{\mathrm{d}\lambda}{\mathrm{d}t} = \left\{ -\delta[p(t) - C_h(t)] + [\dot{p}(t) - \dot{C}_h(t)]\frac{\mathrm{d}h}{\mathrm{d}t}\right\}\mathrm{e}^{-\delta t} \tag{4-34}$$

同时，伴随方程是 $\frac{\mathrm{d}\lambda}{\mathrm{d}t} = -\frac{\partial H}{\partial N} = -\lambda\mu = -[p(t) - C_h(t)]\mathrm{e}^{-\delta t}\mu$，与公式 4-34 联合一起则有控制变量方程：

$$\frac{\mathrm{d}h(t)}{\mathrm{d}t} = \frac{p(t) - C_h(t)}{\dot{p}(t) - \dot{C}_h(t)}(\delta - \mu) \tag{4-35}$$

加上状态变量方程：

$$\frac{\mathrm{d}N(t)}{\mathrm{d}t} = \mu N(t) - h(t) \tag{4-36}$$

则方程 4-35、4-36 联合可得最优控制变量 $h(t)$ 和最优状态变量 $N(t)$ 的解。

利用同样的方法可以得到密度影响的发展型和多因素影响制约型两类情况下野生动物资源管理的动态经济模型及其最优控制变量和最优状态变量。

4.2.5 模型理论结果分析

在一般生物种群模型的基础上，通过构建野生动物种群变化及扩散分布模型，经济−生物系统影响下的野生动物种群变化及扩散分布模型，以及野生动物资源管理的动态经济模型，并进行了理论分析与求解可以得到如下结果：

一是野生动物种群变化、扩散分布是可以利用生物种群模型进行理论模拟的，而且构建的野生动物种群变化及扩散分布模型，经济−生物系统影响下的野生动物种群变化及扩散分布模型是存在稳定解的。

二是基于种群增长模型得到的野生动物资源管理的动态经济模型的均衡解是存在的。这表明经济-生物系统影响下的野生动物种群变化及其扩散是可以通过理论模型进行模拟,并利用控制变量了解整个模型动态变化的过程,利用状态变量的变化了解种群数量变化,进而通过种群扩散分布模型得到种群扩散的范围与速度。

三是通过上述三个层次的模拟构建与理论模拟,可以比较清楚地得到经济-生物双重系统影响下野生动物种群数量变化的具体程度、方向与长期趋势。这不仅为实证应用研究提供了理论框架,而且为野生动物种群管理,特别是经济系统对种群变化的影响测定奠定了坚实的理论基础,为制定科学合理的野生动物种群调控政策提供了参考。

4.3 应用案例分析:以亚洲象为例

4.3.1 基础数据及整理

亚洲象(*Elephas maximus*)因数量稀少,在 1997 年被国际自然保护联盟(IUCN)列为濒危物种,被濒危野生动植物种国家贸易公约(CITES)列入附录 I,也是我国首批的国家一级保护动物。从其数量及分布来看,近年来我国亚洲象数量大约在 200~300 头,主要分布于云南省的西双版纳、普洱和临沧三个州市。主要文献的数据见表 4.1 所示。

表 4.1 近 50 年来中国亚洲象数量调查数据一览表

年　份	总数(头)	资料来源
1960—1975	146	云南省动物研究所第一研究室兽类组,1976
1983	193	徐永椿等,1987
1987	193	杨德华,1987
1995—1997	201~233	吴金亮等,1999
1998	214~254	李永杰,1998
2001	214~254	云南省林业厅,2001
2002	250	许自富,2004
2003—2004	214~246	陈明勇等,2006
2005	161~266	张立,2006
2006—2009	238~286	陈明勇等,2010
2007	210~250	潘清华等,2007
2008	190~230	靳莉,2008
2009	250~300	李剑文,2009

与此同时，在过去几十年里，由于各种原因造成的西双版纳地区盗猎亚洲象的数据如表4.2所示。

表4.2　过去50年中国亚洲象被盗猎的数量一览表

年　份	盗猎数量(头)
1972—1990	13
1991—1995	30
1996—2005	19
2006—2012	5

基于上述文献数据，以及利用插补等方法，补充区间数据、缺失年份数据，确定代入模型的亚洲象种群数量。对于种群数量分别考虑调查数量 $N(t)$，加上盗猎死亡数量后的 $N(t)'$ 进行种群增长模型的拟合。另外考虑到盗猎活动以及亚洲象致损会带来当地村寨居民的驱赶活动，也会导致这一区域亚洲象数量的变化。本研究中结合亚洲象造成损失的量的大小确定亚洲象驱赶损失率(由于驱赶造成亚洲象离开中国的栖息地)为1%~5%。结合上述数据以及处理方式，得到代入种群增长模型的数据如下：

表4.3　模型运用数据一览表

年　份	总数(头) $N(t)$ (人类活动影响后)	死亡及驱赶离开数量(头) $h(t)$ (人类活动对种群数量的影响量)	调整后总数量(头) $N(t)'$ (不考虑人类活动影响)
1997	217	3	220
1998	234	18	252
1999	224	7	231
2000	230	3	233
2001	234	3	237
2002	250	9	259
2003	230	10	240
2004	240	14	254
2005	243	13	256
2006	245	13	258
2007	250	14	264
2008	280	15	295
2009	300	16	316

4.3.2 亚洲象种群数量变化模型及预测

鉴于我国亚洲象总体数量较小，仍处于濒危状态，其种群增长过程仍旧是濒危状态的恢复过程，因此亚洲象种群数量变化模型选择初始扩张型。亚洲象的种群扩散活动主要受到栖息环境影响，而目前亚洲象栖息地面积有限，这就使得亚洲象扩散进程缓慢。与此同时，正是由于栖息地与人类活动交错存在，使得栖息地周边的人类活动对于亚洲象种群数量具有较大影响，其对亚洲象种群数量的影响主要包括直接猎捕数量以及人类驱赶造成的离开的数量。下面利用公式4-3分别对不考虑影响的种群数量增长模型进行拟合。具体如下：

$$N(t)' = 218.18e^{0.0216t} \qquad R^2 = 0.7252 \qquad (4-37)$$

基于前述分析，人类活动对于亚洲象的影响综合为对亚洲象数量的影响，即猎捕数量 $h(t)$。运用公式4-29进行拟合。假定可捕系数 q 和猎捕努力量 E 为常数，则进行拟合后如下：

$$h(t) = N(t)'^{0.3994} \qquad R^2 = 0.8507 \qquad (4-38)$$

考虑人类活动影响的种群增长模型拟合如下：

$$N(t) = 212.77e^{0.0193t} \qquad R^2 = 0.7131 \qquad (4-39)$$

要进一步对经济系统对亚洲象种群调控管理的动态经济均衡影响进行分析，需要进一步收集整理有关亚洲象产品价格，收获成本等，然后利用公式4-35和4-36进一步进行模型拟合，然后进行分析。鉴于有关价格和成本数据仍在收集过程中，因此将在下一步进行系统拟合分析。本研究下面将利用上述拟合模型对亚洲象种群变化的数量进行预测，并对人类活动的影响程度的可能变化趋势进行分析。

表4.4　基于拟合模型对亚洲象2010—2020年种群数量变化预测一览表

年　份	预计亚洲象数量(头)$N(t)$ （人类活动影响后）	人类活动对种群数量的影响量 （头）$h(t)$	种群实际可能的数量 （头）
2010	279	9	295
2011	284	9	302
2012	290	9	308
2013	295	9	315
2014	301	10	322
2015	307	10	329
2016	313	10	336

（续）

年 份	预计亚洲象数量（头）$N(t)$ （人类活动影响后）	人类活动对种群数量的影响量 （头）$h(t)$	种群实际可能的数量 （头）
2017	319	10	343
2018	325	10	351
2019	332	10	359
2020	338	11	366

从表4.4可见，在目前栖息地状态不发生大的变化，亚洲象向周边农地及村寨的扩展也不受较大约束条件下，我国亚洲象种群数量变化将在278~338头。按照目前的人类活动干扰的形式和强度，主要包括偷盗猎捕、驱赶等，对亚洲象种群数量的影响量在9~11头。

4.3.3 模型结果分析

通过上述简化约束条件的模型拟合及预测结果来看，至少可以发现如下结果：

首先，现有数据变化表明，人类的偷盗猎活动、为了保护自身农林业生产进行的驱赶等干扰活动已经影响到亚洲象种群增长率。亚洲象种群数量在现有栖息环境下，没有人类干扰活动的时候，将按照种群增长率为0.0216的速度实现增长，而人类的活动干扰使得种群增长率降低到0.0193，降低了0.0023。

其次，亚洲象种群总量依然保持持续上升态势，未来人象冲突的矛盾加剧。目前来看，亚洲象栖息地面积等没有明确的扩大范围的调整，那么亚洲象种群数量的增加，必然带来对现有栖息地容量的压力，进而造成对保护区周边地区村寨农林业生产活动的影响。与此同时，随着集体林权制度改革的逐步落实，越来越多的林地从原来无人管理的原始次生林状态转向以橡胶林种植为主的经济林，在一定程度上挤压了亚洲象栖息地空间，这也在一定程度上加剧人象冲突矛盾。

第三，基于现有数据，在现有强度下，人类干扰活动对于亚洲象种群数量变化影响严重。从预测结果看，人类干扰活动对亚洲象种群数量的影响在9~11头，使得亚洲象种群数量实际年增长量在4~7头。人类活动对种群数量已经造成了严重影响，已经占到自然增长量的37.38%~58.97%。

第四，从现有预测数据表明，亚洲象栖息地的环境要素已经对亚洲象数量变化产生了比较大的影响。从人类活动干扰前后不同数据拟合的种群增长模型参数及预测值来看，如果栖息环境足够大，而且无干扰条件下，单纯受到亚洲象种群自身的影响的话，2010—2020 年，亚洲象种群数量将在 295 ~ 366 头，远高于人类活动干扰，固化栖息地面积及构成要素条件下的 278 ~ 338 头与人类干扰影响的 9 ~ 11 头之和。种群增长的这一变化应当来自于种群密度、栖息地环境变化的影响。

4.4　本章小结

本研究以生物种群增长模型、种群扩散模型为基础，将经济系统对野生动物生物种群增长及扩散变化影响进行了比较系统的分析，将各类影响先浓缩为对种群数量变化的影响，提出了经济-生物双系统影响下野生动物种群增长模型和种群扩散模型，并利用优化控制模型对野生动物种群管理进行了动态均衡分析，最后以亚洲象为例开展了应用研究。得出了如下结论：

首先，提出了三种不同状态条件下野生动物种群数量增长模型和扩散分布模型。具体包括初始扩张型，密度约束的发展型和多重因素制约型三种形式，并得到了理论模型的解。这为进一步开展研究提供了基础模型。

其次，提出了经济-生物双系统约束条件下野生动物种群数量增长模型和扩散分布模型。在上述三种类型的基础上，本研究通过理论分析将经济系统对野生动物种群变化的影响分解为直接的数量影响和间接的栖息地环境影响及对种群增长率的影响。然后将上述影响转化为对野生动物种群增长模型和扩散分布模型的内在参数的具体变化上，构建形成了经济-生物双系统影响下野生动物种群数量增长模型和扩散分布模型。

再次，构建了野生动物种群管理的动态经济均衡模型。理论分析表明，基于种群增长模型得到的野生动物资源管理的动态经济模型的均衡解是存在的。这说明经济-生物系统影响下的野生动物种群变化及其扩散可以通过理论模型进行模拟，并利用控制变量了解整个模型动态变化的过程，利用状态变量的变化了解种群数量变化，进而通过种群扩散分布模型得到种群扩散的范围与速度。

最后，以亚洲象为例进行了模型的应用研究。基于现有数据分析表明，我国亚洲象种群数量变化在 2010—2020 年，在受到当前约束条件下，将维持在 278 ~ 338 头。人类干扰活动对亚洲象种群数量的影响在 9 ~ 11 头。人类活动对亚洲象种群增长率的影响为降低 0.0023。人类干扰活动、栖息地环境容量不足等是当前亚洲象进一步发展的重要制约，这些因素综合影响的规模在 16 ~ 28 头，其中人类干扰活动的影响程度在 37.38% ~ 58.97%。

5 野生动物冲突的阶段划分及影响因素研究

近年来，随着生态文明建设理念的深入及一系列造林项目的实施，北京市森林资源在一定程度上得以恢复，许多野生动物的种群数量也随之增长。但是，由于过去北京市对自然资源的过度使用，现阶段的生态条件仍难以满足野生动物生存繁衍的需要，致使北京市山区、保护区、水库周边乡镇的野生动物肇事频发，人与野生动物冲突问题日益突出。在此背景下，本章着眼于北京市野生动物冲突，探索能够深入分析野生动物冲突的统计方法，为运用统计方法开展野生动物冲突管理研究做出参考，对制定更加科学的野生动物冲突管理政策提供依据。

5.1 北京市野生动物冲突的阶段划分模型与分析

本节对北京市野生动物冲突受损的金额、比例等指标进行了现状分析。为了解决不同冲突间是否存在差异、存在什么样差异的问题，需要对野生动物冲突进行更深层次的研究。基于此，本节将构建阶段划分的指标体系，通过聚类分析方法，对北京市野生动物冲突的阶段进行划分；再通过随机森林算法，度量阶段划分的指标重要性程度。这对于更全面地理解野生动物冲突事件，实现差异化管理具有重要理论和现实意义。

5.1.1 冲突阶段划分的指标选择

5.1.1.1 指标的构建原则

野生动物冲突阶段划分指标的构建目标是依据现有冲突发展的理论成果，为冲突找到一套合理的度量指标，从而能够准确反映出冲突的发展阶段。在指标构建过程中，应遵循以下原则：系统性、多层次、有效性、可行性。

（1）系统性原则。系统性是要求指标的构建需要涵盖冲突造成的多种损失结果。指标体系反映的受损事实不应是单一的，而是多维度、多角度进行构建，最终通过指标的反映能够勾勒出一个立体的受损事件。系统性原则的意义除了使得研究更加全面，还为后期模型数据多元化提供基础，从而能够得到更为稳定的模型结果。

（2）多层次原则。在系统性要求的基础上，各个类别的指标需要满足多层次的原则。指标体系的构建从"户"到"村"，从"受损类别"到"损失数量"，多层次指标的构建原则有助于指标体系的完整性，能够得到覆盖信息更全面的阶段划分结果。

（3）有效性原则。指标构建需要满足有效性的构建原则，这要求选择的指标符合动物生态学、生物学等基础学科逻辑体系。不能凭臆想无凭猜测，指标选取的有效性是后期模型可解释的基础。

（4）可行性原则。指标的选取不能一味地追求理论完美，需要考虑数据收集的难度和可行性，指标在设计完成是现实可行的，具备实用价值。

5.1.1.2 指标的构建思路

野生动物冲突阶段划分的关注点是需要找到能够体现"冲突严重程度"的指标，这是人与动物活动领域交叉所导致的结果。那么，指标构建的主要矛盾或者突破点就是研究"冲突"本身。在冲突阶段划分的内容中，不需要过多考虑作为冲突当事方的人和动物所起到的作用。相比之下，当事方的相关影响因素指标是导致冲突事件的原因，而不能直接体现出冲突的结果。当事方的作用将在第五章影响因素分析中进行讨论。

明确本部分的指标体系需满足衡量"冲突"这一客观事实后，便可构建野生动物冲突阶段划分的指标体系。人与野生动物冲突事件主要来自动物的取食和践踏行为，使得庄稼、家禽家畜受到损失（何謦成、吴兆录，2010）。对冲突严重程度的衡量主要分为五个类别：

（1）对冲突事件频次的计量。因为动物活动受季节性影响，故一般按照年份进行汇总，统计每年冲突事件发生的数量（王斌、陶庆、杨士剑，2007）。一般认为冲突事件发生次数越多、受损农户数量越多，当年该地区的冲突事件越严重（康祖杰、田书荣、龙选洲等，2006）。

（2）对受害物种的计量。通过收集受损物种的种类，及物种的重量，如农作物的千克数、受伤或致死动物的只数，确定该动物肇事事件带来的损害程度（谌利民、熊跃武、马曲波等，2006）。这一部分是对单次受损事件的进一步衡量，提供仅用次数没有办法表现的受害量的信息（张常智，2013）。

（3）经济损失的计量。受损金额包括对农户补偿的总金额、受损对象的每千克的单价，属于价值量指标。这两个指标都是以人类角度进行的价值计算，能在一定程度上表现受害作物的稀有程度，体现出人类作为损失方产生的经济损失（谌利民、熊跃武、马曲波等，2006；贾亚娟，2006）。

（4）受损范围的计量。受损范围为受损农户数量占比、受损村庄数量占比，反映的是野生动物冲突事件是在一定区域内小范围发生，还是大范围的发生（达瓦次仁，2010）。同时也能够显示出野生动物肇事在人类活动区的影响范围。

第五是增长速率的计量。在对野生动物冲突的阶段划分时,冲突事件较上年变化的表现也是不能忽视的。这是体现"发展速度"层面的指标,表现出冲突事件未来发展趋势是加重还是趋缓的,其变化的幅度如何等。

5.1.1.3 指标的具体确定

根据指标体系构建的原则及思路的描述,在野生动物冲突的发展阶段,需要能够对冲突这一客观事实进行全面的衡量,指标既需要反映冲突的现状,还需要考虑其未来的发展倾向。秉承这一指标体系构建思想,考虑北京市数据收集的可获得性,选择八个指标进行实证拟合,提出具体的指标定义:

(1)受损数(个):统计单个乡镇内受损农村的数量,属于"受损频次类"指标。此指标表现的是乡镇中受冲突村庄的绝对数,能够反映冲突所波及的范围。

(2)受损数(户):统计单个乡镇内受损农户的数量,属于"受损频次类"指标。考虑到原始数据是以农户数为维度进行统计的,由户汇总到村,最终到镇,每向上汇总一级,数据信息可能就会在一定程度产生损失。所以对受损户数的保留能够更敏感地反应冲突的状态。

(3)受损比例(%):统计受损农户数占该乡镇中所有农户数的占比,属于"受损范围类"指标。采用相对数比例的方法,使得各个乡镇可以横向对比。

(4)受损种类(种):统计单个乡镇每年的受损种类,属于"受损物种类"指标。受损的种类能够表现出野生动物取食是多少种类型,取食种类越多,表明当地的野生动物对食物的需求类型越多,受损程度较为严重(余玲江、谭爱军,2015)。

(5)受损量(千克):统计单个乡镇的受损重量,属于"受损物种类"指标。受损量大说明动物对食物的需求多,能在一定程度表现出当地的野生冲突更为严重。

(6)受损单价(元/千克):统计损失对象的单价,属于"经济损失类"指标。是从人类角度出发,损失的单位价值越高则受损越严重。如果单价较低,也在一定程度说明损失品种较易恢复,农民的心理接受度较高,损失带来的影响较小。对于存在家禽家畜伤亡的乡镇,每千克单价将会高于其他乡镇。

(7)补偿金额(万元):统计乡镇每年的补偿金额,属于"经济损失类"指标。补偿金额是对受损金额的直接反馈,损失严重的地区,受损金额大,补偿金额也就更多。

(8)补偿金额复合增长率(年,%):单个乡镇补偿金额较最近一次受损情况的复合增长率,属于"相对变化类"指标。体现的是最近几年的变化趋势。

对于存在间隔年份的数据，采用复合增长率计算，能够保证数据变化的趋势性。

根据以上内容，野生动物冲突阶段划分指标体系见表 5.1。

表 5.1　北京市野生动物冲突阶段划分指标

构成部分	序号	指标	单位	说明
受损频次	1	受损村数	个	冲突受损的村庄数量
	2	受损农户数	农户	冲突事件数量
受损范围	3	受损比例	%	冲突受损的农户占比
受损物种	4	受损种类	种	冲突农作物的种类数量
	5	受损量	千克	受损作物的千克数量
经济损失	6	受损单价	元/千克	每千克受损金额
	7	补偿金额	万元	政府补偿的金额
相对变化	8	补偿金额复合增长率	%	补偿金额复合增长率

（表格左侧纵向标注：野生动物冲突阶段划分指标体系）

5.1.2　算法应用与结果分析

应用数据挖掘技术对北京市野生动物冲突进行阶段划分。首先根据数据类型的情况，使用无监督算法中的聚类分析方法，即在没有明确数据标签的情况下，通过发掘数据本身的规律寻找相似的类，实现对野生动物冲突的阶段划分。进一步地，再将聚类获得的类别标签作为分类变量，采用随机森林算法，度量阶段划分中指标的重要性程度。

5.1.2.1　聚类分析

聚类分析的应用领域非常广泛，在本研究中，使用 K 均值、系统聚类法对北京市野生动物冲突的阶段进行划分。在数据预处理阶段，已经进行了标准化和筛选异常值的操作。

应用 K 均值聚类法时，一个重要参数配置步骤是选择聚类的数量，即 K 值。由于野生动物冲突属于公共安全事件的一个分支，在公共安全领域，一般依据冲突的严重程度，从起步到发展再到爆发将其划分为：一般、较大和重大。所以在研究中，先假定野生动物冲突分为三个阶段（$K=3$），再根据聚类的结果进一步确定阶段类别。

将受损村数（个）、受损数（户）、受损比例（%）、受损种类（种）、受损量（千克）、受损单价（元/千克）、补偿金额（万元）、补偿金额复合增长率（%）8个指标的标准化数据导入模型，初始中心点的选择由改进的 K-means++实现，得到聚类结果：有 134 个样本被归入"0 类"；16 个样本被归入"1 类"；56 个样本被归入"2 类"。此时聚类标签仅为分类的代号。具体见表 5.2。

表 5.2　北京市野生动物阶段划分 *K* 均值聚类结果

聚类标签	聚类个数
0	134
1	16
2	56
总计	206

将算法选择的三个聚类中心点结果导出，以下为标准化后的中心点位置：

表 5.3　北京市野生动物冲突阶段划分 *K* 均值聚类中心

聚类标签	受损村庄数量	受损户数	受损的作物种类个数	损失千克量	每千克单价	补偿金额	较上年变化率	受损户数占比
0	-0.619	-0.492	-0.287	-0.522	-0.259	-0.578	0.039	-0.401
1	1.971	3.040	-0.630	2.294	-0.279	2.186	0.319	2.765
2	0.798	0.344	0.504	0.558	-0.168	0.609	-0.140	0.219

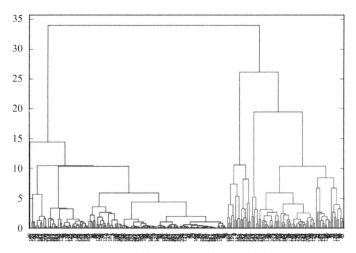

图 5.1　北京市野生动物冲突阶段划分系统聚类谱系图

使用系统聚类法再次进行聚类。本模型的参数选择"ward"距离，并画出谱系图(图 5.1)。

谱系图对聚类过程进行了可视化，在图 5.1 中，汇集越早的点相似度越高。以高度为 22 时切断，可以得到三个类，类别间区分度较高。

5.1.2.2　聚类的结果分析

首先，对 *K* 均值聚类分析进行结果分析。按照 *K* 均值的类别对受损农户数占比、补偿金额、复合增长率等关键指标进行聚合。

属于"类0"的乡镇中，受损的农户数量占该乡镇总农户数量的0.43%，受损比例较小；受损补偿金额的平均值为1.40万元，为所有类别中补偿金额最少的类；乡镇数量为134个，占206个参与拟合的镇乡的65.05%，综合考虑，将"类0"判断为冲突萌芽阶段。

属于"类1"的乡镇中，受损的农户数量占该乡镇总农户数量的14.56%；受损补偿金额的平均值为14.09万元，显著高于其他类别的补偿金额；补偿金额的复合增长率达到41.01%，将"类1"划分为冲突爆发阶段。

属于"类2"的乡镇中，受损的农户数量占该乡镇总农户数量的3.2%，平均补偿金额达到6.85万元，损失程度比"类0"严重，但轻于"类1"，所以，将"类2"判断为冲突加速阶段。具体结果由表5.4列出。

表5.4　北京市野生动物冲突阶段划分 K 均值聚类结果指标分析

聚类标签	乡镇个数	受损比例均值（%）	补偿金额均值（万元）	补偿金额复合增长率均值（%）	受损单价均值（元/千克）
类0	134	0.43%	1.4008	20.52%	2.040
类1	16	14.56%	14.0869	41.01%	2.007
类2	56	3.20%	6.8495	7.41%	2.197
平均值	—	2.22%	4.0542	17.69%	2.484

K 均值聚类结果的阶段判别："类0"的冲突严重程度较轻，判别为冲突萌芽阶段；"类2"的冲突严重程度为比较严重，判别为冲突加速阶段；"类1"的冲突严重程度为非常严重，判别为冲突爆发阶段。

表5.5　北京市野生动物冲突阶段划分 K 均值聚类的阶段判别

聚类标签	严重程度	阶段判别
类0	不严重	冲突萌芽阶段
类2	比较严重	冲突加速阶段
类1	非常严重	冲突爆发阶段

以 K 均值聚类划分的野生动物冲突阶段存在明显差异，具有可解释性，聚类结果较好。

其次，将 K 均值聚类与系统聚类的结果进行对比。两种聚类方法的结果相差不大，仅在类0、类2处的分类有微弱差异，存在差异的样本数量为5个。结果说明数据的组间区分度较大，模型较为稳定。

表5.6　北京市野生动物冲突阶段划分 K 均值与系统聚类结果对比

聚类标签		K 均值聚类			
		0	1	2	总计
系统聚类	0	129			129
	1		16		16
	2	5		56	61
	总计	134	16	56	206

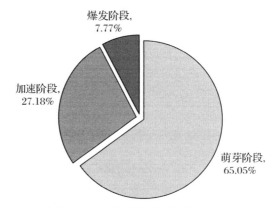

图5.2　北京市野生动物冲突阶段划分各阶段占比(%)

对两种聚类结果进行修正。综合考虑两个结果的等级排序，取中间级别。比如系统聚类为"类2"，而 K 均值聚类为"类0"的样本，已判断 K 均值的"类0"是"不严重"的冲突萌芽阶段，系统聚类的"类2"是"比较严重"的冲突加速阶段。依照北京市整体属于萌芽阶段的情况，将该数据修正为"不严重"的冲突萌芽阶段。

依据 K 均值和系统聚类的综合聚类结果，北京65.05%地区处于冲突萌芽阶段；27.18%的乡镇正处于加速阶段，比例较高；有7.77%的乡镇已经处于冲突爆发阶段，应采取进一步控制措施。

表5.7详细给出了北京市各乡镇所处的野生动物冲突发展阶段。

表5.7　北京市野生动物冲突阶段划分结果

区	乡镇	萌芽阶段(年)	加速阶段(年)	爆发阶段(年)	总计
昌平区	流村镇			2011，2012	8
	南口镇	2011，2012			2
	十三陵镇		2011	2012	1
	延寿镇	2011，2012			1

（续）

区	乡镇	萌芽阶段(年)	加速阶段(年)	爆发阶段(年)	总计
房山区	城关街道	2013—2016			4
	大石窝镇	2015—2016			2
	佛子庄乡	2013—2015			3
	韩村河镇	2015—2016			2
	河北镇	2016			1
	蒲洼乡	2011			1
	青龙湖镇	2010			1
	十渡镇	2011，2013—2016			5
	史家营乡	2011，2013，2015—2016	2012		5
	霞云岭乡	2015			1
	张坊镇	2013			1
	长沟镇	2016			1
	周口店	2013，2015—2016			3
怀柔区	宝山镇	2011	2012		2
	渤海镇	2010，2012			2
	怀北镇	2010—2011			2
	怀柔镇	2011			1
	喇叭沟门乡	2012			1
	汤河口镇	2010—2012			3
	长哨营乡		2010—2012		3
门头沟区	妙峰山镇	2009，2011—2012，2014			4
	清水镇		2009—2016		8
	潭柘寺镇	2009—2012	2013—2016		8
	王平镇	2009—2010，2013，2016	2011—2012，2014—2015		8
	雁翅镇	2011—2012，2015—2016	2013—2014		6
	永定	2009—2011，2014			4
	斋堂镇	2009，2016	2010—2015		8
密云区	北庄镇	2010—2016			7
	不老屯镇		2010—2012，2016	2014—2015	6
	大城子镇		2016		1
	东邵渠镇	2009—2012，2014—2016			7
	冯家峪镇		2014	2009，2012—2013，2015—2016	6
	高岭镇	2009—2010，2013—2015			5

（续）

区	乡镇	萌芽阶段(年)	加速阶段(年)	爆发阶段(年)	总计
密云区	古北口镇	2009—2010，2012—2013，2015—2016	2011		7
	巨各庄镇	2009			1
	密云镇	2013，2015			2
	石城镇	2014—2015	2009—2013		7
	太师屯镇	2010—2012，2014			4
	西田各庄镇	2009—2013，2015—2016			7
	溪翁庄镇	2015—2016			2
	新城子镇	2010，2013，2016	2014—2016		5
平谷区	大兴庄镇	2016			1
	独乐河镇	2010			1
	山东庄镇	2010			1
	夏各庄镇	2010—2012			3
	兴谷街道	2016			1
	镇罗营镇	2010			1
延庆区	八达岭镇	2011—2012	2010		3
	大榆树镇	2011—2012			2
	大庄科乡	2010	2011—2012		3
	井庄镇		2010	2011—2012	3
	刘斌堡乡	2010—2012			3
	千家店镇		2010—2011	2012	3
	四海镇		2010—2012		3
	香营乡	2010—2012			3
	延庆镇	2010—2012			3
	永宁镇		2010—2012		3
	张山营镇	2012			1
	珍珠泉乡			2010—2012	3
总计	—	134	56	16	206

5.1.2.3 随机森林算法

虽然聚类分析能够对数据进行分组，完成对数据打标签的过程。但是，仅通过无监督算法得出的野生动物冲突的分类结果无法确定每个指标对于阶段划分的重要程度。

本节使用确定的各个乡镇的阶段类别作为标签，应用随机森林的算法，根据基尼系数的平均减少量得出模型中每个指标的重要性程度，确定指标对于冲突阶段划分的重要性程度。

随机森林的特征变量为冲突阶段划分的八个指标，预测变量为阶段划分所确定的3个类别。进行模型拟合时，需要对随机森林中决策树的数量和每次分裂考虑的特征数进行设置。决策树的数量不宜取值过小，本研究在实验对比后，取决策树的棵数为500。对于每个分裂点的候选变量的抽取，研究选择常规的经验数量，即取所有变量数量的平方根（$\sqrt{p}$）。

对随机森林模型采用十折交叉验证模型，正确率为86.09%。得到分类过程中指标的重要性程度。其中，受损的户数在冲突划分中最为重要，其次是受损村数、补偿金额、受损种类等。随机森林指标重要性（variable importance）排名结果详见图5.3。

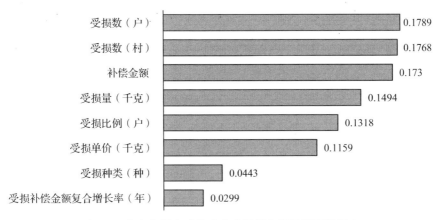

图5.3 北京市野生动物冲突阶段划分指标重要性程度

5.1.2.4 随机森林的结果分析

在随机森林模型中，研究给出了阶段划分中八个指标的重要性程度（variable importance）。对阶段划分作用最为突出的为"受损范围"，比如：受损农户户数和受损村数，均位于随机森林衡量的指标重要性前列。其次为补偿金额，受损量等指标。具体来看，受损户数的指标重要性为0.179；受损村数的指标重要性为0.177；补偿金额的指标重要性为0.173；受损量的指标重要性为0.149；受损户数占乡镇总户数的指标重要性为0.132；受损单价的指标重要性为0.116；受损种类数量的重要性程度为0.044；受损补偿金额复合增长率的指标重要性为0.030。

结合随机森林的指标重要性结果对各乡镇的冲突严重程度进行打分。以上8个指标的重要性程度加和为1，本研究在研究方法中介绍了随机森林赋权（RFW）的方法，主要思想是将指标重要性程度作为权重（RFW）进行客观赋权，将权重与各个指标的去量纲数据进行加权求和，能够得到衡量野生动物冲突严重程度的综合得分（吴孝情、赖成光等，2017；李军霞、王常明等，2013）。

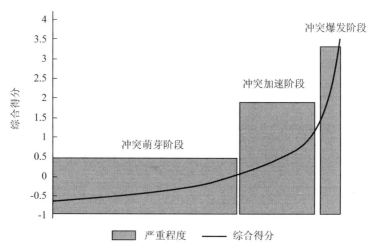

图 5.4　北京市野生动物冲突阶段划分及综合得分

图 5.4 将各个阶段对应的综合得分进行排列，可以看出，综合得分在不同阶段存在显著差异，并随着阶段严重程度的加深呈现递增趋势。综合得分体现出同一阶段内冲突的严重性差异，提供了一个连续数值型的变量。结合阶段划分及综合得分的结果，冲突萌芽阶段的综合得分一般在 0 分以下；冲突加速阶段的综合得分在 0~1 分之间；冲突爆发阶段的综合得分在 1 分以上。综合得分越高，说明冲突越严重。

本节分析了野生动物冲突阶段划分的指标构建原则，依据现有研究成果及北京市现状，确定了北京市野生动物冲突阶段划分的指标体系。在此基础上，通过 K 均值对北京市野生动物冲突进行了聚类分析，继续使用系统聚类的方法，对 K 均值的聚类结果进行了验证。通过对两次聚类结果的对比分析，将个别聚类结果不一致的情况进行了结果融合，最终确定了各个乡镇所处的冲突阶段。其次，根据聚类分析确定的阶段类别，以此为分类目标进行随机森林算法模拟，度量了冲突阶段划分的变量重要性，并进行了结果分析。得出的主要结论如下：

第一，本节建立了五个层次八个指标的北京市野生动物冲突阶段划分指标体系。五个层次分别为受损频次、受损范围、受损物种、经济损失和相对变化，八个指标分别为受损村数、受损农户数、受损比例、受损作物种类、受损千克数量、受损单价、补偿金额和补偿金额复合增长率。

第二，北京市野生动物冲突可以被划分为三个阶段。本研究聚焦北京市的野生动物冲突情况。对 2009—2016 年冲突受损的相关指标分析显示，聚类分析将冲突划分为三个类别时，重复试验结果稳定。类别之间有明显的数据差异，具备可解释性。根据对每个类的聚类结果分析，可以将冲突事件划分为：冲突萌芽阶段、冲突加速阶段、冲突爆发阶段。以现有北京市样本数据为例，发生冲突事件的镇乡中，65.05%地区处于冲突萌芽阶段，受损程度较低；27.18%的乡镇正处于加速阶段，比例较高，应对这些区县重点关注，以防发展为冲突爆发阶段；最后有 7.77%的乡镇已经处于冲突爆发阶段，应采取进一步控制措施。阶段的划分对于政府在何时进行规模性的政策介入有了解答。将冲突划分为三个阶段后，当冲突进入后两个阶段时，可以作为实施防护措施的信号，并对有严重趋势的乡镇进行重点防护。

第三，北京市野生动物冲突整体上还处在初期水平，但各个区县差异较大。北京市大部分存在动物肇事事件的乡镇多处于萌芽阶段。但是，冲突较为严重的地区存在扎堆现象，如延庆区、密云区及昌平区均包含爆发阶段的乡镇，且延庆区最为严重。门头沟区进入模型拟合的乡镇中，有很大一部分乡镇处于冲突加速阶段，需重点防范。从乡镇层次来讲，延庆区的井庄镇、珍珠泉乡有两年被划分为冲突较为严重的区域，处于冲突爆发阶段。昌平区的十三陵镇、密云区的冯家峪镇、延庆区的千家店镇也处于冲突爆发阶段。可对以上乡镇考虑制定进一步的治理政策或采取有针对性的改善措施。

第四，对冲突阶段划分过程中指标的重要性程度进行了衡量。在 8 个指标中，影响最为突出的为"受损范围"，比如：受损农户户数和受损村数，均位于随机森林衡量的指标重要性前列。其次为"补偿金额"，这说明受损的金额是对冲突的严重程度衡量的重要指标，但是作为一个价值量指标，对于野生动物来说，并不会对物种经济价值进行辨认。但受损的区域的范围的确由动物对食物的需求或活动领地扩张造成。所以，从宏观防范冲突的管理角度来说，应首先控制冲突所波及的范围，再进一步控制局部地区的受损情况。

5.2 北京市野生动物冲突的影响因素模型与分析

基于上节的分析，本研究发现北京市野生动物冲突各地区存在差异较大，并使用数据挖掘技术对北京市野生动物冲突完成了阶段划分。但是，由于在不同严重程度的野生动物冲突阶段中，指标对于冲突的影响程度不尽相同，为了更清晰地认识冲突的始末，有必要对冲突的影响因素进行分析。

因此，本章通过对历史数据的整合与模拟，以冲突的阶段划分结果为基础，分析北京市野生动物冲突不同阶段间跳跃、转换的影响因素，深入研究野生动物冲突中当事方(人、动物)的行为和环境所起到的作用。通过对冲突影响因素的分析，将有利于制定更有针对性的政策。

本节主要内容分为两个部分，第一部分是根据动物管理学原理构建冲突影响因素的指标。第二部分是通过面板数据模型对具体的影响因素指标进行模拟回归，进一步分析指标对于冲突阶段跨越的影响程度。

5.2.1 冲突影响因素的指标选择

5.2.1.1 指标的构建原则

冲突事件的影响因素分析是采取下一步行动的基石。野生动物管理者的政策制定需要以野生动物管理科学研究的理论为依据，因为在野生动物管理这一领域，一旦背离了基础理论原理，即使付出再多财力人力可能都不能获得良好的预期效果。对于事件形成原因的分析是研究者把握规律的常用方法，而用于分析的指标必须是科学且可靠的。野生动物冲突影响因素指标的构建应考虑以下四个原则：全面性、代表性、可塑性、科学性。

第一是全面性。野生动物管理学存在多个关联学科，这就要求在构建指标时应满足全面性原则。指标体系应能够完整、立体地将冲突事件呈现。所以，在构建时应尽量遵循全面性要求，做到指标不遗漏。

第二是代表性。野生动物冲突影响因素广泛，需要选取最有代表性的进行分析。如果指标过于冗余，可能会出现共线性、过度拟合等一系列建模问题。在具体指标的选取过程中，要抓住主要矛盾，不过度追求数量。

第三是可塑性。任何问题的影响因素都不是不变的，具体指标的确定可能会因地域、物种不同而产生差异。比如亚洲象取食行为(彭勇、吴顺福，2016)和野猪的泥浴行为(邓天鹏、郑合勋等，2009)，最终造成农田受损的结果是一致的，但却是由完全不同的原因造成。所以在设立指标体系的过程中，理论指标体系的影响因素和实证案例中的指标体系的显著性结果可能不完全一致。但理论指标体系作为实证研究的基础，应能够在应用时，具体问题具体分析，具备可塑性的特点。

第四是科学性。野生动物冲突的指标构建应遵循科学原则。科学性的基础是构建有理论依据的指标体系。理论依据可以是来源于书籍、期刊或学术论文等资料。同时，应该注意的是科学探索本身在不断地更新和迭代，在指标的构建上，也应反复地通过实验与质疑进行扩充和修正。

5.2.1.2 指标的构建思路

对资源的抢夺是产生冲突的根源所在。在前文的理论中，人与野生动物的冲突是由于人类对活动领域的扩张需求与动物生存繁衍的本能之间相矛盾而产生的，这其实是对土地资源争夺的具体表述。在对冲突影响因素进行研究时，必须要考虑利益双方对于自然资源需求的获取动力有哪些，从而对其产生的影响进行判断。所以，野生动物冲突影响因素的指标构建需要结合动物管理学、经济发展、生态学等理论，分别从动物、人类和环境等角度进行分析（马建章，2004）。

进一步讲，动物冲突的影响因素需要涵盖多种维度，不仅需要考虑野生动物方面的影响因素，同时也需要考虑人类活动等其他影响因素。比如，野生动物管理的生活三角区概念，将动物生存所需的要素具体为食物、水、隐蔽（J·A·贝利，1984）三个方面。其中，隐蔽是指能够为野生动物完成功能和生存所需的环境结构资源，可进一步因功能性需求、年龄与性别、季节与气候、地区间差异而有所不同，相关的因素必然与人类的相关活动有关，所以，指标的构建需要考虑多方位影响因素。

基于现有研究结论及野生动物管理学等相关理论，本研究对野生动物冲突影响因素的指标构建，主要从以下四个方面进行考虑：

第一部分是人类属性。首先，人类对土地的需求是不断增长的。在动物冲突领域，人类追求的经济增长表现出对物质的占有欲，对人类扩张的需求将是研究的重要组成部分。指标构建过程中应考虑人口密度、地区经济水平、收入状况等指标（何謦成、吴兆录，2010）；其次，人类种植的作物或饲养的家禽家畜的种类及面积等指标，也会在一定程度上影响野生动物冲突。比如在云南有些地区，因橡胶可产生较为丰厚的经济利益，农户增加了橡胶的种植面积，在一定程度上对原始森林造成破坏（郭贤明等，2012）；再次，对于人类属性，应对冲突的措施效果也是分析的因素之一。野生动物受到国家法律的保护（邱之岫，2006），在发生野生动物冲突事件后，由政府出面给予相应补偿。同时，受损严重的地区，会依不同的严重程度由乡镇或区县政府出面，进行防护措施的建设和政策建议。由此，指标体系建设考虑是否采取防护措施、是否调整农作物结构、是否采取人工投食等利于缓解人与野生动物冲突的措施。

第二部分是动物属性。根据野生动物的捕食偏好，可以将影响因素分为安全因素和食物获取因素。第一，安全因素主要表现为动物的生存环境或逃生路径与活动地点的距离，详细来说主要包括活动地点与林缘、河流、人类居住地、人类活动频繁的区域等地的距离以及活动地点的隐蔽性等（马建章，2004）。有研究表明林缘地区和河流周边是侵犯事件发生频次较多的地带，损失较为严重（贾亚娟，2006）；第二，食物获取因素主要表现为农作物或家畜是否是野生动物喜爱的食物。包括食物的丰富程度、适口性、农业用地面积等因素（张鸣天、刘丙万等，2015），对于素食类动物，在农作物的成熟期，食物获得性高、适口性好，是农作物受损的高发期（李兰兰、王静等，2010）。

第三部分是生态属性。生态属性可以理解为野生动物冲突事件发生的大背景。相比土地资源贫瘠的地区，生态环境多样、森林覆盖率高的地区更容易有野生动物生存，发生冲突事件的概率也就越高（J·A·贝利，1991）。生态属性代表的是"基本面"的差异。在同一行政辖区内的受冲突地点，可能生态属性差异不大，但在跨地域问题研究上，将会体现出较为明显的差异。生态属性将当地的气候、土壤等地理因素进行描述，可以分为：降水量、气温、土壤有机质含量等因素（陈化鹏、高中信，1993；李治坤、张士云等，2014）。当然，对于不同的生态系统如平原、山区、草原需纳入的具体指标各有差异，需把握指标的内涵，一一对应。

第四部分是冲突结果的客观属性。对冲突影响因素的分析也需要考虑冲突本身的客观存在。这部分能够帮助管理者更好地将指标因素分析落实到具体的政策制定。考虑到不应受人类价值的影响，主要指标的选择应为实物量指标，如受冲突范围、冲突物种数量等。

5.2.1.3 指标的具体确定

根据影响因素指标体系构建原则，进行北京市野生动物冲突影响因素的指标选取。前文理论研究中，对影响因素的指标体系构成分为了四个层次，即人类属性、动物属性、生态属性及冲突结果的客观属性。其中，"当地生态条件""主要肇事动物"两大属性会因地域不同而使得实际指标产生较大差异，比如热带雨林地区与东北林区的衡量指标应能分别体现出各自地域特征和物种特征。指标的具体确定应因地制宜，具体形态要随当地的实际情况进行调整。北京市的野生动物冲突的影响因素指标构建应满足自身的应用需要。经过对超过 20 个指标的对比，北京市野生动物冲突影响因素模型最终选取以下十个指标进行拟合：

（1）人口密度（人/平方千米）：指乡镇的人口密度，属于指标体系中的"人类属性"。由乡镇的常住人口比上辖区面积计算得来。人口密度能够表现出人类是否急于拓展活动领地，人口密度越高，人与野生动物在自然资源、土地资源上的争夺则更为强烈。

（2）人均纯收入（元）：指乡镇农村人口的人均收入，属于指标体系中的"人类属性"。通过对当地人均收入进行统计，能够获得当地基本经济发展水平的信息。数据显示，如果收入来源仅为农耕收入，则收入水平相对较低。

（3）秋粮玉米播种面积（亩）：指秋耕中玉米的播种面积，属于指标体系中的"人类属性"，代表当地主要农作物播种情况。选择秋粮的玉米播种面积是由于北京市野生动物冲突主要发生于8~10月，属于秋耕时节，而且玉米是北京地区粮食种植的主要品种，占秋收粮食产量的90%以上。

（4）蔬菜种植面积占比(%)：指蔬菜的种植面积在辖区面积中的比例，属于指标体系中的"人类属性"。北京蔬菜种植多以蔬菜产业园的形式存在，土地资源占用的排他性高，与外界隔离，大多处于平原地区。

（5）水源距离(千米)：指野生动物肇事地点距离附近水源的距离，属于指标体系中的"动物属性"。水是动物食物必需的组成部分，有研究表明动物取食时更愿意靠近有水的地方(蔡静和蒋志刚，2006)。其次，动物在取食或活动时会考虑安全性因素，与水源地的距离也是安全性因素之一。

（6）秋粮玉米亩产(千克)：指秋耕中玉米每亩地产量，由于农作物的亩产水平与土壤情况及种植条件有关，能够表现地区的生态情况，选取重要种植作物玉米的亩产量，能在一定程度上表现出当地土地资源水平，属于指标体系中的"生态属性"。

（7）海拔(米)：指野生动物肇事地点的海拔高度，属于指标体系中的"生态属性"。考虑到动物对生存环境的隐蔽需求，加入事发地点的山林海拔高度，能在一定程度上体现隐蔽条件。

（8）年木材采伐量(立方米)：指乡镇的年木材采伐量，能够体现出当地的"生态属性"。林木采伐会缩小动物生存区域，对地区的生态环境产生影响，增加动物在野外取食的难度。同时，木材采伐量的大小也能体现该乡镇在对林木、森林资源上的政策取向。

（9）受损户数占比(%)：受损农户数占辖区内农户总数的占比，属于指标体系中的"冲突属性"。通过对受损农户比例的统计，能够对冲突影响范围有明确认知，体现当地实际受损情况。

（10）受损作物种类(种)：受损农作物的种类数量，属于指标体系中的"冲突属性"。一般农民农作物种植结构不易改变，该属性不会因人类主动行为而改变，能够反映出动物对食物种类的不同需求。

表5.8 北京市野生动物冲突影响因素指标

构成部分	序号	指 标	单 位	说 明	符号
人类属性	1	人口密度	人/平方千米	乡镇常住人口密度	X_1
	2	人均纯收入	元	乡镇农民人均纯收入	X_2
	3	秋粮玉米播种面积	亩	秋粮玉米播种面积	X_3
	4	蔬菜种植面积占比	%	蔬菜种植面积在乡镇内占比	X_4

（续）

构成部分	序号	指　标	单　位	说　明	符号
动物属性	5	水源距离	千米	事发地点与最近水域距离	X_5
生态属性	6	玉米亩产	千克	每亩地玉米产量	X_6
	7	海　拔	米	事发地海拔高度	X_7
	8	年木材采伐量	立方米	乡镇的年木材采伐量	X_8
冲突属性	9	受损户数占比	%	受损农户占乡镇农户占比	X_9
	10	受损作物种类	种	受损农作物的种类	X_{10}

影响因素指标的选取是一个不断优化的过程，需要反复进行试验对比，以实现更为理想的结果。

5.2.2　模型的构建与参数估计

上一小节构建了北京市野生动物冲突影响因素的指标，为影响因素分析提供了截面维度的信息。现有文献中，时间维度对于梳理冲突的发展脉络有着重要作用（杨文忠、和淑光等，2009），是一个不可忽视的数据维度。所以，构建野生动物冲突应影响因素模型，将同时考虑冲突的时间维度和截面维度。

基于此，本节利用64个受损乡镇2009—2016年非平衡面板数据，通过面板数据模型对野生动物冲突的影响因素进行探讨。

5.2.2.1　模型构建

明确面板数据的类型后，在影响因素模型构建阶段，需要进一步确定对野生动物冲突的测度标准。结合现有文献，研究发现由于审视冲突的出发点不同，冲突的衡量指标也存在差异。

一方面，从宏观管理层面来看，冲突是一种区域性事件，考量其整体水平需要综合多个指标（彭勇、吴顺福，2016）。正如前文分析，野生动物冲突是由受损的范围、受损的金额、受损的种类等多个维度构成，如果仅依据某一个维度来判断受损的程度则丧失了客观性，所以，从宏观管理层面出发，对野生动物冲突应进行多维度的综合评估。

另一方面，从微观个体层面来看，冲突的损失是由农民承担的，他们的行动可能会进一步影响冲突的发展（唐谨成，2014）。对于农民来说，只要动物肇事事件发生，导致的损失则已经是既定事实。相比宏观层面考虑的受损范围等指标，农民关注的主要指标是自身损失的绝对值。所以，对微观个体来说，冲突的衡量应能直接体现个体的受损情况。

基于以上原因，为了更加全面地对影响因素进行分析，本节将分别对宏观管理层面和微观个体层面所关心的两个冲突测度指标构建影响因素模型。

　　首先，选取模型的具体变量。解释变量 X 的选取，根据在上一节中对影响因素做出的详细说明及解释，影响因素模型的 X 选取影响因素指标体系中构建的十个指标。具体为，人类属性方面：人口密度、人均纯收入、秋粮玉米播种面积和蔬菜种植面积占比；动物属性方面：动物属性、水源距离；生态属性方面：玉米亩产、海拔、年木材采伐量；冲突属性方面：受损户数占比受损作物种类。可参见表5.8所示。

　　被解释变量 Y 的选取，分别对宏观管理和微观个体两个层面进行选取。宏观管理层面的影响因素模型，被解释变量 Y 的选取：在第四章中，研究已经根据随机森林赋权得到了冲突发展阶段的综合得分（吴孝情、赖成光等，2017），它通过客观赋权得到，融合了补偿金额、受损村数、受损农户数、受损量、受损种类、补偿金额复合增长率等八个受损维度的信息，具体各指标权重见图5.3所示。综合得分随着阶段严重程度的加深逐步递增，能够满足对冲突严重程度进行综合度量的需要。所以，宏观管理层面的模型选取综合得分作为 Y 的测度，即 Y =综合得分。

　　微观个体层面的影响因素模型，被解释变量 Y 的选取：从农民角度来看，无论是农作物受损或是家禽家畜的伤亡，种植或饲养的初始目的都是售卖转换为金钱，主要衡量标准为经济损失（韦惠兰，2008）。所以，微观个体角度的影响因素模型将选取受损的金额作为 Y 的测度，即 Y =损失金额。

　　确定模型变量后，建立面板数据模型。将野生动物冲突影响因素模型基本形式设定如下：

$$\text{Score}_{bt} = \alpha + \beta_i X_{ibt} + u_b + \varepsilon_{bt}(b = 1, \cdots, n; \ t = 1, \cdots, T) \tag{5-1}$$

$$\text{Amount}_{bt} = \alpha + \beta_i X_{ibt} + u_b + \varepsilon_{bt}(b = 1, \cdots, n; \ t = 1, \cdots, T) \tag{5-2}$$

在公式5-1和5-2中，Score_{bt} 代表综合得分，Amount_{bt} 代表受损金额；X 是随时间和个体而变的解释变量，具体代表：人口密度（X_1）、人均纯收入（X_2）、秋粮玉米播种面积（X_3）、蔬菜种植面积占比（X_4）、水源距离（X_5）、玉米亩产（X_6）、海拔（X_7）、年木材采伐量（X_8）、受损户数占比（X_9）、受损作物种类（X_{10}）；扰动项为（$u_i + \varepsilon_{it}$）构成，代表模型的复合扰动项，其中，u_i 代表不可观测的随机变量，代表乡镇个体异质性的截距项，ε_{it} 代表随乡镇个体和时间而改变的扰动项。

　　本研究所使用的样本时间跨度为2009—2016年，$T = 8$；受损个体乡镇共计64个，$n = 64$，为大 n 小 T 型，共计206条数据。由于个体内包含的年份不完全一样，属于有间断的非平衡短面板数据，所以在建模过程中不需要进行单位根和协整检验（陈强，2014）。

　　接下来对具体面板数据模型进行形式设定检验：

第一，采用 F 检验，在混合回归和固定效应模型中进行选择(表 5.9)。

表 5.9　F 检验结果

F-test that all u_ i = 0 Y: Amount$_{bt}$	F-test that all u_ i = 0 Y: Score$_{bt}$
$F(63, 131) = 5.21$	$F(63, 131) = 1.71$
Prob > F = 0.0000	Prob > F = 0.0052

两模型的 Prob > F 均在 0.05 的显著水平下显著，说明拒绝"H_0: $all\,u_i = 0$"的原假设，认为固定效应模型优于混合回归模型。另外，在使用聚类标准误进行固定效应估计时，ρ 值分别为 0.5894 和 0.9395，说明复合扰动项($u_i + \varepsilon_i$)的方差主要来自个体效应 u_i 的变动。可以确定模型具备个体效应。

第二，将时间 T 定义为虚拟变量进行回归检测是否存在时间固定效应。检验结果显示模型均接受"无时间效应"的假设，故现阶段两个模型仅存在个体固定效应。但是在时间固定效应模型的建立过程中发现，时间维度连续的部分个体存在时间效应影响显著的情况。可以在后续研究中，对时间维度的数据积累更加完整或再次进行试验，判断时间效应的情况。

上述结果虽然已经确定了个体效应的存在，但是仍然不能排除个体效应以随机效应形式存在的可能，继续对随机效应模型进行识别。

第三，采用 LM 检验，在混合回归和随机效应模型中进行选择(表 5.10 和表 5.11)。

表 5.10　模型 Y 为综合得分的 LM 检验

Breusch and Pagan Lagrangian multiplier test for random effects
Estimated results:

	Var		sd = sqrt(Var)
	y	0.6237353	0.7897691
	e	0.0652193	0.2553808
	u	0.0766477	0.2768532
test:	Var(u) = 0		
		chibar2(01) = 48.35	
		Prob > chibar2 = 0.0000	

表 5.11 模型 Y 为受损金额的 LM 检验

Breusch and Pagan Lagrangian multiplier test for random effects

Estimated results:

	Var		sd = sqrt(Var)
y	19. 32944		4. 396526
e	6. 171137		2. 484177
u	3. 450008		1. 85742
test:	Var(u) = 0		
		chibar2(01) = 13. 29	
		Prob > chibar2 = 0. 0001	

两个模型的 LM 检验均拒绝"不存在个体随机效应"的原假设，故在随机效应模型和混合回归模型中选择前者。

第四，判断应选择固定效应还是随机效应模型。由于传统 Hausman 检验是在 u_i 和 ε_i 独立同分布的情况条件下，当 H_0 成立时，随机效应模型是最有效率的。但是在本研究中，前期拟合的聚类稳健标准误与普通标准误存在差异，故采用过度识别检验(over identification test)。得出检验结果见表 5.12。

表 5.12 过度识别检验结果

Test of overidentifying restrictions: fixed vs random effects	
Y: $Score_{bt}$	Y: $Amount_{bt}$
Cross-section time-series model: xtreg re robust cluster(town)	Cross-section time-series model: xtreg re robust cluster(town)
Sargan-Hansen statistic 33. 104　Chi-sq (10)	Sargan-Hansen statistic 20. 308　Chi-sq(10)
P-value = 0. 0003	P-value = 0. 0265

结果显示，两个模型的 $P\_$value 分别为 0.0003 和 0.0265，故拒绝"H_0: u_i 与 u_{it}，z_i 不相关"的原假设，应该选择固定效应模型。

5.2.2.2 参数估计

确定模型的形式后，对模型进行参数估计。由于数据类型为存在间隔的非平衡面板数据，为了消除面板数据可能存在的自相关、序列相关和异方差问题，本研究采用 DKSE(Driscoll-Kraay Standard Errors)进行估计，标准差采用的是 Driscoll JC 和 Kraay AC 提出的稳健形式(季凯文，2015)。为了增加指标间的可比性，对变量进行了标准化处理。最终得出野生动物冲突影响因素固定效应模型。

被解释变量为综合得分($Y =$ Score)的固定效应模型参数估计结果见表 5.13。

表 5.13　Driscoll-Kraay 标准误调整固定效应回归系数表（Y=综合得分）

X_i	Coef.	Drisc/Kraay Std. Err.	t	$P>t$	[95%Conf. Interval].	
人口密度	0.7256	0.1934	3.7500	0.0070	0.2683	1.1828
人均纯收入	-0.0343	0.0415	-0.8300	0.4360	-0.1324	0.0638
秋粮玉米播种面积	0.0211	0.0200	1.9500	0.0920	-0.0262	0.0684
蔬菜种植面积占比	-0.1461	0.0683	-2.1400	0.0700	-0.3076	0.0154
水源距离	-0.3767	0.0910	-4.1400	0.0040	-0.5920	-0.1615
玉米亩产	0.0629	0.0297	2.1200	0.0720	-0.0074	0.1333
海拔	0.2173	0.0548	3.9700	0.0050	0.0878	0.3469
年木材采伐量	0.0259	0.0293	0.8800	0.4060	-0.0434	0.0952
受损户占比	0.8963	0.0194	46.2400	0.0001	0.8505	0.9421
受损作物种类	0.0642	0.0142	4.5300	0.0030	0.0307	0.0977
常数项	-0.0307	0.0316	-1.1300	0.2960	-0.1106	0.0391
Prob > F =	0.0000					
Within R-squared =	0.7359					

　　Y 为综合得分的影响因素模型 F 检验的 p 值为 0.0000，说明解释变量 X_i 整体对被解释变量 Y 的影响显著；整体解释程度 73.59%，结果具备现实研究价值，模型效果良好。被解释变量为受损金额（Y=Amount）的固定效应模型参数估计结果见表 5.14。

表 5.14　Driscoll-Kraay 标准误调整固定效应回归系数表（Y=受损金额）

X_i	Coef.	Drisc/Kraay Std. Err.	t	$P>t$	[95%Conf. Interval].	
人口密度	2.0944	0.9091	2.3000	0.0550	-0.0553	4.2440
人均纯收入	-0.3016	0.4458	-0.6800	0.5200	-1.3557	0.7526
秋粮玉米播种面积	-0.0159	-0.0541	-0.0300	0.9730	0.1119	-0.1437
蔬菜种植面积占比	-1.2819	0.5866	-2.1900	0.0650	-2.6689	0.1051
水源距离	-3.2001	1.1200	-2.8600	0.0240	-5.8484	-0.5519
玉米亩产	0.9472	0.4703	2.0100	0.0840	-0.1649	2.0593
海拔	2.0294	0.7505	2.7000	0.0300	0.2548	3.8041
年木材采伐量	0.0123	0.4846	-0.0500	0.9650	-1.1337	1.1583
受损户占比	4.1574	0.0938	44.3300	0.0000	3.9356	4.3791
受损作物种类	0.4413	0.1129	3.9100	0.0060	0.1744	0.7081
常数项	2.8458	0.5297	7.2600	0.0000	1.5933	4.0982
Prob > F =	0.0000					
Within R-squared =	0.6280					

5.2.3　结果分析

基于模型估计结果，对北京市野生动物冲突影响因素模型进行结果分析。

5.2.3.1　Y 为综合得分的北京市野生动物冲突影响因素模型

前文提到，从宏观管理的层面来讲，需要综合多个维度进行野生动物冲突的衡量，所以采用融合了多种信息的综合得分进行研究，根据固定效应面板模型估计结果，列出 Y 为综合得分的影响因素回归方程：

$$Score = -0.0307 + 0.7256X_1 - 0.0343X_2 + 0.0211X_3 - 0.1461X_4 - 0.3767X_5 +$$
$$0.0629X_6 + 0.2173X_7 + 0.0259X_8 + 0.8963X_9 + 0.0642X_{10} \tag{5-3}$$

式中：Score——冲突受损的综合得分；

X_1——该乡镇的人口密度；

X_2——该乡镇农民的人均纯收入；

X_3——该乡镇秋粮中玉米播种面积；

X_4——该乡镇蔬菜种植面积占总辖区面积的占比；

X_5——事发地点与最近的水源的距离；

X_6——该乡镇玉米亩产量；

X_7——事发地点的海拔高度；

X_8——乡镇年木材采伐量；

X_9——受损农户数量占乡镇总农户数量的占比；

X_{10}——受损的农作物种类数量。

至此，研究获得了解释变量 Y 为综合得分的影响因素模型结果，对模型影响因素按照所属类别分析如下：

"人类属性"类指标结果：人口密度影响系数为 0.7256，显著性水平为 0.007，说明人口密度显著影响野生动物冲突的发展，人口密度越大，冲突越有严重的趋势；人居纯收入影响系数为 -0.0343，显著性水平为 0.4360，虽然在模型中系数检验不显著，但是作为一个被广泛关注的指标，仍将其纳入讨论范围，收入的影响因素为负，说明低收入的地区较容易发生冲突事件，数据表现与冲突多发生在偏远山区相符；秋粮玉米播种面积影响系数为 0.0211，显著水平为 0.0920，在 10% 水平显著，这一指标的正向影响关系，说明粮食播种面积较多的地区可能会对土地资源进行抢占，而且玉米可以在山区、平原等多地进行种植，取食方便，为动物肇事提供了条件；蔬菜种植面积占比影响系数为 -0.1461，显著性水平为 0.0700，北京郊区农民的耕作农作物选择一般为粮食或者蔬菜，而蔬菜种植主要是在大棚中，保护性较好。相对于蔬菜的种植模式，粮食的种植一般都在开放的田地间，容易受到野生动物肇事的危害，这与"秋粮玉米播种面积"指标得到的系数意义相一致，所以蔬菜种植越多的乡镇，受野生动物冲突的影响反而较小。

"动物属性"类指标结果：水源距离影响系数为-0.3767，显著性水平为0.0040。冲突地点距离水源的距离表现较为显著，呈负相关关系，距离水源越远，则发生冲突的可能性越小，与 Y 为损失金额的模型结果相一致。

"生态属性"类指标结果：玉米亩产影响系数为0.0629，显著性水平为0.0720，亩产高说明土地较为肥沃，说明肇事动物的活动区域在资源相对丰富的地区；海拔影响系数为0.2173，显著性水平为0.0050，北京西部山区海拔大约1000~1500米，北部山区海拔大约800~1000米，海拔与冲突影响呈现显著正向关系，海拔越高的地区越容易发生冲突事件；年木材采伐量影响系数为0.0259，显著性水平0.4060，系数表明年木材量采伐越多，越容易发生冲突事件，但是，北京的林木砍伐控制较为严格，木材已基本停止消耗市内资源，影响较不显著。

"冲突属性"类指标结果：受损农户占比影响系数为0.8963，受损作物种类影响系数为0.0642。两个指标均通过了 t 检验，其中受损农户占比是影响冲突幅度最大的指标，与 Y 为损失金额的模型结果相一致。说明相比于人类、动物、生态等"底层"指标，冲突的范围对冲突的影响更大。这在管理层面带来的启发是，管理野生动物冲突的首要方面为控制其蔓延的范围，其次再分析各地区的其他指标。

5.2.3.2 Y 为受损金额的北京市野生动物冲突影响因素模型

上一小节已经阐述了将受损金额作为冲突影响因素模型的解释变量的意义，主要是从微观层面出发，以农民的视角，受损的金额是衡量冲突的重要指标，其影响因素的回归方程为：

$$\text{Amount} = 3.8458 + 2.0944X_1 - 0.3016X_2 - 0.0159X_3 - 0.2819X_4 - 3.2001X_5 + 0.9472X_6 + 2.0294X_7 + 0.0223X_8 + 4.1574X_9 + 0.4413X_{10} \tag{5-4}$$

式中：Amount——冲突受损的金额；

　　　X_1——该乡镇的人口密度；

　　　X_2——该乡镇农民的人均纯收入；

　　　X_3——该乡镇秋粮中玉米播种面积；

　　　X_4——该乡镇蔬菜种植面积占总辖区面积的占比；

　　　X_5——事发地点与最近的水源的距离；

　　　X_6——该乡镇玉米亩产量；

　　　X_7——事发地点的海拔高度；

　　　X_8——乡镇年木材采伐量；

X_9——受损农户数量占乡镇总农户数量的占比;

X_{10}——受损的农作物种类数量。

研究获得了解释变量 Y 为受损金额的影响因素模型结果,对模型影响因素按照所属类别分析如下:

"人类属性"类指标结果:人口密度影响系数为 2.0944,显著性水平为 0.0550,呈正向影响,人口密度越大,发生冲突损失的金额越多(郭贤明等,2012);人均纯收入影响系数为-0.3016,影响负面但不显著;秋粮玉米播种面积影响系数为-0.0159,显著水平为 0.9730,表现为负系数但不显著;蔬菜种植面积占比影响系数为-1.2819,显著性水平为 0.0650。

"动物属性"类指标结果:水源距离影响系数为-3.2001,显著性水平为 0.0240,冲突地点距离水源的距离与补偿金额呈负向关系,距离水源越远,则受损的金额将越低。

"生态属性"类指标结果:玉米亩产量的影响系数为 0.9472,显著性水平为 0.0840,玉米亩产量能够在一定程度上表示当地的生态状况,其影响程度为正,说明生态环境较好的地区,损失的总金额越高;海拔影响系数为 2.0294,显著性水平为 0.0300,海拔与冲突影响呈现显著正向关系,海拔升高,受损金额会随之上涨;年木材采伐量影响系数为 0.0123,显著性水平 0.9650,影响水平较小。

"冲突属性"类指标结果:受损农户占比影响系数为 4.1574,受损农户占比是影响冲突幅度最大的指标;受损作物种类影响系数为 0.4413,显著性水平为 0.0060。

5.2.3.3 两个模型的结果对比分析

对宏观和微观两个角度的模型结果进行对比分析。Y 为综合得分的模型解释程度为 73.59%,解释程度更高。这可能是由于受损金额的测度能够体现的信息相对较少,且更容易受到价格水平、价值等人类观念的影响,所以基于人类、动物、生态属性等因素的指标体系,更容易解释冲突的宏观综合情况。参数估计方面,各指标影响方向及程度产生的结论基本一致,结合两个模型结果具体对比分析如下:

影响方向均为正影响的指标有人口密度、玉米亩产量、海拔、年木材采伐量、受损金额占比及受损作物种类。说明随着这些指标数值的上涨,宏观和微观的冲突受损都将加剧,且指标对 Y 的影响程度一致。

影响方向均为负影响的指标有人均纯收入、水源距离和蔬菜种植面积占比。说明随着这些指标数值的上涨,宏观和微观的冲突受损都将有所缓解,且指标对 Y 的影响程度一致。

两个模型因素影响方向存在差异的指标为秋粮玉米播种面积。在综合得分模型中，秋粮玉米播种面积影响系数为0.0211，显著性水平0.0920；在受损金额模型中，这一指标系数估计值为-0.0159，显著性水平0.9730。虽然显著水平较低，但仍说明虽然耕种面积较大的地区，整体受损情况严重，不过可能由于玉米的单价较低，即使受损量增加，转换为金额后仍相对较小。

整体来看，采用综合得分和损失金额得到的影响因素模型结论相近，这说明在野生动物冲突管理中，从人口、动物、生态等基本属性出发，能够同时达到宏观和微观两个角度的治理目的。

5.2.4 冲突影响因素对不同阶段跨越的影响

对北京市野生动物冲突的影响因素研究结果分析发现，显著影响北京市野生动物冲突的指标，同样也会对冲突的阶段跨越产生影响，下面进一步分析因素对冲突的趋势性和阶段发展的跳跃性的影响。

由于阶段跨越是从宏观把控角度来说的，所以从被解释变量为综合得分的影响因素模型来看，受损户数占比的系数为0.8963，是绝对影响量最大的指标，说明受损户数的占比对于不同阶段的跳跃起到重要作用，受损户数占比越高，冲突将更可能转变为更加严重的冲突阶段；人口密度的系数为0.7256，绝对值显著高于其他变量，说明冲突受损的过程中，人口密度过高也会助推阶段间的跨越；水源距离的系数为-0.3767，绝对值位列第三，与冲突存在负影响，说明水源距离越大，能够对冲突在不同阶段间起到缓和作用。

在其余指标中，对冲突阶段跨越起到加速作用的指标有：秋粮玉米播种面积、玉米亩产量、海拔高度、受损物种类及年木材采伐量；对冲突阶段跨越起到缓解作用的指标有：蔬菜种植面积占比、人均纯收入。

5.3 本章小结

本章分析了野生动物冲突影响因素指标的构建原则，依据指标原则及内涵构建了北京市野生动物冲突影响因素的指标体系。结合冲突的时间维度及截面维度，建立了北京市野生动物冲突影响因素的固定效应面板数据模型，对相关因素的系数结果进行了分析。得出的主要结论如下：

第一，本章建立了四个层次十个指标的野生动物冲突影响因素理论指标体系，四个层次分别为人类属性、动物属性、生态属性和冲突属性，十个指标分为人口密度、人均纯收入、秋粮玉米播种面积、蔬菜种植面积占比、水源距离、玉米亩产、海拔、年木材采伐量、受损户数占比、受损作物种类。

第二，本章通过宏观管理、微观个体两个层面对野生动物冲突建立了面板数据模型。首先，从宏观管理层面来看，冲突受损的衡量应包含损失范围、损失种类等多个维度，因此，应宏观角度的需要，通过客观赋权、综合了多维度受损情况的综合得分作为被解释变量，进行了影响因素分析。其次，从微观个体层面来看，农民作为受损的主要对象，可能会进一步影响冲突的发展，而对于农民来说，最关心的是冲突带来的经济损失，所以将损失金额作为被解释变量，进行了影响因素分析。最后，确定了北京市野生动物冲突的影响因素存在固定效应，通过聚类稳健标准误的固定效应模型分别确定了两个模型因素的影响程度，估计的结果得出两个模型的结论基本一致。

第三，对冲突产生负相关的影响因素为水源距离和蔬菜种植面积。水源距离的负影响说明，种植地区距离河流、水库等水源地区越远，野生动物肇事事件相对不容易发生。如果当地的野生动物冲突带来的损失较大，需要对动物肇事采取主动防范措施。在种植区域的选择时，可以在可行范围内尽可能远离水源地，降低动物肇事可能性。蔬菜种植面积的负影响说明，地区种植作物的结构会对冲突损失情况造成影响，选择动物不喜好的食物作物作为防护措施是可行的。

第四，对冲突产生正相关的影响因素为：受损户数占比、海拔高度、人口密度等。受损户数占比的正影响说明，对冲突的治理需要先对范围进行控制，在对乡镇冲突治理的过程中，应先针对受损农户数比例较高的乡镇优先治理，如果存在两个乡镇的冲突农户数比例相近，再进一步考虑其他影响因素。海拔高度是正影响因素，受冲突地区的海拔高度在 50~1200 米，海拔高的地区一般在山林间，自然资源相对丰富，发生野生动物肇事事件的可能性越大、越严重，乡镇所处的海拔越高，越应重点关注。人口密度的正影响符合理论推理阶段的假设，认为人口越密集的乡镇，对自然、土地的资源占有越多，人与野生动物的冲突较为严重。

6 野生动物冲突的空间统计研究

6.1 理论模型

6.1.1 空间自相关

空间自相关通过探索研究对象与其空间位置之间的相关性，反映空间区域间的依赖性与集聚性，主要检验某一要素属性值与其相邻空间要素上的属性值是否存在显著关联性，分为全局自相关（Moran's I 指数）和局部自相关（LISA）。全局空间自相关大小运用 Moran's I 统计量进行度量，用于衡量研究区域整体的空间依赖关系；局部自相关运用 LISA 进行度量，用于衡量局部区域的空间自相关情况。本研究运用全局空间自相关指标 Moran's I 统计量来反映北京市各乡镇野生动物肇事所造成的农作物损失额在空间上的分布特征。具体计算见公式 6-1：

$$I = \frac{\sum_{i=1}^{n} \sum_{j=1}^{n} w_{ij}(x_i - \bar{x})(x_j - \bar{x})}{s^2 \sum_{i=1}^{n} \sum_{j=1}^{n} w_{ij}} \tag{6-1}$$

其中，$\bar{x} = \frac{1}{n} \sum_{i=1}^{n} x_i$，$s^2 = \frac{1}{n} \sum_{i=1}^{n} (x_i - \bar{x})^2$，$x_i$ 为第 i 个的属性值，w_{ij} 表示空间权重，Moran's I 统计量的取值位于 -1 到 1 之间，其绝对值越大，表明空间自相关性越高。在显著性水平下，当 $I > 0$ 时，表明存在正的空间相关性，即属性值在空间上具有显著的集聚性；当 $I < 0$ 时，表明存在负的空间相关性，即属性值在空间上为离散分布。

6.1.2 核密度分析

在区域分析中，核密度分析通过对空间要素点的分布热点进行分析，能够可视化地展现点群聚集或离散的分布特征。核密度分析基于"距离衰减效应"，即随中心单元辐射距离的增大，区域单元获取的属性值（即核密度估计值）逐渐减小，其分析结果表现出距离越相近的事物相关性越大的特征。通过对密度计算结果进行二维灰度表达或三维曲面表达，核密度分析能够以一种平滑的方式展现要素点与区域的空间拓扑关系。核密度估计值的计算见公式6-2：

$$f(s) = \frac{1}{nh^d} \sum_{i=1}^{n} K\left(\frac{x - x_i}{h}\right) \tag{6-2}$$

其中，$f(s)$ 为空间位置 s 处的核密度估计函数；$K(u)$ 为核函数；h 为带宽，即距离衰减阈值；n 为阈值范围内要素点的个数；d 为数据的维度。

6.1.3　标准距离

标准距离最初由 Bachi 提出，是经典统计学中的标准差在二维空间中的推广，能够度量要素在空间中分布的离散趋势，运用距离值来反映空间要素分布偏离重心的程度。加权标准距离能够以某一属性值作为权重，度量该属性值在空间上分布的离散程度。本研究运用加权标准距离方法，具体计算见公式6-3：

$$SD_w = \sqrt{\frac{\sum_{i=1}^{n} w_i(x_i - \bar{X}_w)^2}{\sum_{i=1}^{n} w_i} + \frac{\sum_{i=1}^{n} w_i(y_i - \bar{Y}_w)^2}{\sum_{i=1}^{n} w_i}} \tag{6-3}$$

其中，SD_w 为标准距离；(x_i, y_i) 为要素 i 的坐标值；w_i 为要素 i 的权重；$(\bar{X}, \bar{Y})$ 为要素的加权平均中心。

6.1.4　标准差椭圆

标准距离能够直观有效地显示点空间的分散情况，但是由于地理现象空间分布具有不规则性，标准距离无法全面揭示空间分布的方向和范围。因而，将标准距离的概念进行拓展引入标准差椭圆来表现空间活动的方向偏离程度。标准差椭圆方法最早由 Lefever 提出，近年来广泛应用于空间统计学的相关研究。标准差椭圆能够从中心、方向、形状与展布范围多角度反映要素在空间上的分布特征。标准差椭圆的中心能够反映要素在空间上分布的中心，长轴与短轴的长度反映主要与次要趋势方向上的分布范围与离散程度，以正北方向为 0 度顺时针旋转与长轴形成的偏转角能够说明分布的主趋势方向，长轴与短轴的比值能够反映分布的形状。长半轴、短半轴及偏转角的计算见公式6-4：

$$SDE_x = \sqrt{\frac{\sum_{i=1}^{n}(x_i - \bar{X})^2}{n}} , \quad SDE_y = \sqrt{\frac{\sum_{i=1}^{n}(y_i - \bar{Y})^2}{n}}$$

$$\tan\theta = \frac{1}{2\sum_{i=1}^{n}\widetilde{x}_i\widetilde{y}_i}\left(\left(\sum_{i=1}^{n}\widetilde{x}_i^{\,2} - \sum_{i=1}^{n}\widetilde{y}_i^{\,2}\right) + \sqrt{\left(\sum_{i=1}^{n}\widetilde{x}_i^{\,2} - \sum_{i=1}^{n}\widetilde{y}_i^{\,2}\right)^2 + 4\left(\sum_{i=1}^{n}\widetilde{x}_i\widetilde{y}_i\right)}\right)$$

$$(6\text{-}4)$$

其中，SDE_x、SDE_y 分别为标准差椭圆的长半轴与短半轴，$\tan\theta$ 为椭圆的偏转角，$\widetilde{x}_i$、$\widetilde{y}_i$ 为要素 i 坐标 x_i、y_i 与椭圆中心（$\overline{X}$，$\overline{Y}$）的偏离值。本研究采用加权标准差椭圆方法，以农作物损失发生点的损失金额的大小为权重，分析北京市野生动物导致农作物损失造成的农作物损失空间分布的多方面特征

6.2 北京市野生动物造成农作物损失的空间分布分析

6.2.1 空间自相关

本研究以北京市乡镇为基础单位，运用 ArcGIS 10.0 软件对北京市野生动物冲突造成的农作物损失额进行全局空间自相关分析，依据得出的全局 Moran's I 指数分析野生动物冲突发生的集聚状况。全局 Moran's I 统计量计算见公式 6-1。

本研究的研究结果如表 6.1、图 6.1 所示。由表 6.1 可以看出，2012、2014、2016 年北京市野生动物冲突造成的损失程度的全局 Moran's I 指数分别在 1%、5%、1% 水平下显著，且系数均为正，表明 2012、2014、2016 年北京市野生动物冲突造成的损失空间分布呈集聚态势；其余年份均不显著，表明其余年份北京市野生动物的损失空间分布呈现随机状态。从时序角度来看，2011—2016 年全局 Moran's I 指数呈现波动上升状态，2016 年达到峰值 0.2848（图 6.1）。

表 6.1　全局空间自相关分析结果

年　份	2011	2012	2013	2014	2015	2016
Moran's I 指数	0.0834	0.1766***	−0.0666	0.0573**	0.0834	0.2848***
z 得分	1.3303	3.6743	−0.5666	2.0023	1.3303	3.5455
p 值	0.1834	0.0002	0.5710	0.0453	0.1834	0.0004

注：*、**、*** 分别表示在 10%、5%、1% 水平下显著。

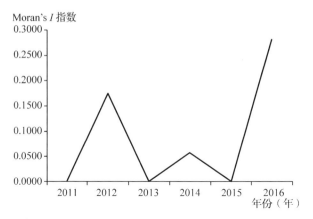

图 6.1　2011—2016 年 Moran's *I* 指数变化趋势

6.2.2　核密度分析

本研究以各农作物损失发生点的损失额度为权重，借助 ArcGIS 10.0 的核密度分析工具对北京市野生动物造成农作物损失发生点的格局形态进行分析。核密度估计值计算见公式 6-2。

运用 ArcGIS 10.0 软件，以野生动物损害农作物发生点的农作物损失金额为权重，进行核密度分析，得出 2011—2016 年北京市野生动物造成农作物损失的密度分布图(图 6.2)。从分布区域来看，2011—2016 年北京市野生动物造成农作物损失事件发生的密度格局以北部与西南片区为集中区域，并主要分布于延庆、怀柔、密云三区；从分布拓展趋势来看，密度格局由集中分布区域逐步向延庆东北部、怀柔北部、密云西北部、房山南部拓展。

6.2.3　标准距离、标准差椭圆

本研究运用加权标准距离方法，以区位内野生动物肇事发生的各空间点的农作物损失额大小为权重，通过分析野生动物造成农作物损失发生点的标准距离能够反映冲突发生点在空间上的分布中心、平均范围。具体计算见公式 6-3。

采用加权标准差椭圆方法，以野生动物造成农作物损失发生点受害农作物损失额的大小为权重，分析北京市野生动物造成农作物损失导致的农作物损失空间分布的多方面特征。标准差椭圆长半轴、短半轴及偏转角计算见公式 6-4。

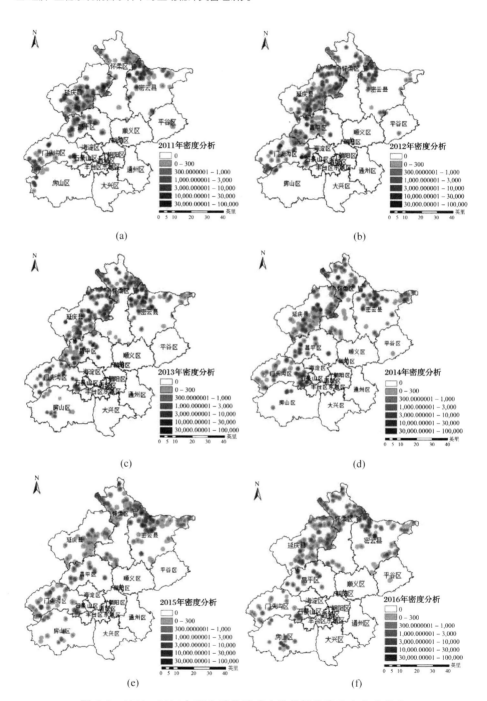

图 6.2　2011—2016 年野生动物造成农作物损失发生点密度分布

注：1 英里 ≈ 1.61 千米。

运用 ArcGIS 10.0 软件，采用 WGS 1984 UTM Zone 49N 投影坐标系进行投影变换，将经纬度坐标转换为平面坐标系，并以损失发生点的农作物损失额为权重，以 1 倍标准差计算得出北京市野生动物造成农作物损失点分布的加权平均中心、标准距离与标准差椭圆（表 6.2），并依据表 6.2 中数据绘制图 6.3—图 6.10，并在此基础上分析北京市野生动物冲突发生的空间分布特征。

表 6.2　野生动物造成农作物损失的加权平均中心、标准距离和标准差椭圆参数值

年份	中心点坐标(千米)		标准距离（千米）	标准差椭圆				
	X 坐标	Y 坐标		长轴（千米）	短轴（千米）	偏转角	长轴/短轴	椭圆面积（平方千米）
2011	955.05	4488.91	50.84	69.23	19.42	47.32	3.56	0.30
2012	948.35	4482.55	47.65	20.70	64.12	39.99	0.32	0.28
2013	962.07	4496.85	44.88	59.17	22.97	47.28	2.58	0.27
2014	960.71	4491.36	49.90	64.90	27.70	45.76	2.34	0.30
2015	971.56	4496.83	55.22	73.86	25.36	46.62	2.91	0.33
2016	970.65	4498.45	50.79	29.11	65.67	42.87	0.44	0.31
平均值	961.40	4492.49	49.88	52.83	37.54	44.97	2.03	0.30

2011—2016 年北京市野生动物造成农作物损失发生点的加权平均中心空间移动如图 6.3 所示。加权平均中心总位移为 18.29 千米，总体呈现向东北移动的趋势，其中向东移动 15.61 千米，向北移动 9.54 千米，这可能是由野生动物造成农作物的损失的分布向延庆东北部、怀柔北部、密云西北部拓展

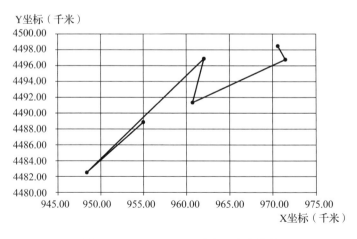

图 6.3　2011—2016 平均中心变化趋势

（图6.2），使得加权平均中心向东北方向移动。

运用标准距离可以分析得出 2011—2016 年北京市野生动物造成农作物损失发生点相对平均中心点的离散情况（表 6.2、图 6.4）。根据表 6.2、图 6.4 可以看出，2011—2016 年野生动物冲突点的标准距离值围绕均值 49.88 千米小幅波动。结合密度分析结果（图 6.2）与平均中心移动趋势（图 6.3）可以发现，野生动物冲突发生的平均中心点向东北部移动，且损失发生点的空间格局也呈向东北方向扩张形式，两者具有同向变动的趋势使得标准距离值未呈现较为明显的上升或下降趋势。

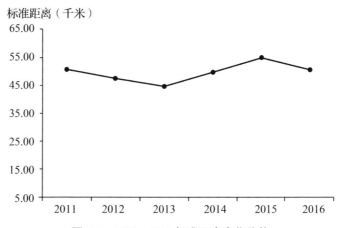

图 6.4 2011—2016 标准距离变化趋势

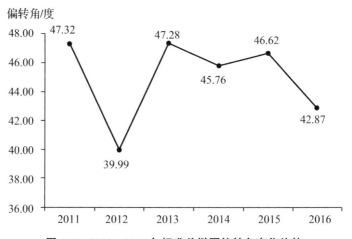

图 6.5 2011—2016 年标准差椭圆偏转角变化趋势

　　依据标准差椭圆的轴长、偏转角的大小可以分析得出 2011—2016 年北京市野生动物冲突发生的空间分布的多方面特征(表 6.2、图 6.5、图 6.6、图 6.7、图 6.8)。由分布方向上来看，2011—2016 年标准差椭圆的偏转角在 0°~90°之间，说明野生动物造成农作物损失发生点的主要分布方向为西南-东北方向，损失发生点空间布局在西南-东北走向比西北-东南分布更密集(表 6.2、图 6.5)；从分布形状上看，2011—2016 年北京市野生动物冲突点空间分布标准差椭圆的长轴在均值 52.83km 附近波动(表 6.2、图 6.7)，短轴呈上升趋势(图 6.8)，表明野生动物冲突的发生在东北-西南方向上呈收缩与扩张交替的状态，而在西北-东南方向呈收缩的状态，长轴与短轴的比值呈下降趋势(图 6.6)，椭圆的扁率不断减小，说明北京市的西北和东南方向是野生动物造成农作物损失的扩展热点区域。

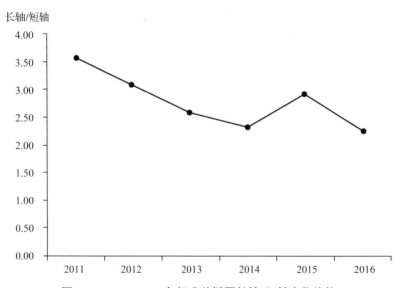

图 6.6　2011—2016 年标准差椭圆长轴/短轴变化趋势

长轴（千米）

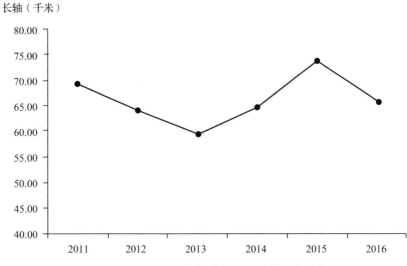

图 6.7　2011—2016 年标准差椭圆长轴变化趋势

短轴（千米）

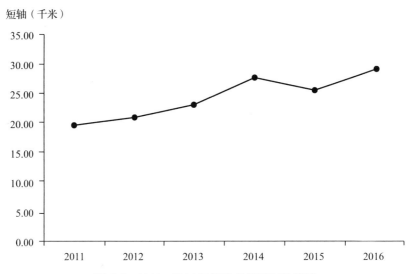

图 6.8　2011—2016 年标准差椭圆短轴趋势

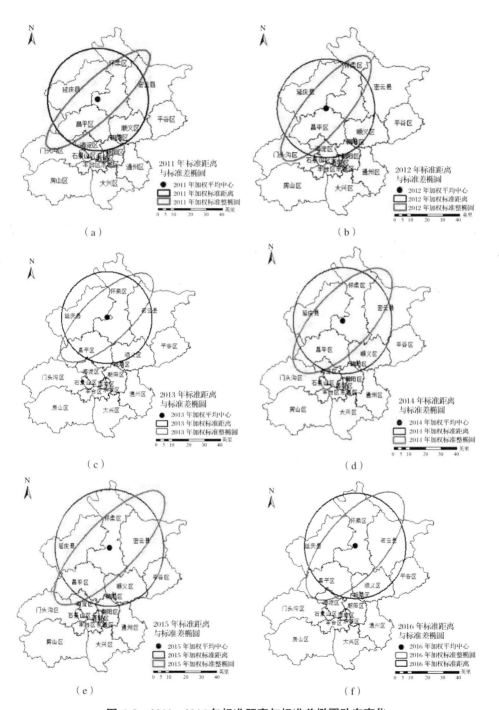

图 6.9 2011—2016 年标准距离与标准差椭圆动态变化

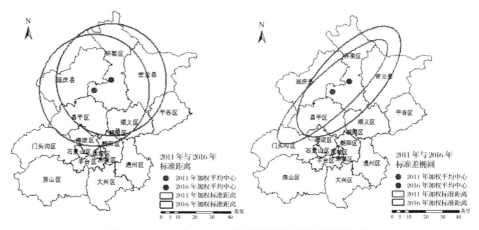

图 6.10　2011 与 2016 年标准距离与标准差椭圆对比

6.2.4 空间驱动因素分析

6.2.4.1 自然因素

第一，土地类型。从土地类型来看，林地主要集中于北京市西北部、西南部与东南部，耕地主要位于中部与东南部，有部分耕地位于西北角，建筑用地则主要集中于中部、东南部，是居民与工矿的主要用地(图 6.11)。依据以上土地类型进行分析可以发现，本研究的研究区域(房山、怀柔、门头沟、

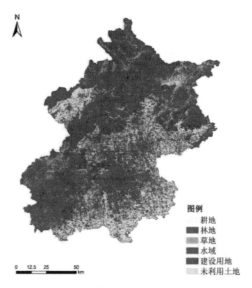

图 6.11　北京市土地利用类型

密云、平谷与延庆7个区)与林地的分布区域高度重合,林地为野生动物提供了栖息地,使研究区域成为了野生动物造成农作物损失的高发区域,同时耕地所种植的农作物为野生动物提供了食物来源,由于延庆、密云的耕地面积较其他7个区更高,使其成为了7个区中野生动物造成农作物损失发生次数与发生程度均较高的区域。北京市中部与东南部为人类活动频繁区域,城镇化水平较高,对于野生动物觅食干扰程度较高,因而野生动物造成农作物损失事件发生较少。

第二,作物种植。从作物种植的角度来看,北京市种植的作物以玉米为主,2016年北京市玉米总产量占粮食总产量的80.44%(图6.12),油料、豆类、薯类等也是北京市区普遍种植的作物类型(表6.3)。北京市种植的作物大多是野猪和獾等野生动物喜食的作物,对于野生动物具有较大的吸引力,从而导致北京市野生动物损害农地事件频发。

表6.3　北京市农作物产量　　　　　　　　　　单位:万吨

农作物产量	2011	2012	2013	2014	2015	2016
粮　食	121.8	113.8	96.1	63.9	62.6	53.7
稻　谷	0.2	0.1	0.1	0.1	0.1	0.1
冬小麦	28.4	27.4	18.7	12.2	11.1	8.5
玉　米	90.3	83.6	75.2	50.0	49.4	43.2
薯　类	1.3	1.2	0.8	0.7	0.8	0.9
大　豆	1.1	0.9	0.8	0.6	0.7	0.4
油　料	1.4	1.3	1.0	0.7	0.6	0.6
花　生	1.3	1.2	0.9	0.6	0.5	0.3
蔬菜及食用菌	296.9	279.9	266.9	236.2	205.1	183.6

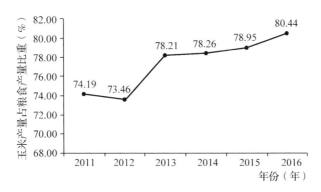

图6.12　玉米产量占粮食产量比重

6.2.4.2 政策因素

第一，退耕还林政策的实施。北京市自 2000 年起开始退耕还林的试点工作，2002 年起全面实施。密云、昌平、平谷、延庆、怀柔、门头沟区域被纳入退耕还林区域。退耕还林工程实施以来，北京市林木及森林覆盖率提高（罗丽，2016）。林地为野生动物提供了生活环境，是野生动物的栖息地，距离林地越近的农田较容易受到野生动物的破坏。退耕还林工程的实施不仅增加了野生动物的种群数量，也大幅缩短了研究区域内林地与耕地的距离，扩大了野生动物活动的范围，使得人与野生动物冲突的频率与程度增加。

第二，野生动物保护管理工作的开展。随着北京市全面开展生态文明建设，野生动物保护与管理已经成为其中的一个重要组成部分。1989 年北京市开始实施《中华人民共和国野生动物保护法》。为更好地推进野生动物保护管理工作，自然保护区的建立和野生动物损失补偿工作也不断开展。1994 年《中华人民共和国自然保护区条例》发布，2016 年北京市印发《北京市地方级自然保护区调整管理规定》。2009 年北京市制订了《北京市重点保护陆生野生动物造成损失补偿办法》，2010 年北京市财政局和北京市园林绿化局联合发布了《北京市重点保护陆生野生动物造成人身伤亡补偿实施细则》。野生动物保护管理工作的实施促使野生动物种群数量不断增加，野生动物活动范围不断扩大，造成的危害加剧。

6.3 本章小结

本节以北京市为研究区域，采用 2011—2016 年野生动物造成农作物损失的 27304 条数据，运用空间自相关分析、核密度分析、标准距离与标准差椭圆等空间统计分析方法，探究 2011—2016 年该地区野生动物造成农作物损失的空间分布特征，在此基础上，分析其空间驱动因素，并通过构建混合截面回归模型，分析野生动物造成农作物损失的程度的影响因素。研究发现：①野生动物冲突空间分布呈现集聚态势，以西南–东北轴为主要布局方向，分布的密度格局主要以北京市北部片区与西南片区为主；②政策与自然因素，包括退耕还林政策、野生动物保护工作的实施、土地类型及作物种植等因素是其空间分布与特征变化的主要因素；③农作物的损失程度与动物类型、作物类型、防护与驱赶措施类型及农地周围环境等因素之间存在密切关系。

7 野生动物冲突发展趋势及预测研究

目前已有的人与野生动物冲突研究内容集中在定性分析方面，对冲突成因、冲突现状和协调措施的理论分析较多，对影响因素、相关性的定量研究较少。随着近年来不同地区冲突补偿措施的落实，关于冲突的数据记录愈发完善，研究冲突时空数据的技术方法逐年进步，在这一背景下，更深入的定量分析和模型分析是冲突研究领域的必然需求和必然趋势。

人与野生动物冲突的预测研究尚处于起步阶段，而当前的现实需求、理论基础、数据基础和方法基础已经足以支撑开展更深层次的预测研究。在此时进行北京市的冲突风险预测研究，既有野生动物管理学的相关理论研究基础，也有时空数据分析和机器学习算法预测的方法技术基础，还有可获取的冲突预测数据基础，这一研究具有足够的学术性和可行性，对拓宽人与野生动物冲突研究范围、促进人与野生动物冲突定量研究的发展具有重要意义。

7.1 北京市人与野生动物冲突现状分析

随着北京市近年来生态环境的逐步恢复，生物多样性得到改善，全市范围内野生动物种群数量迅速增长，随之而来的是野生动物肇事事件频发，周边农户因此遭受了巨大财产与精神损失。为在保护野生动物的同时保障受损农户的合法权益，北京市人民政府于 2009 年 1 月通过了《北京市重点保护陆生野生动物造成损失补偿办法》，对因人与野生动物冲突事件造成损失的农户给予合理经济补偿。方法实施以来，合理的经济补偿降低了农户因此承担的经济损失，然而由于补偿属于冲突事后协调措施，这一措施并没有从源头上解决问题，冲突依旧频繁发生，政府因此承担的财政支出也维持在较高水平，因此寻找更好的解决方式成为了当前北京市冲突管理的迫切需求。解决这个问题的一个思路是：在冲突发生之前预知事件并防范避免其发生。如果能在冲突发生之前提前预知风险，则相关部门与农户可以在高风险地区采取防控措施，避免或降低冲突发生的可能，这将对解决人与野生动物冲突问题具有重要意义。冲突预测是预知冲突风险的重要途径，即通过记录、分析和挖掘冲突的历史表现，预测未来一段时间的冲突事件的地点、数量。精准的冲突预测将为有关部门制定冲突协调策略、开展冲突管理工作提供依据。

7.1.1 研究区概况及数据来源

北京市作为一座国际化现代大都市，一直非常重视生态环境的改善，在全国统一部署下，市内不仅开展了京津风沙源治理工程、三北防护林建设工程等一系列国家级生态工程，而且还着眼于北京实际，开展了百万亩平原大造林、城市湿地改造、打造城市郊野公园等一系列生态建设工程。随着生态环境的改善，北京市逐步形成了更多的野生动物栖息地，野生动物种类与数量快速上升。北京市周边的山区、半山区、农林业生产区域与野生动物栖息区域犬牙交错，相互渗透，增加了人与野生动物接触与冲突的风险。而由于北京城市及周边地区土地利用情况受人为因素的影响较大，造成了城市野生动物栖息地的复杂化，也导致了冲突问题的复杂性。如何进行城市野生动物及栖息地保护与管理，特别是人与自然资源共生环境下的管理，成为现代城市管理必须面临的一个重要问题。

北京市地处华北平原，三面环山，地理坐标介于东经 115°25′~117°30′，北纬 39°26′~41°03′之间，总面积 16410.5 平方千米，平均海拔 43.5 米，地形以山区为主，山区面积接近总面积的 40%，地处暖温带半湿润地区，为典型的北温带半湿润大陆性季风气候。北京市统计年鉴数据显示，2018 年全市森林覆盖率达到 43.5%，相比 2008 年增长 7%，近 10 年间城市绿化覆盖率从 43.5% 提升至 48.44%。

随着生态环境的改善，北京市野生动物资源逐渐丰富。截至 2017 年，北京市存在野生动物种类达 600 余种，其中肇事并造成损失的主要物种为野猪（*Sus scrofa*）、獾（*Meles meles*）等，受损对象以农户农作物为主，冲突事件集中在延庆、密云等地区，在周边山区尤其是深山区乡镇，每年都有大量的村庄遭受野生动物危害。

为在保护野生动物的同时保障受损农户的合法权益，北京市人民政府于 2009 年 1 月通过了《北京市重点保护陆生野生动物造成损失补偿办法》，对因野生动物肇事造成损失的农户给予合理经济补偿。补偿虽然可以在一定程度上缓解野生动物危害造成的损失，但如果缺乏对冲突事件的发生在时间、空间上的规律及其影响因素的分析，缺乏对未来特定时间和特定区域的人与野生动物冲突严重性的预测研究，补偿措施将无法从根源上有效缓解人与野生动物的冲突。因此，开展北京市的人与野生动物冲突风险预测方法及应用研究，对于当前的北京市相关部门而言有着较高实际应用需求和现实应用价值。

北京市人与野生动物冲突的数据收集工作依托北京市野生动物肇事补偿

工作而展开。早期通过乡镇调查、受损农户上报的方式获得野生动物肇事的具体情况，但由于各乡镇的具体措施、覆盖范围不一，造成了大量数据不完整，同时无法得到有效利用。在国家推广数据政府及电子政务等政策的带动下，北京林业大学与北京市受损区野生动物管理机构和相关部门密切合作，搭建了北京市野生动物肇事补偿管理平台。该平台在整合了以往各个区的野生动物肇事补偿数据的基础上，依托北京林业大学相关教师的学科专业背景，利用信息管理及统计学相关技术，将人与野生动物冲突数据纳入整个北京市野生动物管理体系中，实现野生动物管理的信息化与数字化。

本研究数据来源于北京市野生动物肇事补偿管理平台中 2009—2017 年的数据，覆盖延庆、门头沟、密云、怀柔、平谷、房山等六个区。数据涵盖了北京市内发生的野生动物与居民产生冲突、造成经济损失且最终政府给出经济补偿的事件记录，主要记录冲突事件发生时间、地点、区、损失量和补偿金额等信息。根据研究需求，本研究选取调查中自 2009 年 7 月至 2017 年 12 月的数据，时间总跨度为 3105 天，共计 31734 条冲突事件记录，选取的数据变量说明如表 7.1 所示：

表 7.1　原始数据变量说明

变量	变量说明	数据类型
Date	冲突事件发生日期	时间
Lat	纬度	数值型
Lng	经度	数值型
County	区/县	文本型
Town	乡/镇/街	文本型
Village	村	文本型
Amount	损失量	数值型
Compensation	补偿额	数值型

由于各个区在记录肇事补偿数据时的方法不一，已收集的延庆区 2009—2017 年的野生动物肇事补偿数据缺失了冲突事件的详细发生时间这一指标，缺失比例为 40%。为了对延庆区缺失的时间进行插补，本研究研究了与延庆临近的密云区每年的冲突事件在各个月份中的时间分布比例，以及延庆区 2018 年的冲突事件在各个月份中的分布比例，推导延庆的冲突事件在 2009—2017 年之间的时间分布情况，采用月份固定比例、日期随机生成的形式对延庆区的数据进行插补。

同时，对异常数据进行处理，删除经纬度坐标超出北京市边界经纬度范畴的记录，删除因收集和记录错误导致的冲突事件发生日期不在数据收集时间范围中的日期数据，得到最终的北京市人与野生动物冲突记录数据集。

根据数据变量类型，本研究采用一般描述统计分析和空间分析相结合的方法进行冲突现状分析。前者主要研究北京市人与野生动物冲突在不同年份、不同区、不同冲突类型及季节上的分布特征，后者则侧重于研究冲突的空间分布特征。

7.1.2 北京市人与野生动物冲突现状描述性统计

冲突数量的变化可以划分为两个阶段，如图 7.1 所示：第一阶段为2009—2012 年，补偿办法实施后，随着政策推进的深入，全市的补偿事件记录呈现明显上升趋势，从 2009 年的不足 2000 件上升至 2012 年的 5000 件以上；第二阶段为 2012—2017 年，冲突事件总数量不存在明显上升或下降趋势，而呈现平稳波动性，年波动幅度在 10% 以内。

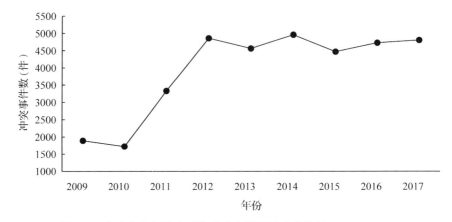

图 7.1 北京市人与野生动物冲突事件数量变化趋势 (2009—2017)

2009—2017 年间北京市野生动物共造成了 10115538 千克的农作物损失，合 10115.5 吨，冲突造成的农作物损失量变化也分为两个阶段。各年农作物损失量如图 7.2 所示，图中柱体表示当年人与野生动物冲突造成的农作物损失的重量，单位为千克，折线表示当年的损失量在损失总量中的占比。

从图 7.2 中可以看出，2009—2017 年野生动物造成农作物损失的总量有增有减，具体来看也可以分为两个阶段：第一阶段为 2009—2012 年，随着补偿办法的贯彻实施，每年全市记录的补偿事件和损失量逐步上升，从 2009 年的每年不足 600 吨上升到 2012 年的 1665 吨；第二阶段为 2012—2017 年，每年的农作物损失量呈现波动下降趋势，2012 年的损失量为 9 年中的顶峰。损失总量的两阶段性特征与全市冲突事件总量的两阶段性特征呈现一致。

图 7.2 北京市人与野生动物冲突损失农作物总量及占比（2009—2017）

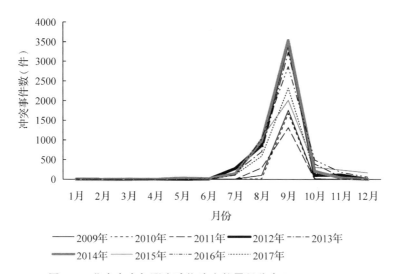

图 7.3 北京市人与野生动物冲突数量月分布（2009—2017）

北京市的人与野生动物冲突事件在每年有明显的季节性集中趋势，每年的 7~11 月是北京市人与野生动物冲突集中发生的时间。具体趋势如图 7.3 所示：从月度时间顺序来看，在每年的 1~6 月，冲突数量都几乎接近于 0；7 月开始逐渐上升，冲突事件主要集中在 8 月和 9 月双月之中，在 9 月达到顶峰；接下来的三个月，从 10~12 月逐步下降。

这一变化趋势与野生动物活动习性和受损对象的特性有关。由于受损对象主要是农作物如玉米等，其成熟期通常在 8~10 月，这一期间成熟的农作物对野生动物有着极强的诱惑力；在其他的季节，如春季和夏季初期，野生动物可接触的成熟农作物较少，同时森林中也提供了较为充足的食物资源，因此冲突频次明显降低。

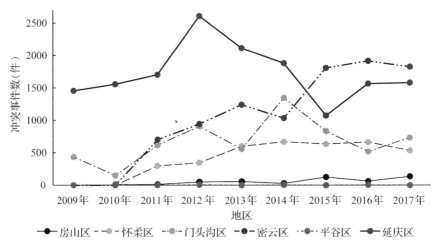

图 7.4　北京市六区人与野生动物冲突事件数量对比 (2009—2017)

　　北京市的人与野生动物冲突危害发生在房山、怀柔、门头沟、密云、平谷和延庆六个区，图 7.4 展示了北京市各个区的冲突事件在 2009—2017 年间的变化情况。从图中可以看出：北京市六个区的冲突情况出现严重两极化分布，怀柔区、门头沟区、密云区和延庆区的年均冲突事件数在 1000 件以上，冲突危害严重，而平谷区和房山区的冲突事件数量在九年间每年均低于 200 件；在冲突频发的四个区中，密云区的冲突事件数量呈现明显上升趋势，怀柔、门头沟和延庆区的冲突事件数量呈现大幅度波动；在 2009—2014 年，延庆区一直为北京市人与野生动物冲突事件数量最多、危害最严重的的地区，每年发生冲突最高可达到 2500 件，2014 年之后密云区的冲突时间数量超过延庆区，成为截至目前北京市冲突危害最严重地区。

表 7.2　受损农作物类型

农作物种类	冲突事件数	占比
玉　米	29923	94.38%
其他农作物	1783	5.62%

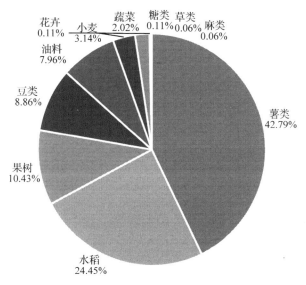

图 7.5 其他受损农作物类别占比

整体来看，不同农作物遭受野生动物损害的频次呈现巨大差异。表 7.2 和图 7.5 给出了冲突中的受损农作物的种类及其占比情况。整体来看，北京市的农作物因人与野生动物冲突受损事件可以分为玉米受损和其他农作物受损两大类，观察发现：①玉米为北京市野生动物损失农作物的最主要类型，共有 29923 起野生动物损害玉米的冲突事件，占冲突事件总量的 94.38%；②其他类别的农作物受损事件总计 1783 件，其中以薯类受损事件数量最多，共有 763 起，占其他类农作物受损事件的 42.79%，其次为水稻受损事件 436 起，占其他农作物受损事件的 24.45%，其余农作物类型受损事件数量的排序由多到少依次为：果树、豆类、油料、小麦、蔬菜、花卉、糖类、草类、麻类。

北京市人与野生动物冲突涉及的乡镇数量和村庄数量呈现逐步增长趋势，如图 7.6 所示。2009—2016 年，受损乡镇数量从 18 个上升至 43 个，平均每年受损乡镇数量为 31 个，九年间参与损失补偿工作的乡镇数量增长了 138%。这反映了地区在野生动物造成损失之后的补偿工作不断向乡镇贯彻落实，越来越多的乡镇参与到野生动物造成损失补偿工作之中。

北京市受损村庄的数量也随着受损乡镇数量的增长在逐步增长，其变化可以划分为三个阶段：上升期，在 2009—2012 年为平稳上升期，随着补偿办法的深入落实，越来越多的地区开始贯彻实施这一补偿办法，上报受损事件

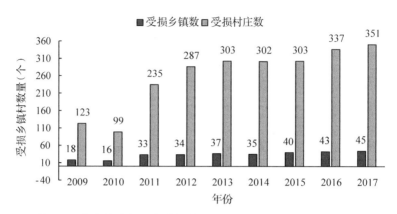

图 7.6　北京市人与野生动物冲突涉及乡镇村数量（2009—2017）

的村庄数逐步增长，2009 年有补偿记录的村庄为 123 个，这一数字到 2012 年上升至 287 个；平稳期，2013—2015 年，受损村庄的数量维持在 303 个左右，进入平稳期，这表明补偿办法已经基本完成落实；2015 年后，受损村庄数量和受损乡镇的数量都出现了增长，野生动物损害农作物的范围在这一年向更多的地域扩张，具体扩张趋势和方向需要结合空间演变趋势来进一步探究。

　　人与野生动物冲突的发生与空间因素，尤其是冲突地区的土地利用因素息息相关。冲突数据记录了每个冲突事件发生的经纬度地理坐标，将这些坐标映射至北京市地图，观察北京市冲突的空间分布、空间集中情况和空间演变趋势，对更好地设计冲突发生地点的预测具有重要意义。

　　使用 Python 中的 foilum 拓展库绘制 2009–2017 年北京市人与野生动物冲突总量热力图，用以观察全市的冲突分布情况；绘制 2009—2017 年每年的人与野生动物冲突热力图，对比观察冲突的空间演变趋势。

　　图 7.7 显示了 2009—2017 年北京市人与野生动物冲突严重性的热力图，热力图的中心区域表示冲突事件数量集中、危害严重的区域，热力图的颜色越深，则该区域的冲突事件密度越高。整体来看，北京市人与野生动物冲突事件集中趋势明显，主要集中在北京市北部和西南部地区，从而使得冲突明显划分为北部地区冲突带和西南地区冲突带，北部冲突带以延庆区、怀柔区北部、密云区西北部为主，西南冲突带以门头沟和房山区为主，主要集中在门头沟区的西南角和东南角。

　　按时间变化的顺序来看，2009—2017 年，北部冲突带和西南冲突带的冲突空间均存在明显的空间演变趋势，且两个冲突带的演变方向不尽相同，如图 7.8 所示。

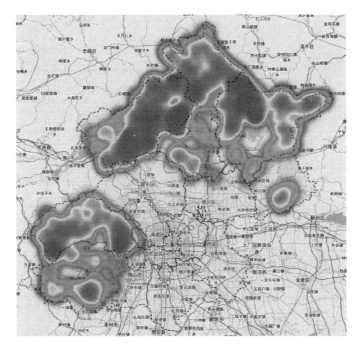

图 7.7 北京市人与野生动物冲突总量热力地图(2009—2017)

首先观察北部冲突带的空间演变趋势。2009 年和 2010 年,北京市北部冲突带的冲突热度集中在西北的延庆区,冲突影响的范围小;而 2011 年到 2016 年之间,北部地区的冲突事件热度逐步扩张,从热力图覆盖范围来看,2011 和 2012 年北部冲突带冲突影响范围扩张至怀柔北部地区和密云西北部地区,2013 年的北部冲突带蔓延至怀柔南部地区,到 2014 年冲突事件影响的范围达到最广,几乎覆盖了延庆、怀柔和密云三个区全部的区域,2015 年和 2016 年北部冲突带影响范围略有下降,怀柔东南部与密云西南部交界处的冲突热度明显下降。

观察西南冲突带的空间演变趋势,可以发现这一冲突带从 2009—2016 年一直呈现扩张趋势,冲突密度越来越大,覆盖范围越来越广。从 2009—2012 年的以门头沟区为主,到 2013—2016 年已经蔓延至相邻的房山区,2015 年为西南冲突带冲突最为严重的一年,范围几乎覆盖了门头沟和房山全区,热度集中在门头沟西部地区和房山西北部地区。

对冲突的分布和空间演变趋势的观察可以发现,北京市的人与野生动物冲突事件具有高度空间相关性。在北部冲突带中,延庆、怀柔和密云三个区的冲突密度高度相关,从 2011—2014 年,北部冲突带的冲突热度逐年增加,

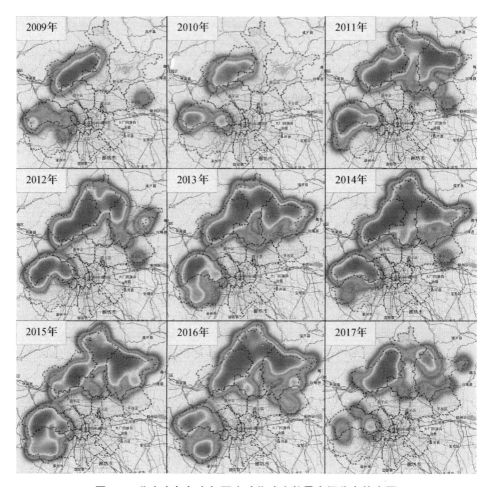

图 7.8 北京市每年人与野生动物冲突数量空间分布热力图

冲突在这相邻的三个区内逐步蔓延扩张；2014 年之后的热度变化情况显示，冲突热度的降低从怀柔南部地区开始，逐渐向北部引起周边区域的冲突热度下降。这表明一个区域点的冲突变化通常会引起周边区域的同向变化。西南冲突带中，相邻的门头沟区和房山区的冲突事件具有强烈的空间相关性。

综上所述，在进行区域冲突数量预测时，需要考虑与其相邻区域的冲突变化情况。当相邻区域冲突数量在上升，可能意味着冲突正在该地区扩张演变，当临近地区的冲突数量下降时，表明该地区冲突热度正在降低，这些趋势都将对所预测区域下一期的冲突情况具有关键性影响，因此在预测算法中加入空间相关性因素的考虑是非常有必要的。

7.2 冲突热点预测算法的设计与实现

7.2.1 算法设计

冲突热点区域是指人与野生动物冲突发生频次高、冲突风险大的区域，冲突热点预测即根据特定区域的历史冲突情况，判断下一时期该区域内冲突是否会频繁发生，从而判断该区域是否在未来成为冲突热点。

本节将设计一套冲突热点预测的算法，并结合北京市 2009—2017 年的数据开展实验。算法设计的难点在于如何将热点预测问题转换为统计学问题，使得这个问题可以用统计学方法和机器学习算法来解决。因此本研究计划根据区域在历史一段时期的冲突数据表现，通过数据处理和转化，首先将冲突热点预测问题转化为分类问题，再以 Xgboost 模型作为主模型设计冲突热点预测算法。

为验证使用 Xgboost 开展冲突热点预测的合理性、必要性和可行性，这一模型将与传统分类算法中的逻辑回归（Logistic Regression）、随机森林（Random Forest）、K-最近邻算法 KNN（K Nearest Neighbor）和支持向量机 SVM（Support Vector Machines）进行对比。

关于冲突热点预测的算法设计将包含以下三个方面的内容：①基于 Xgboost 的冲突热点预测算法的设计；②Xgboost 梯度提升决策树的原理；③对比模型的选择原因、原理介绍和优缺点阐述。

7.2.1.1 基于 Xgboost 的冲突热点预测算法

使用 Xgboost 分类算法来进行冲突热点预测，首先需要将冲突预测问题用数学语言来表示，也就是将冲突数据转化为分类算法可以识别和训练的形式。当前尚未有学者就冲突热点预测问题如何转化为统计学分类问题给出明确方法，本研究在第 4 章冲突预测理论框架的基础上，设计冲突热点预测问题向统计学分类问题的具体转化方法如下。

首先对冲突时空数据进行时间间隔（d_{gap}）划分和空间网格（$r \times c$）划分，得到数量为 $\dfrac{D}{d_{gap}} \times r \times c$ 的数据样本，其中 D 表示原始冲突时空数据的时间跨度天数。具体划分方法与步骤在本研究 4.2 节中给出了详细阐述。划分之后的每个样本均包含三类变量：时间期数、空间网格编号、在时间和空间划分之后统计的冲突属性。在北京市的冲突时空数据中，冲突属性主要是指每个空间网格在当期的冲突事件数和冲突损失总量。经过划分处理的数据是开展热点预测算法的必要基础。

　　然后定义冲突热点阈值。阈值是用以判断样本是否冲突热点的数值界限，基于这一阈值可以为每一个样本创建新的变量"是否热点"。冲突事件数大于该阈值的样本点为冲突热点，用 1 来表示；小于该阈值的样本点不是冲突热点，用 0 来表示。对所有的样本进行是否冲突热点的判断，从而得到一个新数据集，数据集中加入了"是否热点"的二分类变量，这一变量将作为分类的训练目标 y，即被解释变量，这样冲突数据转化为了可以被分类算法识别的形式。

　　紧接着需要确定进入分类算法训练的数据特征，即模型训练中将用到哪些变量作为 x。这些变量应为在时间划分处理和网格划分处理之后得到的数据，在划分之前，变量的原始数据中应包含时间属性和一定精确度的空间属性，这样才能与每个样本产生关联。样本点所在网格的历史时期冲突情况是进入模型的重要特征，在北京市的冲突热点预测数据中，这一特征主要是指样本网格历史的冲突事件数和冲突损失量。

　　最后确定滞后期数步长 T_{back}。滞后期数步长即为历史冲突用作特征的期数，对于一个网格编号为 C_iR_j，时间期数为 T 的样本，将采用样本所在空间网格 C_iR_j 的滞后 T_{back} 期历史数据作为数据特征，也就是采用网格的前 T_{back} 期数据作为模型的自变量进行分类训练。此时样本的训练目标为第 T 期、网格编号 C_iR_j 的这个样本是否冲突热点，训练的特征为网格编号 C_iR_j 这个区域从第 $T-T_{back}$ 期到第 $T-1$ 期的所有冲突数据特征。同时，这一参数可以表示该样本是不是冲突热点这个问题与该样本所在网格的前多少期历史冲突情况相关。T_{back} 影响了用于训练的特征维度数量，即模型使用的自变量个数，是决定模型分类效果的一个关键参数。在北京市冲突热点预测研究中，将使用网格搜索算法，枚举一定范围内的期数步长，结合 Xgboost 的实际预测表现来确定最优滞后期数步长 T_{back}。

　　经过以上四个步骤的数据处理和转换，冲突热点预测问题被转化为统计学中的分类问题，从而可以使用分类算法来解决。在北京市冲突热点预测研究中，经过转化之后的冲突数据形式示例如表 7.3 所示，这一数据将使用 Xgboost 分类算法进行训练和测试集预测。

　　同时，本研究选择逻辑回归、随机森林、K-最近邻算法和支持向量机这四个分类算法作为对比，在表 7.3 中示例的同一数据集中、相同 T_{back} 参数之下，与 Xgboost 划分相同的训练集和测试集，比较各算法在测试集上的预测应用表现。在算法评估和比较之中可采用分类算法的评估标准来进行评估和比较。

表 7.3 北京市冲突热点预测算法实验数据形式示例表

网格编号	期数编号	是否热点	滞后 1 期		滞后 2 期		…	滞后 T_{back} 期	
			事件数	损失量	事件数	损失量	…	事件数	损失量
R1C1	152	0	2	240	1	100	…	0	0
R7C9	143	1	5	600	7	900	…	3	400
…	…	…	…	…	…	…	…	…	…
RiCj	T	1	6	780	0	0	…	9	1250

如果要使用这一算法对未来的冲突热点情况进行预测，则在完成训练和测试，得到最佳的模型参数之后，获取预测区域的所有网格最近 T_{back} 的冲突事件数和冲突损失量数据作为预测集，使用最佳参数模型进行预测，即可得到下一期的该预测区域的热点预测结果。

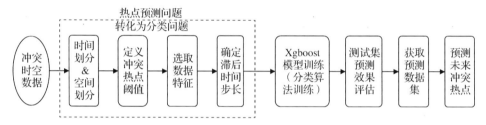

图 7.9 冲突热点预测算法流程图

综上所述，北京市冲突热点预测算法的实现流程如下（图 7.9）：

第一，数据划分。对冲突时空数据进行时间间隔划分和空间网格划分，得到可用于冲突热点预测问题的数据样本。

第二，阈值定义。定义冲突热点阈值，将数据样本划分为冲突热点和非冲突热点两大类，创建 0-1 变量："是否热点"。

第三，特征选择。选择影响样本下一期是否热点的变量作为数据特征，构建分类算法特征数据集。

第四，步长确定。确定特征数据的滞后期数步长 T_{back}，这一参数决定了使用样本前多少期的历史冲突情况来预测样本下一期是否冲突热点。在一定范围内枚举 T_{back} 进行多次实验尝试，结合模型评估来确定最佳的滞后期数步长。

第五，模型训练。使用最优时间步长 T_{back} 数据集，划分训练集和测试集，进行基于 Xgboost 分类算法的冲突热点预测模型训练、交叉验证和参数调优。

第六，效果评估。使用二分类任务的评估标准，进行测试集预测效果评估。

第七，模型预测。获取预测区域最新的冲突特征数据，对区域未来的冲突热点进行预测。

7.2.1.2 基于 Xgboost 梯度提升决策树

Xgboost 算法的全称为 eXtreme Gradient Boosting，由陈天奇在 2015 年提出，在 2016 年的希格斯粒子识别信号的 Kaggle 竞赛中由于其良好的表现而一战成名（Tianqi and Carlos，2016）。Xgboost 基于集成学习中 Boosting 算法下的梯度提升决策树（Gradient Boosting Decision Tree）而提出，同时实现了一些广义的线性算法，以其强大的功能、高效的训练速度和精准的预测效果受到了广大 AI 竞赛参与者的喜爱，近年来的学术论文研究中也越来越多地出现了 Xgboost 的身影。本节将对以树模型为基础的 Xgboost 算法的实现原理展开详细阐述。

CART 决策树。首先介绍在冲突热点预测算法中 Xgboost 的基学习器：CART（Classification And Regression Tree）分类回归树。

CART 决策树算法由 Breiman 等人于 1984 年提出，是以基尼指数（Gini Index）来选择叶子结点划分属性的决策树模型。对于一个决策树模型，其模型输入为训练数据集 D 和属性集 A，基尼指数可以反映一个数据集 D 的数据纯度：

$$D = \{(x_1, y_1), (x_2, y_2), \cdots, (x_m, y_m)\} \tag{7-1}$$

$$A = \{a_1, a_2, \cdots, a_v\} \tag{7-2}$$

$$\text{Gini}(D) = \sum_{k=1}^{|y|} \sum_{k' \neq k} p_k p_{k'} = 1 - \sum_{k=1}^{|y|} p_k^2 \tag{7-3}$$

其中，p_k 表示当前样本集合中第 k 类样本所占的比例。

基尼指数可以理解为：从数据集 D 中随机抽取出两个样本，它们所属的类别不一致的概率。因此基尼指数的值越小，表明抽取的两个样本来自相同类别的概率越大，数据集 D 的纯度越高，从而可以定义属性集中某个属性 a 的基尼指数为：

$$\text{Giniindex}(D, a) = \sum_{v=1}^{V} \frac{D^v}{|D|} \text{Gini}(D^v) \tag{7-4}$$

其中，D^v 表示在 D 中所有属性取值为 a_v 的样本子集。计算基尼指数后，从候选的属性集合 A 中选取划分之后使得基尼指数最小的属性，也就是划分属性 a_* 为：

$$a_* = \underset{a \in A}{\text{argmin}} \text{Giniindex}(D, a) \tag{7-5}$$

Xgboost 算法。Xgboost 算法的核心思想为：每棵新的 CART 决策树总是在拟合上一棵树的结果与真实值之间的残差，并将每个学习器的结果线性加和，从而使得模型的预测结果不断接近于真实值。训练模型相当于寻找最佳的模型参数 θ，使得训练数据 x 与标签数据 y 的映射效果达到最优。在训练模型时，需要定义损失函数来衡量模型结果与实际目标之间的匹配程度，评估模型学习的效果，以降低损失函数的值作为目标来不断进行模型优化。损失函数一般由误差函数项 L 和模型复杂度项 Ω 构成，在冲突热点预测模型中，选用均方误差 MSE 作为 Xgboost 函数的误差函数项 $L(\theta)$。

$$\text{Obj}(\theta) = L(\theta) + \Omega(\theta) \tag{7-6}$$

$$L(\theta) = \sum_i (y_i - \hat{y}_j)^2 \tag{7-7}$$

$$\hat{y}_j = \sum_{k=1}^{K} f_k(x_i) , \ f_k \in F \tag{7-8}$$

其中，K 表示 Xgboost 学习中生成的基学习器 CART 决策树的数量，f 是特征空间 F 中的一个特征，y_i 是真实值，$\hat{y}_i$ 是模型预测估计值，$L(\theta)$ 表示所有预测值与真实值的均方误差根之和。模型学习的过程使用到了加法策略，每一次迭代会新增加一棵树，拟合上一次迭代结果与真实值之间的残差，现在假设第 t 步预测的值为 $\hat{y}_t$，则每一步得到的预测值分别是：

$$\hat{y}_i^0 = 0 \tag{7-9}$$

$$\hat{y}_i^1 = f_1(x_i) = \hat{y}_i^0 + f_1(x_i) \tag{7-10}$$

$$\hat{y}_i^2 = f_1(x_i) + f_2(x_i) = \hat{y}_i^1 + f_2(x_i) \tag{7-11}$$

$$\cdots$$

$$\hat{y}_i^t = \sum_{k=1}^{t} f_k(x_i) = \hat{y}_i^{t-1} + f_t(x_i) \tag{7-12}$$

Xgboost 第 t 步的估计值 $\hat{y}_i^t$ 是前 $t-1$ 步的估计结果加上第 t 步的 CART 的预测值 $f_t(x_i)$。将这几个式子代入到误差函数 $L(\theta)$ 中，GBDT 对这个式子进行了一阶泰勒展开，而 Xgboost 对误差函数的误差展开式提升到二阶，二阶展开后的目标函数表示如下：

$$\begin{aligned} \text{Obj}^t &= \sum_{i=1}^{n} \left[g_i w_q(x_i) + \frac{1}{2} h_i w_q(w_i)^2 \right] + \gamma T + \frac{1}{2}\lambda \sum_{j=1}^{T} w_j^2 \\ &= \sum_{j=1}^{T} \left[G_j w_j + \frac{1}{2}(H_i + \lambda) w_j^2 \right] + \gamma T \end{aligned} \tag{7-13}$$

其中，$G_j = \sum_{i \in I_j} g_i$，$H_i = \sum_{i \in I_j} h_i$，$I_j$ 可以表示所有的叶子结点。

假设 $w_j^* = -\dfrac{G_j}{H_j + \lambda}$，此时目标函数为 $Obj^* = -\dfrac{1}{2}\sum_{j=1}^{T} \dfrac{G_j^2}{H_j + \lambda} + \gamma T$。目标函数越小，则模型的效果越佳。Xgboost 采用贪心算法计算决策树分裂时的收益，每

次分裂时都从已有叶子结点中选择增益最大的分裂方式。分裂增益的计算方式为：

$$\text{Gain} = \frac{1}{2}\left[\frac{G_L^2}{H_L + \lambda} + \frac{G_R^2}{H_R + \lambda} + \frac{(G_L + G_R)^2}{H_L + H_R + \lambda}\right] - \gamma \qquad (7\text{-}14)$$

上式中，括号内的第一项为进行分割之后的左叶子结点的分类增益，第二项为右叶子结点的增益，第三项为分割之前的叶子结点的增益值。

7.2.1.3 对比分类算法

Logistics Regression 逻辑回归。逻辑回归是基于线性回归的思想提出的一种分类算法。线性回归的思想是：使用一条直线对历史数据进行拟合，在最小化误差的情况下对直线的各个参数给出估计，并用这条直线对新的数据进行拟合。

作为传统统计学和机器学习中的经典分类算法，本研究选择逻辑回归作为 Xgboost 的对比模型，逻辑回归应用在热点预测之中时，其优点主要体现在以下三个方面：模型原理清晰，逻辑回归背后的推导明确，经得起推敲；可解释性强，逻辑回归的每个参数都表示特征对输出的影响，在热点预测中可以更好地描述特征与是否热点的关系；简单高效，逻辑回归的计算量小，训练速度快，在大数据场景下应用高效。

但与此同时，逻辑回归也存在明显缺陷，比如面对特征空间较大的数据时训练性能下降，以及容易欠拟合，精度不高等。

Random Forest 随机森林。随机森林是集成学习中 Bagging 集成算法的重要代表，Bagging 算法是指从原始训练样本数据集中使用 Boostrap Sampling 自助采样法进行多次采样，生成多个不同的训练数据的子集，每个基学习器的训练都在重采样形成的不同子集上进行，再选择特定的方法将这些基学习器进行结合。随机森林算法基于的这一思想，以决策树作为基学习器，将多棵树进行结合，从而形成"森林"。

随机森林的身影出现在大量的时空数据预测研究之中，且与 Xgboost 同属集成学习，因此本研究选择这一算法用于热点预测，作为 Xgboost 的第二大对比算法。

随机森林的优势在于，它有着极强的抗过拟合能力和极强的稳定性，由于其 Bagging 集成的原理，在数据集中的个别新数据点将不会对整个算法造成极大影响，因为个别点影响的是某几棵决策树，而随机森林的结果是由所有基学习器的结果集成而得。

随机森林的主要缺点为其过高的复杂度和计算成本，由于其原理的复杂性，相对于其他分类算法，甚至是其他集成算法，随机森林都需要更高的时间来进行训练。

$K-$ 最近邻算法。KNN（ K Nearest Neighbor）算法的分类原理基于非参数预测的思想，KNN 认为同属一个类别的样本之前应极为相似，因此 KNN 通过计算当前类别未知的样本与训练数据集中其他所有类别已知样本的相似度，确定与之最相似的 K 个样本，获取这 K 个相似样本所属的类别，再根据这 K 个样本的类别来确定当前待分类的样本应该属于哪一个类。算法分类原理如图 7.10 所示。

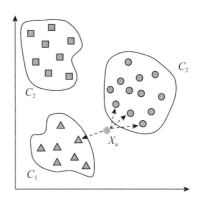

图 7.10　KNN 算法原理示意图

在图 7.10 中，待分类的样本为 X_u，训练样本集 D 中有 n 个样本：
$$D = (X_1, Y_1), (X_2, Y_2), \cdots, (X_n, Y_n) \qquad (7\text{-}15)$$
其中，X 表示每个样本的特征向量，维度为 R；Y 表示样本的类别；$i=1$，2，3，$\cdots$，n；D 中样本的数量为 n。这些样本的类别有 C_1，C_2，$\cdots$，C_m 共 m 个不同的类型，KNN 首先计算待分类样本 X_u 与样本集中 n 个样本 X_i 的欧式距离：
$$L(X_u, X_i) = (\sum_{l=1}^{R} |X_u^l - X_i^l|^2)^{\frac{1}{2}} \qquad (7\text{-}16)$$
再确定与待分类样本 X_u 的欧式距离最小的 K 个样本，分别获取这 K 个样本的所属的类型。确定这 K 个样本中最多的类别。如果 K 个样本中出现次数最多的类型为 C_i，最后判定样本 X_u 也属于 C_i 类型。

使用 KNN 进行冲突热点预测，主要优点在于它有着简明易懂的分类原理，在天然形成的数据如鸢尾花分类、手写数字识别这类问题中有着极佳的表现，而人与野生动物冲突数据也是一种天然形成的自然数据，因此本研究使用 KNN 作为对比算法之一。

KNN 的缺点是极其明显的。首先，由于每次分类都需要计算样本点之间的距离，其计算效率较低；其次，KNN 对训练数据质量的依赖度较高，因为数据集中如果存在与待分类样本点聚类较近但类别错误的数据，将直接拉低预测的准确率，因此 KNN 的容错性较低；最后，KNN 对高维度数据的处理能力也欠佳。

SVM 支持向量机。支持向量机 SVM（support vector machines）可用于回归问题和分类问题，是一种有监督式的学习方法，其思想建立在结构风险最小化的统计学理论之上，主要是通过在模型复杂度和模型分类能力之间寻找最佳的平衡折中点，在提升机器学习的稳定性的同时获得最佳的泛化能力。

SVM 分类的目标为给定样本数据集 D 中的所有样本，在特征空间中构建一个超平面，将所有样本按照类别正确地分隔开，同时分隔之后的样本与超平面之间的距离最大。计算距离间隔的公式为：

$$W^T X + b = 0 \tag{7-17}$$

其中 W 表示超平面的法向量，法向量决定了超平面的方向；b 表示超平面到原点之间的距离。将超平面记为 (W, b)，对于训练数据集中的任意一点 x，可以计算点到超平面 (W, b) 之间的距离，计算方法为：

$$r = \frac{|W^T x + b|}{||w||} \tag{7-18}$$

如果此时超平面 (W, b) 能够将数据集中的所有样本按照对应的类别分隔开，此时存在部分样本点满足 $y_i(W^T x_i + b) = c$，其中 c 可以为任意常数，也可以将其写作 1 以方便计算，该等式主要通过调整 W 的值来使其成立。这样的样本点是距离超平面距离最近的点，在 SVM 算法中，满足这个式子的样本点被称为"支持向量"。

SVM 在时空数据分类中是较为常见的一种方法，因此本研究选择 SVM 作为一大对比算法。使用 SVM 进行分类的优势在于，由于它的结构风险最小化原则，SVM 有着较强的泛化能力；同时，SVM 属于凸优化，可以避免问题陷入局部最优解，而是找到问题的全局最优解，因此适用于小样本的训练，也可以很好地解决高维问题。

在热点预测中，一方面 SVM 的缺点是面对大样本数据量需要大量的计算资源，另一方面 SVM 不能输出概率值结果，在应用场景上存在局限性。

7.2.2 评估标准

热点预测任务属于分类任务，分类算法的常用评估准则主要从混淆矩阵与 ROC 曲线中延伸，评估指标主要有：Accuracy（准确率）、Precision（精确率）、Recall（召回率）、F1-Score 和 AUC（Area Under the ROC Curve）。

对于二分类问题，可以将样本根据其真实类别与模型预测类别的组合，划分为真正例（True Positive）、假正例（False Positive）、真反例（True Negative）、假反例（False Negative）四种情况，用混淆矩阵表示如表 7.4。

表 7.4 分类结果混淆矩阵

真实值	预测值	
	正 例	反 例
正 例	TP(真正例)	FN(假反例)
反 例	FP(假正例)	TN(真反例)

Accuracy 准确率的计算公式为:

$$Accuracy = \frac{TP + TN}{TP + TN + FP + FN} \qquad (7\text{-}19)$$

Precision 精确率的计算公式为:

$$Precision = \frac{TP}{TP + FP} \qquad (7\text{-}20)$$

Recall 的计算公式为:

$$Recall = \frac{TP}{TP + FN} \qquad (7\text{-}21)$$

$F1$-Score 的计算公式为:

$$F1 = \frac{2}{\dfrac{1}{Precision} + \dfrac{1}{Recall}} \qquad (7\text{-}22)$$

ROC (Receiver Operating Characteristic)曲线的中文名称是"受试者工作特征"曲线,其绘制思路如下:首先根据当前分类器的预测结果,对每个样本的预测概率值进行排序,按照阈值从大到小的顺序逐个判断哪些样本是正例,随着阈值的减小,越来越多的样本被划分为正例,此时判断正确的正样本比例在增加,判断错误的正样本比例也在增加,从而能每次计算出每个阈值之下预测的真正例率和假正例率。用这两个指标作为坐标轴绘制图形,纵轴 TPR 是"真正例率"(True Positive Rate),横轴 FPR 是"假正例率"(False Positive Rate),二者的定义分别如下:

$$TPR = \frac{TP}{TP + FN} \qquad (7\text{-}23)$$

$$FPR = \frac{FP}{TN + FP} \qquad (7\text{-}24)$$

在同一个坐标轴中绘制多个分类器的 ROC 曲线,则可以通过观察不同分类器 ROC 曲线的形状来比较他们的泛化性能。通常来说,如果某个分类器 A 的 ROC 曲线完整地处在另一个分类器 B 的 ROC 曲线的内部,也就是说在 ROC 图中,分类器 B 的 ROC 曲线完全包住分类器 A 的 ROC 曲线,则认为分类器 B 的模型泛化性能优于分类器 A。但是当 ROC 曲线不存在明显的包含关系或发生交叉时，就需要比较不同分类器的 AUC 值。

AUC（Area Under Curve）指的是 ROC 曲线下方与坐标轴所形成的图形的面积，取值范围通常在 0.5 和 1 之间。AUC 的计算公式为：

$$AUC = \int_0^1 \frac{TP}{AP} d\frac{FP}{AN} \qquad (7\text{-}25)$$

引入 AUC 值的原因在于，存在一些通过 ROC 曲线图无法做出正确判断情况。比如曲线发生交叉时，不能明确清楚地通过图形来判断哪一个分类器的泛化性能更佳。而 AUC 作为一个数值，可以更直观更清晰更便捷地进行模型间的比较。AUC 值更大的分类器，其泛化性能和预测效果更佳。

7.2.3 算法实现

7.2.3.1 数据处理与特征选择

在上节已给出的基于 Xgboost 的冲突热点预测算法框架之下，这里将遵照本研究所设计的热点预测算法的流程，实现热点预测算法在北京市的应用。在实验过程中需要根据北京市冲突数据的实际情况加入针对性的处理方法，如样本类别不平衡的重采样等处理。

数据划分。实验数据为经过时间间隔划分和空间网格划分预处理的冲突时空数据，充足的样本量可以避免分类算法过拟合、确保算法的有效性。为了获取足够的样本量，同时数据不会过度稀疏，在冲突热点算法实验中，数据的空间划分维度为 30×30、时间划分为 5 天，划分后的数据集中共有202500 个样本。

样本筛选。由于北京市野生动物冲突热点有着较低的空间流动性和较高的地域聚集性，北京市的部分非热点区域，如北京市城区，往往一直是非热点区域。观察 7.1.2 小节的北京市冲突事件热力图中也可以发现，部分地区一直未曾有冲突事件发生。在空间划分之后，那些从第 1 期到最后 1 期的冲突事件数量均为 0 的样本，即 2009—2017 年从来没有发生过冲突事件的区域样本，在热点预测研究中是没有意义的，因此在热点预测算法训练之前需要对这些没有发生过冲突的空间网格进行筛选删除。在北京市的人与野生动物冲突预测算法所采用的实际数据集中，首先将这些网格区域从研究对象中剔除。

阈值确定，热点区域的冲突事件阈值设定为 3。曾经发生过冲突事件的所有网格样本中，单个区域平均每期的热点数量约为 3 个，由此本研究定义单期冲突事件数量大于等于 3 的样本点为冲突热点，小于 3 的样本点为非冲突热点。设置热点标签：1=该样本为冲突热点，表示样本的冲突事件数量大于热点阈值；0=该样本不是冲突热点，表示样本的冲突事件数量小于阈值。这一标签将作为分类算法的训练目标。

特征选择。在北京市的人与野生动物冲突数据中，最主要的两个特征数据就是冲突事件数量和冲突的损失量，这两个特征将被选取进入模型。

数据不平衡的欠采样处理。在进行样本筛选和热点阈值划分之后，热点样本数据量远远小于非热点的样本数据量，分类算法的数据集出现了严重的类别比例不平衡问题，为处理类别失衡问题使正负样本比例平衡，本研究采取欠采样方法，即从样本数量过多的负样本中抽取部分样本，使其数量与正样本的数量一致。欠采样处理之后的正样本量数量与负样本数量相等，均为2819，最终在分类模型中所用到的数据集总样本量为5638个。

7.2.3.2 滞后期数步长的确定

滞后期数步长 T_{back} 决定了使用历史的多少期数据值来预测未来情况，时间步长决定了进入分类模型的特征数量，因此 T_{back} 的选择将对分类算法的精度产生关键性影响。为了找到最佳的滞后期数步长，本研究选择网格搜索的方法，对给定区间内的所有可选期数 T_{back} 进行枚举，得到不同期数下的特征数据集，对每一个数据集展开 Xgboost 建模，通过比较 Xgboost 的模型效果从中选取预测效果最佳的数据集，选定热点预测模型中的最优滞后期数步长 T_{back}。

选取 1 期到 19 期之间的数值作为特征选择的时间步长区间，即用热点样本前 n 期($n=1$，2，3，…，19)的冲突表现，来判断当期的样本点是否为冲突热点。最大时间步长设置为 19 期的原因为：当向前推移的期数越多时，部分样本向前推移的期数超出了数据的起始时间，越来越多的样本出现了某期之前的数据全部缺失的空值，这些空值将不能被模型识别和学习，因此这类样本需要进行删除。过多的样本删除将带来过小的样本量，模型易陷入对局部特殊样本的学习之中，从而导致可能性极强的过拟合，过拟合将致使模型的泛化性能降低。

为在保证其他因素不变的情况下，得到最佳的滞后期数步长 T_{back}，本研究开展控制变量实验，固定 Xgboost 模型的超参数，仅改变进入模型训练的特征数据时间步长。使用 Python 中的 Xgboost 学习库实现模型的建立，Xgboost 模型关键参数设置如下：

Booster：gbtree，基学习器类型，gbtree 表示采用树模型作为基学习器；Nthreads：8，训练使用的线程数，根据实验机器的 CPU 核数，将线程数设定为 8；Objective：multi：softmax，学习目标设定为使用 softmax 函数作为目标的多分类，类别个数 num_ class＝2；Gamma：0.1，指定节点分裂所需要的最小损失函数下降值为 0.1，gamma 越小则参数越保守，在基学习器树生成的时候更加不容易分裂节点；Max_ depth：10，将单棵树的最大树深设定为 10，在树的高度达到 10 的时候将停止分裂，这个参数设置越大，模型学习的信息将越具体，限制每棵树的最大生成深度可以防止模型过拟合；Lambda：2，Lambda 即 λ，是模型中 L2 正则项的系数，帮助防止模型过拟合；Subsample：0.7，单棵树训练时随机抽取 70% 的样本数据进入模型训练，当 subsample 较小时，算法将更保守，避免过拟合，较小的样本抽取比例也会导致单棵树所学习的信息过少，从而导致欠拟合；Colsample_ bytree：0.9，单棵树在训练时从特征列中随机采样 90% 的特征列进行训练；min_ child_ weigh：3，最小叶子节点样本权重和，这一参数设置为 3，增大这个值可以避免过拟合，防止模型过多地学习局部特殊样本；eta：0.1，模型的每一步的学习权重设置为 0.1；num_ boost_ round：15，模型迭代提升的系数上限为 15 次。

以上为 Xgboost 在网格搜索最优滞后期数步长的过程中设定的参数，使用这组参数进行枚举滞后期数步长的建模尝试，划分 75% 的数据作为训练集，其余 25% 的数据作为测试集，综合考量模型在测试集上的 AUC、F1-Score、准确率、召回率、精确率，作为最优期数的选择标准，综合评价的方式为投票法，即按五个标准分别评价预测效果最佳的期数步长并计票，选择其中票数最多的滞后期数步长作为最优解。多次实验得到评估指标如表 7.5。

表 7.5　不同期数步长模型效果对比

滞后期数步长	AUC	F1-Score	准确率	召回率	精确率
1 期	0.855	0.848	0.853	0.793	0.911
2 期	0.868	0.865	0.866	0.819	0.915
3 期	0.860	0.858	0.859	0.821	0.898
4 期	0.867	0.867	0.865	0.829	0.907
5 期	0.864	0.871	0.872	0.825	0.922
6 期	0.872	0.870	0.871	0.843	0.899
7 期	0.846	0.849	0.846	0.838	0.860
8 期	0.846	0.848	0.845	0.828	0.870
9 期	0.845	0.844	0.844	0.808	0.884
10 期	0.838	0.852	0.839	0.850	0.854
11 期	0.831	0.840	0.831	0.829	0.851
12 期	0.846	0.851	0.846	0.845	0.856

（续）

滞后期数步长	AUC	$F1-Score$	准确率	召回率	精确率
13 期	0.838	0.839	0.837	0.816	0.863
14 期	0.833	0.831	0.833	0.814	0.848
15 期	0.858	0.850	0.858	0.828	0.874
16 期	0.832	0.826	0.832	0.821	0.831
17 期	0.861	0.855	0.862	0.846	0.864
18 期	0.857	0.856	0.856	0.830	0.883
19 期	0.855	0.859	0.853	0.835	0.884

从表 7.5 中的数值可以看出，$T_{back}=5$ 时，模型在测试集上的 AUC、F1-Score、准确率和精确率都达到最大值，而召回率在 $T_{back}=10$ 时最大。根据冲突热点预测的实际要求，准确地预测冲突热点区域将比尽可能多地预测所有冲突热点有着更高价值，因此对查准的考量应优先于查全率，在召回和精确率中，应先保证更高的精确率。从这张表来看，$T_{back}=5$ 是最优选择，为了更好地观察在期数变化的过程中模型效果的变化情况，将表中的 AUC、F1-Score 和准确率绘制柱状图。

根据图 7.11 至 7.13 可以看出，滞后期数步长的不同取值将使相同参数的 Xgboost 模型的测试集预测效果产生巨大差异，其中，期数在 1 到 6 之间时，预测效果整体处于较高的水平，模型的 AUC 值和预测准确率均在 0.85 以上，第 2～6 期的 F1-Score 大于 0.85；当期数超过 6 之后，模型的 AUC、F1-Score 和准确率都出现了骤然下降，在 7 期到 14 期之间都处于低于 0.85 的水平，直到 15 期之后才有所上升。

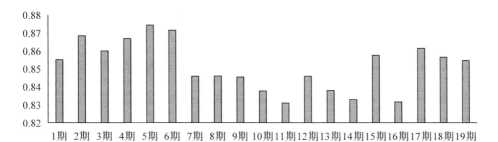

图 7.11　不同时间步长数据 Xgboost 模型 AUC 对比

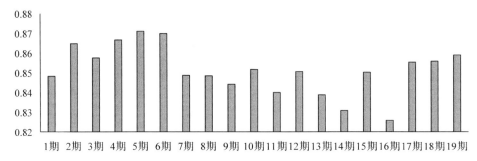

图 7.12　不同时间步长数据 *X*gboost 模型 F1–Score 对比

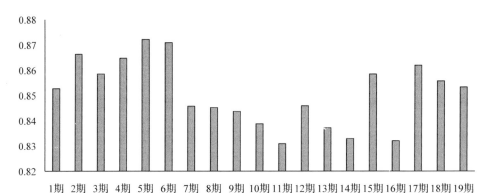

图 7.13　不同时间步长数据 *X*gboost 模型冲突热点预测准确率对比

这一结果表明近 6 期内的冲突情况将对下一期样本是否冲突热点有显著影响，考虑到每期的划分为 5 天，也就是说未来 5 天内该网格区域点是否会频繁发生冲突，主要与该网格前 30 天中的冲突情况产生关联。

观察三个模型效果对比柱状图可以发现，滞后期数步长为 5 的数据集有着最佳的 AUC、*F*1–Score，同时在测试集上对热点和非热点区域的预测准确率也最高，因此在冲突热点预测模型中，滞后期数步长应该选择为 5。

基于滞后期数步长的控制变量实验，我们可以得到北京市的人与野生动物冲突热点算法最终的数据输入为 10 维特征：样本点所在网格的前 5 期的冲突事件数量和冲突损失量；冲突热点算法的输出为二分类变量：该样本点是否为冲突热点。在这一实验中，*X*gboost 算法的表现验证了它在处理热点预测问题上的优异性能，为了讨论建立 *X*gboost 模型进行冲突热点预测的必要性，本研究针对时间步长为 5 的这一数据集，继续尝试使用其他机器学习的分类算法进行预测，并与 *X*gboost 的预测效果展开比较。

7.2.2.3　模型比较与评估

为了验证建立 Xgboost 模型的必要性，探究其他分类算法在冲突热点预测问题上的可行性与预测准确度，本研究使用滞后期数步长为 5 的冲突热点数据集，划分 80% 的样本作为训练集，剩余 20% 的样本作为测试集，使用 Xgboost、KNN、SVM 支持向量机、逻辑回归和随机森林算法进行建模尝试。同时对五个算法均采取 5 折交叉验证进行训练和模型参数调整，对五次预测分类的评估取平均值，得到不同算法在测试集上的效果如表 7.6 所示。从平均值的数值来看，Xgboost 在 F1-Score、准确率、召回率上都在五个模型中数值最高，F1-Score 为 0.850，准确率和召回率的平均值达到 85.5% 和 81.8%，而精确率为 90.6%，仅次于逻辑回归的 91.3%。

为了更直观地对五种算法在冲突热点预测这一问题上的表现进行比较，对五折交叉验证中，五次测试分类效果评估结果进行箱线图可视化展示，同时对模型的每个评估指标展开详细分析。

表 7.6　不同分类算法测试集预测效果交叉验证评估指标平均值

评估标准	Xgboost	KNN	SVM	逻辑回归	随机森林
F1-Score	0.850	0.832	0.782	0.815	0.839
准确率	0.855	0.843	0.811	0.839	0.849
精确率	0.906	0.868	0.893	0.913	0.871
召回率	0.818	0.799	0.696	0.737	0.809

二分类任务的准确率 Accuracy 是指在给定的测试集样本中，模型分类正确的样本数量与测试集样本总数量的比例。在冲突预测问题中，准确率表示被正确预测为热点和非热点的所有样本占测试集总样本的比例。当算法可以将所有的正样本都判别为正、负样本都判别为负时，这个算法就是最理想的分类算法，准确率为 100%。

对比五大模型在冲突热点数据集上的表现，从表 7.5 中观察模型的准确率均值，可以看出 Xgboost 算法有着最高的分类准确率，为 87.2%；其次为 KNN 和随机森林的准确率都为 84.8%；再次为逻辑回归，在测试集上的预测准确率为 83.9%；SVM 支持向量机的准确率最低，仅有 81.8%。

Xgboost 整体而言有着稳定的、高于其他四个模型的准确率表现。从图 7.14 所绘制的五折交叉验证中每个模型分类准确率的箱线图可以看出，Xgboost 整体而言有着高于其他四大模型的分类准确率，且箱体跨度较小，上下临界数值接近，方差较小，表明 Xgboost 在五次测试集应用尝试中均有着较高的准确率。观察其他四个模型的箱线图，SVM 在热点预测尝试中有着较低的

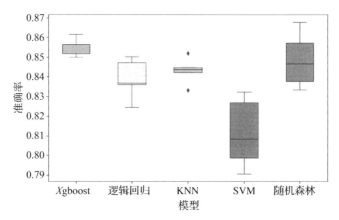

图7.14　五折交叉验证分类准确率箱线图

预测准确率表现；逻辑回归与KNN整体而言呈现比较稳定的预测效果，准确率略低于Xgboost；随机森林的准确率的箱体上边界高于Xgboost的最大值，而下边界与上边界之间的差值较大，表明预测准确率的方差较大，表明在热点预测中，训练数据的变化对随机森林预测效果的影响较大。

　　准确率反映了模型对正样本和负样本的整体判别能力，而冲突热点预测中，更需要被关注和识别的应为冲突热点，也就是正样本。判别为冲突热点的区域需要尽可能准确，潜在的热点区域需要尽可能全面地识别，因此需要比较各个算法对冲突热点正样本的识别能力和将正样本与负样本区分开的能力，即模型查全性能和查准性能。

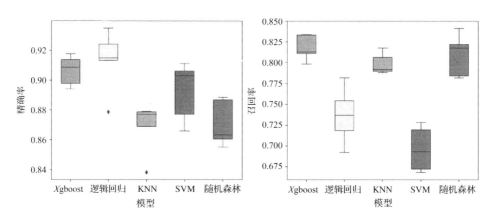

图7.15　模型精确率、召回率对比

在二分类问题中，精确率 Precision 是指模型在测试集上预测为正的样本中，有多少比例的样本实际值也为正，召回率 Recall 指实际的正样本中有多大比例的样本被模型正确预测为正，而在冲突热点预测问题里，这两个比例分别反映了模型对冲突热点区域的查准能力和查全能力。

对比五大模型的精确率与召回率，对五折交叉验证的结果绘制箱线图 7.15，$Xgboost$ 在冲突热点数据训练集上的最佳预测精确率为 91.7%，最佳召回率为 83.3%。其他四个模型与 $Xgboost$ 相比，可以分为三类：逻辑回归为第一类模型，逻辑回归的预测精确率平均值不输 $Xgboost$，精确率最高达到了 93.4%，预测同时，逻辑回归召回率明显低于其他模型，平均值 73.7%，最低仅为 69.2%，因此逻辑回归有着优秀的查准能力，在以查准为导向的热点预测应用中值得采用，而在要求较高查准的场景之下则失去优势；SVM 支持向量机为第二类模型，不论从精确率还是召回率来看都在四个模型中处于较低水平，性能明显低于 $Xgboost$；KNN 和随机森林为第三类，这两个模型精确率相对 $Xgboost$ 较低，查准能力较弱，而查全能力与 $Xgboost$ 接近，表现中庸，相对而言 $Xgboost$ 的综合性能更佳。

在实际应用中，查全和查准性能通常需要同时考量，$F1-Score$ 可以兼顾对模型精确率和召回率的评价，$F1-Score$ 的计算方式为：两倍精确率与召回率的积除以精确率与召回率的和。绘制五个模型的 $F1-Score$ 五折交叉验证箱线图进行比较如图 7.16 所示。

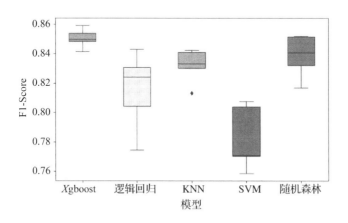

图 7.16　模型的 $F1-Score$ 对比箱线图

综合考虑精确率和召回率之后，$Xgboost$ 模型在冲突热点预测上的 $F1-Score$ 表现最为突出，$F1-Score$ 最佳达到了 0.861，平均值为 0.850。而其他四

个模型的 $F1$-Score 同样出现了差异性，KNN 和随机森林更好地兼顾了精确率与召回率的平衡，$F1$-Score 的箱线图上下界线集中，性能稳定，但相对 Xgboost 的箱体更靠下方，整体而言，KNN 和随机森林的性能比 Xgboost 要低；精确率和召回率都缺陷明显的 SVM 和逻辑回归在 $F1$-Score 的表现上明显低于其他模型，逻辑回归的 $F1$-Score 出现了两级分化趋势，由于逻辑回归在确保高精确率的同时并不一定能保证高召回率，因此整体的查全查准兼顾性能低于 Xgboost，$F1$-Score 的最高值为 0.843，最低为 0.774。

ROC 曲线图可用于比较多个模型的泛化性能的强弱，绘制五大模型的 ROC 曲线图如图 7.17，可以看到 Xgboost 模型的 ROC 曲线将 KNN 和随机森林的 ROC 曲线全部包含在内，这表明 Xgboost 的泛化性能优于 KNN 和随机森林；AUC 值表示 ROC 曲线下的面积，AUC 值越大表明模型泛化性能越佳，Xgboost 的 AUC 值为 0.864，高于逻辑回归的 0.842 和 SVM 支持向量机的 0.821。综上所述，从模型泛化性能的角度来比较，Xgboost 模型有着高于其他四个模型的表现。

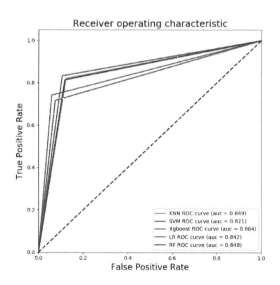

图 7.17　ROC 曲线图与 AUC 值比较

模型效率也是模型选择和比较中需要重点关注的一大因素，主要反映为在相同实验环境下模型进行训练和预测所需时间的长短。在同一实验环境下对相同的冲突热点数据集进行各个模型的建模尝试并记录运行时间，以 Xgboost 的最短运行时间作为 1 个时间单位，将运行时间数据进行转化处理，绘制箱线图如图 7.18 所示。

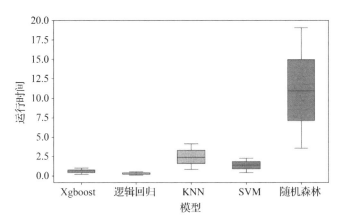

图 7.18 模型运行时间对比

从运行时间上来看，比 Xgboost 效率更高的模型只有逻辑回归，其运行时间的上下界限和中位数均低于 Xgboost 的运行时间；SVM 和 KNN 运行时间约为 Xgboost 的 2 倍和 2.5 倍，相对而言效率较低；而随机森林的训练所需时间远高于其他四个模型。通过箱线图的比较可以看出，Xgboost 的模型效率是明显高于除逻辑回归外的三个模型，而逻辑回归则展现出其运行效率高、训练速度快的优点，训练用时较 Xgboost 更低。

综合考虑模型对冲突热点的预测准确率、查全与查准的兼顾能力和模型运行效率，在 Xgboost 与 SVM、KNN、逻辑回归和随机森林四个模型的比较中，Xgboost 有着高于其他模型的综合表现，这一结果验证了本研究设计的基于 Xgboost 的冲突热点预测算法的合理性和可行性。综上，本研究经过实验和对比，最终确定了使用 Xgboost 作为北京市人与野生动物冲突热点预测算法设计中的主要模型。

与此同时，模型实验和比较的过程中发现，逻辑回归在热点预测应用中展现出优异的预测精确率和运行效率，其查准能力略高于 Xgboost，而运行时间比 Xgboost 更短，因此在实际应用中，若热点预测的目标更偏重于准确判别哪些区域是冲突热点，且需要快速训练并给出预测结果，逻辑回归同样是一个优秀的选择。

7.3 区域冲突数量预测算法的设计与实现

7.3.1 评估标准

在时间序列预测和回归评估时，常用的评估标准有：平均绝对误差 MAE、均方误差 MSE、均方根误差 RMSE 和平均绝对百分比误差 MAPE 等，以下公式中，p 表示模型预测值，t 表示实际观察值，n 表示预测对象的个数。

平均绝对误差 MAE 衡量了预测值与实际观测值之间的误差绝对值的平均：

$$MAE = \frac{1}{n} \sum_{i=1}^{n} | p_i - a_i | \tag{7-26}$$

均方误差 MSE 衡量了预测值与观测值之间误差平方的均值：

$$MSE = \frac{1}{n} \sum_{i=1}^{n} (p_i - a_i)^2 \tag{7-27}$$

由均方误差 MSE 可以得到均方根误差 RMSE：

$$RMSE = \sqrt{MSE} \tag{7-28}$$

平均绝对百分比误差 MAPE 先计算绝对误差与实际观测的误差百分比，再计算误差百分比的均值，其数值表示预测值在实际观测值基础上的波动范围：

$$MAPE = \frac{100}{n} \sum_{i=1}^{n} \frac{| p_i - a_i |}{a_i} \tag{7-29}$$

7.3.2 基于 ARIMA 的区域冲突数量预测算法

7.3.2.1 算法设计

基于 ARIMA 的区域冲突数量预测。ARIMA 模型的全称为求和自回归移动平均（Autoregressive intergrated moving average）模型。用 y_1，y_2，$\cdots$，y_t 表示区域冲突事件数量观测序列，y_t 表示对应期数 t 或时间段 t 的冲突事件数量观测值，则关于区域内人与野生动物冲突数量的 ARIMA(p，d，q) 模型可以由以下公式进行描述：

$$y_t^{(d)} = c + \varphi_1 y_{t-1}^{(d)} + \cdots \varphi_p y_{t-p}^{(d)} + \theta_1 e_{t-1} \cdots + \theta_q e_{t-q} + e_t \tag{7-30}$$

其中，$y_t^{(d)}$ 表示冲突事件时间序列第 d 次差分序列在 t 期的值，计算方法为：

$$y_t^{(d)} = y_t^{(d-1)} - y_{t-1}^{(d-1)} \tag{7-31}$$

φ_1，$\cdots$，φ_p 表示 ARMA(p，q) 模型中自回归的系数，θ_1，$\cdots$，θ_q 表示平稳 ARMA(p，q) 模型的移动平滑系数，e_t 表示预测中的白噪声；c 为模型偏置项。

ARIMA 模型下的冲突事件数量预测算法的构建过程，关键在于：正确地识别序列是否需要建立 ARIMA 模型，并正确地确定 p，q，d 三个参数。差分的次数用 d 表示，意味着原始时间序列在 d 阶差分之后平稳；p 代表自回归部分的阶数，q 表示移动平均部分的阶数。通常来说，通过观察平稳时间序列的自相关系数图（ACF）和偏自相关系数图（PACF），判断二者的截尾特性与拖尾特性，可以识别应该建立哪一种时间序列模型，并且确定自回归阶数 p 和移动平均阶数 q，其确定方法如表 7.7。其中截尾表示图像中的系数值快速降低到一个较小的范围内，拖尾表示图像呈现衰减或震荡衰减的趋势。

表 7.7　时间序列模型识别原则

模型	自相关系数图（ACF）	偏自相关系数图（PACF）
AR(p)	拖尾	p 阶截尾
MA(q)	q 阶截尾	拖尾
ARMA(p, q)	拖尾	拖尾

在 ACF 和 PACF 均拖尾的情况下，p 和 q 参数不能直接从系数图中确定，而需要借助其他准则，AIC 准则和 BIC 准则是在 ARIMA 中用于模型选择和参数确定的两种重要准则。AIC 准则也叫赤池信息量准则，其核心思想为：在保持尽可能小的模型误差的前提之下，避免出现模型参数过多的情况。AIC 的计算方法为：

$$\text{AIC} = -2\ln(L) + 2m \qquad (7\text{-}32)$$

其中 L 代表 ARIMA 模型的极大似然函数值，m 表示模型中自由参数的个数。BIC 准则也叫贝叶斯信息准则，与 AIC 准则的核心思想类似，BIC 也给极大似然函数 L 加上了一个惩罚项，但 BIC 准则的惩罚项不仅考虑的模型自由参数的个数，还考虑了样本容量可能会对模型造成的潜在过拟合影响，避免出现因样本数量过多而导致的模型复杂度过高问题，BIC 的计算公式为：

$$\text{BIC} = -2\ln(L) + m\ln(n) \qquad (7\text{-}33)$$

其中 L 表示极大似然函数值，m 表示自由参数的个数，n 表示数据样本量，BIC 的值越小则模型越好。

找到最优参数后，需要检验建立 ARIMA(p, d, q) 模型的显著性，ARIMA 模型的显著性检验可以进行如下假设，设残差为 ρ：

$$H_0: \rho_1 = \rho_2 = \rho_3 = \cdots = \rho_m = 0, \ \forall m \geq 1$$

$$H_0: 至少存在某个 \rho_k \neq 0, \ \forall m \geq 1, \ \forall k \leq m$$

在这一假设之下，构造 LB（Ljung-Box）检验统计量：

$$LB = n(n+2)\sum_{k=1}^{m}\frac{\rho_k^2}{n-k} \sim \chi^2(m), \ \forall m > 0 \qquad (7\text{-}34)$$

如果 LB 统计量的检验 p 值大于 0.05，则接受原假设，说明模型残差中不存在残留的相关信息，模型显著有效；当 p 值小于 0.05，表明没有充分的理由接受原假设，残差序列不是白噪声序列，模型不是显著有效的。

在部分时间序列中，数据会随着时间的变化呈现明显的季节性特征，观察时间序列图可以发现数据呈现重复的周期性的波动趋势，这样的时间序列具有季节性特征，这类时间序列需要建立季节 ARIMA 模型。季节 ARIMA 首先需要通过季节分解的方法消除序列的季节性，在冲突事件时间序列问题中，季节 ARIMA 首先将季节性冲突序列分解成为趋势、季节效应和残差三个因素，得到三个不同的序列。分解之后的季节 ARIMA 模型的构建主要分为以下三个步骤：

（1）趋势分析。对于趋势序列，需要按照对普通时间序列的分析和拟合方式，通过建立序列的 ARIMA 模型，使用 AIC 或 BIC 准则确定最优参数，并进行序列预测。

（2）季节效应分析。对季节效应序列构造季节因子，首先计算各期的季节序列平均数，然后计算季节效应序列的总平均数，最后用各期平均除以总平均，得到当期的季节因子。如果当期的季节因子大于 1，那么对于区域人与野生动物冲突事件的时间序列来说，该时期的冲突频次常常大于平均值，也就是冲突事件高发时期；如果季节因子等于 1，说明该期没有明显的季节效应；如果季节因子小于 1，说明该时期是人与野生动物冲突事件的低发时期。

（3）综合分析。对趋势和季节效应分别展开分析之后，需要将其还原为初始时间序列中共生共存的状态。常用的季节性还原模型有加法模型和乘法模型。

加法模型：

$$y_t = T_t + S_t + I_t \qquad (7\text{-}35)$$

乘法模型：

$$y_t = T_t \times S_t \times I_t \qquad (7\text{-}36)$$

其中 y 是原始序列，T 是趋势因素，S 是季节因素，I 是不规则因素，即残差。在实际应用中，具体使用加法模型还是乘法模型，需要具体问题具体分析，通过拟合结果的比较来确定最佳选择。一般来说，如果趋势因素、季节因素和不规则因素相互独立时，加法模型是更好的选择；当三个因素具有相互关系时，乘法模型的表现更优。

在区域冲突热点预测的 ARIMA 建模的实际应用中，一般性的建模流程如下：

（1）确定季节性。绘制区域冲突事件数的时间序列图，判断序列是否有季节性，若有，进行季节性分解，将原序列拆分成趋势、季节效应和残差三个序列。

（2）平稳性检验和差分处理。使用 ADF 单位根检验趋势序列的平稳性，若不平稳，对其进行差分处理直到获得平稳差分趋势序列，从而确定参数 d。

（3）模型识别。绘制平稳差分趋势序列的 ACF 和 PACF 图，进行模型识别。若 ACF 与 PACF 均拖尾，表示需要建立 ARIMA 模型。

（4）参数优化。对平稳的差分趋势序列进行多组 p, q 参数的 ARIMA 建模尝试，比较每组参数的 AIC 值或 BIC 值，选择值最小的一组参数作为最佳 p 和 q，得到趋势序列的 ARIMA(p, d, q) 模型。

（5）显著性检验。使用 LB 统计量检验 ARIMA(p, d, q) 的显著性，若不显著，删除该组参数组合，在最小 BIC 准则下寻找新的参数组合直到显著。

（6）预测尝试。使用 ARIMA(p, d, q) 进行趋势序列预测尝试，预测期数与测试集期数相等。

（7）季节性还原。进行季节 ARIMA 的综合分析，利用乘法模型或加法模型，将趋势序列的预测值做季节性还原，得到季节 ARIMA 的预测结果。

（8）预测效果评估。对比 ARIMA 预测值与测试集真实值，计算预测误差，评估预测效果。

（9）预测应用。验证模型预测效果是否达到实际应用需求，获取该区域最新的冲突数量时间序列数据，对区域未来冲突数量展开预测。

ARIMA 的自动参数优化。一般性的区域冲突数量时间序列 ARIMA 建模过程，需要通过多次绘制序列图观察原始序列、趋势序列和差分序列的平稳性，多次对差分序列进行平稳性检验，多次绘制 ACF 和 PACF 来识别模型，并且手动给出多组参数进行 ARIMA 建模尝试，才能获得最优参数，完成区域冲突数量的预测。

在区域冲突数量的时间序列预测问题中，由于实际预测需求的网格区域或行政区域较多，对每个序列按照 ARIMA 的建模步骤手动进行模型识别、参数调优和预测，这一工作量是非常巨大的；与此同时，冲突事件是在不断发生、不断被记录进冲突管理系统中的，由此产生的区域冲突数量序列是在动态变化的，对新的序列重新进行模型识别、参数调优等工作也需要耗费巨大的精力。因此在区域数量预测的实际应用中需要更加智能、更加自动化的建模方式。

针对以上问题，本研究提出了一种基于网格优化算法结合 BIC 准则来实现 ARIMA 的自动参数优化方法。网格搜索算法是在机器学习中常用的一种自动化参数优化算法。在 ARIMA 模型的参数优化过程中，网格搜索是指对每一个需要确定的参数 p，d 和 q，给出对应的有限可选值集合，三个参数可选值的笛卡尔积将生成多组参数组(p, d, q)，网格搜索方法将对每一组参数进行建模和训练尝试，并挑选出在给定评优准则下模型效果最佳的一组参数作为模型的最优参数值。

引入自动参数优化之后的 ARIMA 建模流程如下：

（1）确定季节性。绘制区域冲突事件数的时间序列图，判断序列是否有季节性，若有，进行季节性分解，将原序列拆分成趋势、季节效应和残差三个序列。

（2）自动参数优化。分别设定参数 p，d，q 的搜寻范围，获取三个参数组合的笛卡尔积，对每组参数进行 ARIMA 建模尝试，结合最小 BIC 准则确定最优参数，同时增加 LB 统计量的显著性检验，得到模型 ARIMA(p, d, q)。

（3）预测尝试。使用 ARIMA(p, d, q) 进行趋势序列预测尝试，预测期数与测试集期数相等。

（4）季节性还原。进行季节 ARIMA 的综合分析，利用乘法模型或加法模型，将趋势序列的预测值做季节性还原，得到季节 ARIMA 的预测结果。

（5）预测效果评估。对比 ARIMA 预测值与测试集真实值，计算预测误差，评估预测效果。

（6）预测应用。验证模型预测效果是否达到实际应用需求，获取该区域最新的冲突数量时间序列数据，对区域未来冲突数量展开预测。

引入自动参数优化方法之后，原始 ARIMA 的九个建模步骤减少至六个，同时，除了第一步的季节性判定需要观察序列图，得到季节性的周期长度之外，其他步骤均可以编写 Python 脚本实现。自动参数优化方法之下的 ARIMA 模型在脚本中可以实现输入序列数据、输入季节性的周期参数后，按顺序运行其他处理流程，直到最终输出测试集的预测效果和未来冲突数量预测值。同时，在实际应用过程中，特定区域的季节性特征周期通常在长期内保持不变，通过经验法则可以找到不同区域的季节性规律，从而固定他们的季节性周期参数，实现全流程的优化：输入序列，运行脚本，输出测试集预测效果评估和未来预测值。

7.3.2.2 算法实现

ARIMA 的实验环境如表 7.8 所述。

表 7.8　ARIMA 实验环境

项　目	版　本
操作系统	Windows10 操作系统
硬件设施	8G（RAM）、i7（CPU）
开发语言	Python3. 6. 4
开发平台	Pycharm
主要学习库	statsmodels、sklearn、pandas

挑选一个区域冲突数量时间序列作为示例，对 ARIMA 一般性建模过程进行详细展示。选择划分方式为空间划分维度 30×30 和时间划分间隔为 3 天的冲突数据，取划分后之后累积冲突频次最高的的网格区域，使用这个网格中长度为 378 期时间序列数据作为 ARIMA 的一般性建模和预测实验示例，网格编号为 R22C18。对于序列中的缺失值和异常值，使用前 5 期冲突数量的平均数进行插补。

在以下实验过程中，时间序列均采用同样的训练测试划分比例：将时间序列数据的前 70%的数据划分为训练集，后 30%的数据划分为测试集，模型训练完成后，在测试集上进行预测尝试，并与测试集真实值进行对比，使用表 7.7 中给出的几大评估指标来评价模型的预测效果。

模型识别。首先应确定空间划分维度 30×30、时间划分间隔 3 天中的 R22C18 网格对应时间序列的特性，观察原始序列的季节性、平稳性等特征，用以确定下一步的时间序列处理和分析方法。绘制时间序列趋势图如图 7.19。

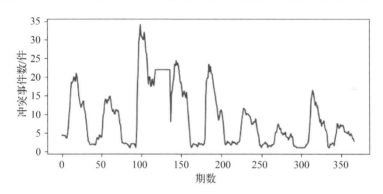

图 7.19　原始数据时间序列趋势图

可以看出，该区域的冲突事件数时间序列数据是明显的非平稳时间数据，序列具有九个明显的波峰和波谷，且数据存在明显的季节性波动，因此需要对时间序列进行季节性分解。原始数据的年份跨度是 2009—2017 年，共九年，对应季节性的九个波峰，因此在季节分解中，一个周期的时间步长应为一年中的数据，即 42 期。

其次，使用 statsmodel 模块中专用于季节性分解的函数 seasonal_ decompose 对原始时间序列进行分解，分别得到原始时间序列的 Trend 趋势、Seasonal 季节性和 Residual 残差(图 7.20、图 7.21 和图 7.22)。

从图 7.20 可以看出，Trend 序列的时序图具有明显的下降趋势，对 Trend 序列进行 ADF 单位根检验(表 7.9)，结果显示，单位根检验统计量大于临界

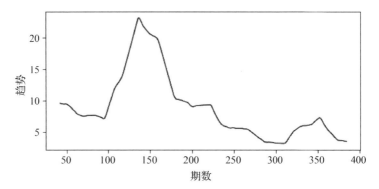

图 7. 20　季节分解–趋势序列趋势图

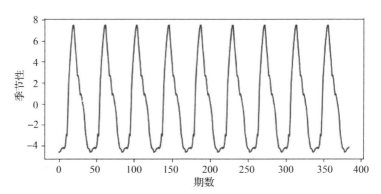

图 7. 21　季节分解–季节性序列趋势图

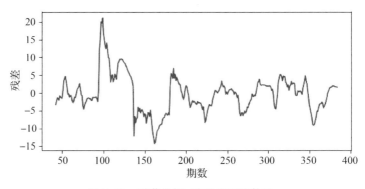

图 7. 22　季节分解–残差序列趋势图

值，p 值为 0. 389>0. 1，因此季节分解之后的趋势序列不平稳，尝试对其进行一阶差分处理。一阶差分之后的序列检验 p 值为 0. 0645，在 10%的显著性水平下平稳，但是观察一阶差分趋势 Trend 序列的时序图，发现序列中仍存在明显的波峰和波谷，与平稳时间序列的波动情况存在差异，因此再次对其进行差分，得到二阶差分 Trend 序列，此时序列在 1% 的显著性水平下平稳。

表 7.9 Trend 及其差分序列 ADF 单位根检验

统计量	Trend	一阶差分 Trend	二阶差分 Trend
Test Statictic	−1.7827	−2.7581	−6.8291
p−value	0.3891	0.0645	0.0000
滞后阶数	12	11	9
观测值	312	312	313
1%临界值	−3.4514	−3.4514	−3.4514
5%临界值	−2.8708	−2.8708	−2.8708
10%临界值	−2.5717	−2.5717	−2.5717

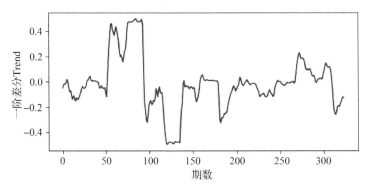

图 7.23 一阶差分 Trend 序列图

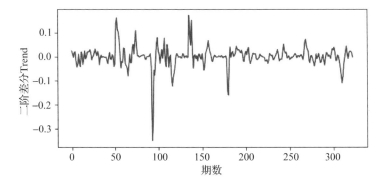

图 7.24 二阶差分 Trend 序列图

绘制一阶差分和二阶差分 Trend 序列如图 7.23 和 7.24 所示，绘制两个序列的 ACF 和 PACF 如图 7.25，一阶差分 Trend 序列自相关系数没有快速收敛到二倍标准差以内，表明一阶差分序列及时通过了 ADF 单位根检验，但它并不是严格意义上的平稳时间序列，需要进行再次差分。而二阶差分 Trend 序列的时序图和自相关图都呈现平稳。

ARIMA 模型的三个参数 p，d，q 需要通过平稳性检验、自相关图和偏自相关图来确定。通过差分处理和平稳性检验，判断参数 d 可以选择 1 或 2，为确定参数 p 和 q 的取值，下面分别绘制一阶差分 Trend 序列和二阶差分 Trend 序列自相关图与偏自相关图并进行模型识别：

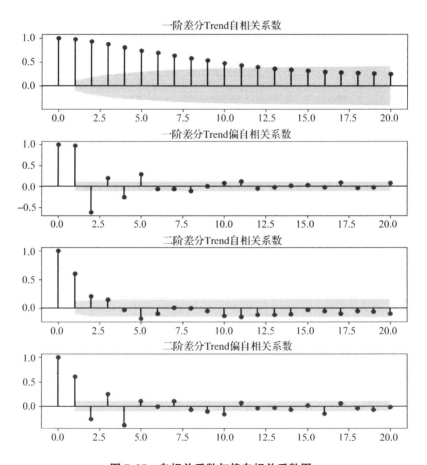

图 7.25　自相关系数与偏自相关系数图

在得到平稳的时间序列之后，继续进行模型识别工作。观察二阶差分Trend 序列的 ACF 和 PACF，自相关系数快速减小至二倍标准差以内，但五阶之后仍然有大于二倍标准差的自相关系数，因此自相关系数拖尾；偏自相关系数同样在四阶之后存在大于二倍标准差的 PACF 值，因此偏自相关系数也拖尾。在 ACF 和 PACF 都拖尾时，可以对其建立的模型为 ARIMA(1, 2, 1)模型，并且对 p 和 q 参数进行尝试，结合最小 AIC 或最小 BIC 准则来确定最优 ARIMA 模型。

参数确定。ARIMA 模型中有三个需要确定的参数，在 ACF 和 PACF 拖尾、不能确定这些参数的最佳取值时，采用本研究提出的 ARIMA 自动参数优化方法，使用网格进行参数探索，结合模型调优的目标 BIC 准则进行最佳参数的确定。

网格搜索的初始值设定是自动参数优化的关键。通常来说，给出的参数可选值越多、尝试的参数组越多时，模型效果会随之提升，但与此同时计算量和时间也会成倍增长，所以初始的可选值集合应在合理范围之内。

根据上面对 Trend 序列差分处理之后的单位根检验和自相关系数图，Trend 序列在两次差分之后才是严格平稳时间序列，因此可以确定参数 d 为 2。对于 p 和 q，将其参数可选集合设定为 $[0, 5]$，分别对每一种参数组合建立Trend 序列的 ARIMA 模型，得到对应的 BIC 值，绘制 BIC 热力图如图 7.26。

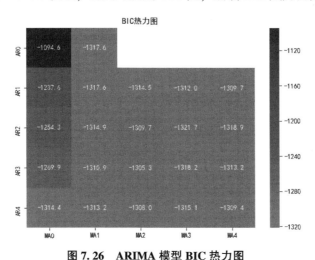

图 7.26　ARIMA 模型 BIC 热力图

在 BIC 热力图中，纵轴表示 p 的取值，横轴表示 q 的取值，颜色越深的区域表示 BIC 值越大，越浅表示越小，可以看出最小的 BIC 值对应的参数为 $p=2$，$q=3$，所以最终选择建立 ARIMA(2, 2, 3)模型，也就是说该模型中含有二阶自回归项 AR(2)和三阶移动平均项 MA(3)。

使用该 ARIMA 模型对季节分解后的 Trend 序列进行拟合，拟合结果是否具有统计学意义需要通过模型显著性检验来确定。显著有效的模型能充分提取原始时间序列中的信息，此时模型的残差将为白噪声序列，残差之间不存在相关关系；当残差中具有线性相关关系时，这表明模型对时间序列的信息提取不够充分，模型不显著，需要更换模型使其显著。

对 ARIMA 模型使用 LB 统计量做显著性检验，根据 ARIMA(2,2,3)模型拟合 Trend 序列的残差，计算残差延迟 6 期和延迟 12 期的 LB 统计量和检验 P 值，P 值分别为 0.442 和 0.874，因此不能拒绝残差序列为纯随机序列的原假设，模型显著有效；绘制残差的自相关系数图(图 7.27)，可以看出残差序列的自相关系数集中在 0 的附近，在很小的幅度中随机波动，这表明残差序列不存在相关性，因此该模型的残差为相互独立的白噪声序列，ARIMA(2,2,3)模型拟合有效。

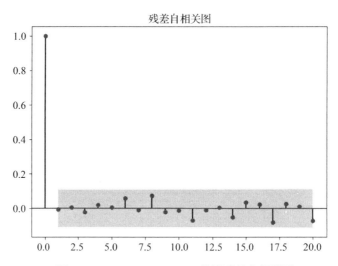

图 7.27　ARIMA(2,2,3)模型残差自相关图

利用 ARIMA(2,2,3)模型对 Trend 序列的后 30%测试集进行动态单点逐步预测，结合季节性分解的 Seasonal 季节性序列和 Residual 残差序列，利用季节分解中的加法模型将预测数据还原成对原始冲突事件数据的预测值，并计算预测的置信区间，绘制预测结果如图 7.28 所示，其中实线代表实际的冲突事件数，虚线代表结合季节性的 ARIMA 模型预测所得的冲突事件数，阴影区域表示预测的置信区间。模型在测试集上预测的平均绝对百分比误差 MAPE 为 19.8%，均方误差 MSE 为 2.788。

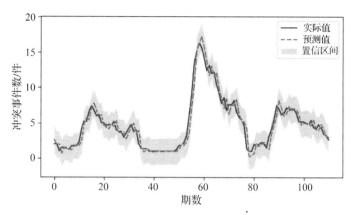

图 7.28　ARIMA 模型预测结果

7.3.2.3　预测效果评估

为了验证本研究提出的 ARIMA 自动参数优化方案的可行性，本研究进行不同时间序列的 ARIMA 自动参数优化实验。实现这个目标需要获取多个不同的时间序列，本研究计划对北京市冲突时空数据实施不同规格的划分操作，在每种划分方式下抽取一个时间序列进行尝试。这一试验既能验证本研究所提出的自动参数优化方法在不同时间序列上的应用可行性，也能针对北京市的区域冲突数量预测这一问题，找到在 ARIMA 模型下的最优时空划分方式。

划分冲突数量数据的不同方式将对每个区域的时间序列的长度和数值产生巨大影响，同时也决定了预测结果的有效性和实用性。为了验证自动参数优化方法在不同的场景、不同的序列上是否具有普遍适用性，选择三种空间划分维度{20×20，30×30，40×40}和三种时间划分间隔{3，5，10}，对其进行排列组合得到九组实验数据，分别开展 ARIMA 的自动参数优化实验。对不同划分方式得到的数据组进行编号，其划分方式和说明如表 7.10 所示，为了保证每一期数据都包含相同的天数，每年所截取的高频冲突期的天数应能够被时间划分间隔所整除，因此不同的划分间隔将有对应的不同高频冲突期的截取开始日期和结束日期。

每种划分方式下的实验流程为：

第一，选取每组划分方式下冲突最严重的网格区域，得到该网格的冲突事件时间序列；第二，截取前 70% 的数据作为 ARIMA 模型训练集，30% 的数据作为预测测试集，分别采用季节性 ARIMA 模型的方法进行拟合和预测，使用 ARIMA 的自动参数优化方法，即网格搜索算法结合 BIC 准则获取最优参数；第三，分别对测试集展开预测尝试并与实际值比较，得到预测效果比较

表 7.10   实验数据组说明

序号	空间划分	时间划分	开始日期	结束日期	每年期数	总期数
1	20 * 20	3	6 月 26 日	11 月 2 日	42	378
2	20 * 20	5	6 月 30 日	11 月 2 日	25	225
3	20 * 20	10	6 月 27 日	11 月 4 日	13	117
4	30 * 30	3	6 月 26 日	11 月 2 日	42	378
5	30 * 30	5	6 月 30 日	11 月 2 日	25	225
6	30 * 30	10	6 月 27 日	11 月 4 日	13	117
7	40 * 40	3	6 月 26 日	11 月 2 日	42	378
8	40 * 40	5	6 月 30 日	11 月 2 日	25	225
9	40 * 40	10	6 月 27 日	11 月 4 日	13	117

如表 7.11 所示，其中平均绝对百分比误差 MAPE 衡量了预测与实际观测值之间的绝对误差占实际观测的百分比，MSE 表示预测的均方误差。

表 7.11   不同划分方式下的 ARIMA 模型结果对比

序号	空间划分	时间划分	MSE	MAPE	ARIMA 参数
1	20×20	3	0.794	18.1%	(2, 1, 1)
2	20×20	5	2.004	29.1%	(2, 1, 3)
3	20×20	10	9.389	26.4%	(1, 1, 0)
4	30×30	3	0.565	13.6%	(0, 1, 2)
5	30×30	5	3.960	14.7%	(1, 1, 0)
6	30×30	10	5.043	24.7%	(4, 1, 1)
7	40×40	3	0.646	14.8%	(2, 1, 0)
8	40×40	5	2.793	20.2%	(1, 1, 0)
9	40×40	10	4.756	25.5%	(3, 1, 1)

结果显示，自动参数优化下的 ARIMA 模型在九种划分方式下的网格时间序列中都有着良好的预测表现。不管选择哪种划分方式，自动参数优化总能为序列找到 BIC 最小且模型显著的一组参数。同时，该组参数对应的 ARIMA 模型在测试集上通常也能取得良好的预测效果，九次试验的 MAPE 均低于 30%，且有四个序列的 MAPE 低于 20%。这一结果表明本研究提出的 ARIMA

模型自动参数优化方法在不同的时间序列上均能取得良好的参数优化结果，在去量冲突数量预测这个问题上，自动参数优化方法具有普遍实用性和预测有效性。

空间划分维度为30×30，时间划分间隔为3天，这一规格为北京市划分网格区域之后的区域冲突数量预测 ARIMA 模型的最佳数据划分方式。从表7.10的测试集预测误差可以看出，在九组实验中，测试集预测的 MAPE 最低的实验组为第4组，即空间划分为30×30，时间划分为3天的划分方式得到的数据集。此时在最小 BIC 准则之下，网格搜索得到 ARIMA 模型的最佳参数为 ARI-MA(0, 1, 2)，也就是对季节分解后的趋势序列进行一阶差分，再建立 MA(2)模型，即二阶移动平均模型，在这种情况下，测试集上的预测均方误差仅有 0.565。

7.3.3 基于 LSTM 的区域冲突数量预测算法

随着人工智能领域的高速发展，越来越多的深度学习技术和神经网络模型被应用到科学研究与工业场景之中，推动了自然语言处理与计算机视觉等研究领域的快速发展。与传统的神经网络相比，深度学习中的神经网络延续了基本的网络结构，包含输入、输出和隐藏层，同时增加了更多的神经元结构、可调参数，对复杂数据和复杂函数的学习能力极大提升。

在时间序列的处理领域，循环神经网络(Recurrent Neural Network)有着极佳的表现，由循环神经网络所演变出来的各类变体网络结构也在不同场景中发挥作用。LSTM 长短期记忆神经网络(Long Short-term Memory)由于其特殊的门控神经元结构，在学习长期依赖信息方面具有强大的能力，被国内外学者广泛运用在公交车等待时间预测(陈璞，2019)、交通动态预测(Donato Impe-dovo et al.，2019)、电力负荷预测(吴孟林，2019)、犯罪预警(潘仲赢，2019)等领域的时间预测问题之中。因此本研究建立了使用深度学习 LSTM 神经网络对区域人与野生动物冲突数量进行预测的模型，并针对冲突数据的时空特性，提出了改进的空间 LSTM 模型，用于对特定区域内未来一段时期的冲突数量预测，帮助区域合理开展冲突风险预防工作，降低冲突造成的经济损失与精神损失。

7.3.3.1 LSTM 长短期记忆神经网络

LSTM 是基于循环神经网络 RNN 的结构延伸出来的一种门控神经网络，在了解 LSTM 之前需要先了解 RNN 的网络结构和工作原理。

循环神经网络 RNN。顾名思义，是一种具有循环单元结构的神经网络，在深度学习中专门用于序列数据的处理。RNN 的网络结构使得它对历史数据具有记忆性，如图 7.29 所示，左边是 RNN 基本的网络单元结构，右边是 RNN 网络结构的展开计算图。

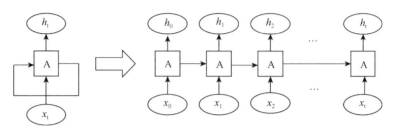

图 7.29　RNN 的循环单元与展开示意图

在图 7.29 中，A 是 RNN 的神经网络单元，x_t 是输入，h_t 是输出。每一个神经网络单元的训练输出值 h_t 会同时作为输入进入到下一个神经网络单元之中，从而影响到 h_{t+1}，也就是说每一个神经单元的训练输出 h_{t+1} 总是会包含历史输出信息。这与时间序列的历史数据对当期数据的链式影响类似，从而使得循环神经网络在时间序列数据处理中拥有了不俗的表现。

在循环神经网络的实际应用中，神经网络 A 中的函数组合可以看作一个矩阵 W^T 的乘法，由于其结构的特殊性，多次循环类似在进行幂次矩阵乘法。可以设想，在标量中，多次乘一个相同的权重 w，最终 w^t 将根据 w 的原始大小趋向于 0 或趋向于无穷大，从而导致了梯度爆炸或梯度消失的问题，使得循环神经网络遭遇了长期依赖问题的挑战。

举个例子来说明长期依赖挑战，在图 7.30 所示的网络结构中，第 $t+2$ 个神经单元的输出与第 t 个神经网络单元的输出有关，此时第 $t+2$ 个神经元与第 t 个神经元之间只相差 1 个神经元，因此 W^T 的两次幂乘不会导致第 t 个神经元中的信息消失，最后输出的 h_{t+2} 将包含与 h_t 有关的信息，即成功利用了序列滞后两期的 x_t 中的数据特征。但是如果 h_{t+2} 存在较远时期的信息依赖，比如与 x_0 和 x_1 相关，他们的神经单元位置相距较远，h_{t+2} 将无法有效地通过循环神经单元学习与 x_0 和 x_1 相关的信息特征，这将使得模型对具有长期依赖关系的时间序列数据预测能力下降，无法应对数据的长期依赖挑战。

为了应对长期依赖问题，门控循环神经网络被提出，其中的 LSTM 长短期记忆(Long Short-term Memory)是应对效果最好的一种网络结构。

LSTM 与 GRU。长短期记忆神经网络 LSTM 作为循环神经网络的一种，同样拥有由重复的神经元模块循环所组成的链式结构，不同的是，为了避免出现梯度消失或者梯度爆炸，神经元内部对单元的更新状态使用门控限制，从而使得网络可以长时间地积累信息，并且在信息已被使用或冗余时选择遗忘。

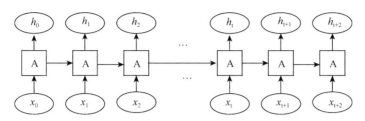

图 7.30　RNN 长期挑战依赖示意图

LSTM 的神经元结构如图 7.31，每个神经单元内部的主要模块如图 7.32 所示。

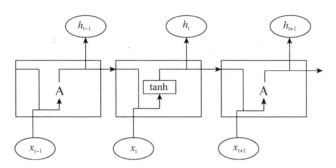

图 7.31　LSTM 神经元结构示意图

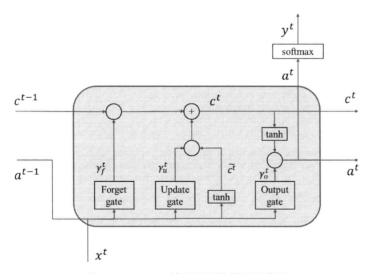

图 7.32　LSTM 神经元结构详细示意图

记忆细胞：c^{t-1} 与 c^t 是 LSTM 单元中的记忆细胞，单元最上方记忆细胞 $c^{t-1} \to c^t$ 的箭头直线表示记忆信息在各层网络中的贯穿和延续。

遗忘门（forget gate）：遗忘门是处理和决定是否要从记忆细胞中丢弃某些信息的门控结构，遗忘门接收来自输入 x^t 和上一个隐藏层的输出 a^{t-1}，并对他们进行加权计算处理，使其得到一个 0 或 1 的值，来决定被传入的信息已经被遗忘还是被保留，通常采用 sigmod 非线性函数进行处理，遗忘门的计算公式为：

$$\gamma_f^t = \sigma \left(W_f [a^{t-1}, \ x^t] + b_f \right) \tag{7-37}$$

更新门（update gate）：更新门控制何种信息应该被存入记忆细胞之中，与遗忘门相同，更新门同接收来自输入 x^t 和上一个隐藏层的输出 a^{t-1}，与此同时，LSTM 还需要计算记忆细胞的候选值 $\widetilde{c^t}$，其计算公式分别如下：

$$\gamma_u^t = \sigma \left(W_u [a^{t-1}, \ x^t] + b_u \right) \tag{7-38}$$

$$\widetilde{c^t} = \tanh \left(W_c [a^{t-1}, \ x^t] + b_c \right) \tag{7-39}$$

LSTM 结合遗忘门、更新门、上一层记忆细胞值和当前记忆细胞候选值，共同决定和更新当前细胞的状态：

$$c^t = \gamma_f^t ? \ c^{t-1} + \gamma_u^t \cdot \widetilde{c^t} \tag{7-40}$$

输出门（output gate）：LSTM 细胞提供了单独的输出门，可以选择对该细胞的输出进行传递或关闭。输出门的计算方法为：

$$\gamma_o^t = \sigma \left(W_o [a^{t-1}, \ x^t] + b_o \right) \tag{7-41}$$

$$a^t = \gamma_o^t \cdot \tanh \left(c^t \right) \tag{7-42}$$

以上即为 LSTM 细胞的内部结构和计算方法，复杂的结构使得 LSTM 网络比简单的循环神经网络更有利于学习长期依赖，也使得 LSTM 非常适用于人与野生动物区域冲突数量时间序列预测问题。

门控神经单元（Gated Recurrent Unit，GRU）同样针对 RNN 中的梯度消失问题被提出，与 LSTM 同属门控神经网络，可以被视为 LSTM 的一种变体。为了更好地捕捉时间序列中距离较远的长期依赖关系，在 GRU 中主要有重置门（reset gate）和更新门（update gate）这两个门控结构，其中重置门用于决定前面的长期记忆信息如何与新的输入信息进行结合，更新门决定了当前时间步将保存前面多少记忆信息量。当重置门设置为 1 而更新门为 0 时，GRU 就变成了标准的循环神经网络 RNN。

7.3.3.2 算法设计

单个区域冲突数量时间序列预测。特定单个区域的冲突数量预测 LSTM 模型的主要数据为该区域内产生的冲突事件数量序列，同时可添加冲突损失量序列数据，以实现对数量更精确的预测。

时间序列的预测有两种形式：一是单点预测，第 $K+1$ 期的预测运用到前 K 期的真实数据，第 $K+2$ 期的预测运用到前 $K+1$ 期的真实数据；另一种是长期预测，第 $K+1$ 期的预测结果被添加进序列中，与前 K 期真实数据一起进入第 $K+2$ 期的预测模型。通常来说，单点预测的形式预测效果更佳，因为随着长期预测的原始序列中被加入越来越多的预测数据，原始时间序列的信息占比将减少，模型学习到的真实序列特征也减少，对未来更远时期数据的预测能力逐步下降，预测的误差将逐步增大。因此本研究选择单点预测的形式结合 LSTM 模型展开区域冲突数量预测。

作为神经网络的一种，冲突预测 LSTM 同样具有输入层、隐藏层和输出层，输入层是经过预处理之后可以被神经元识别的、可以快速收敛的区域人与野生动物冲突数据集；隐藏层中将给出算法的收敛和优化方式，给出避免欠拟合和过拟合的神经元结构，是决定模型效果的关键；输出层将根据隐藏层训练得出的结果，结合激活函数和对处理后数据的还原，给出预测结果。

本研究选择深度学习回归问题中最常用的损失函数之一 MSE 均方误差作为模型的损失函数，对训练集预测效果的衡量沿用时间序列预测效果评估中的 MSE 和 MAPE 指标。

神经网络的结构包含一个输入层、一个输出层和一个隐藏层，隐藏层的神经元个数将根据训练过程中的损失表现进行调整。隐藏层的 LSTM 内部激励函数为 tanh 函数，采用 Adam 一阶优化算法。Adam 算法是可用于替代随机梯度下降的优化算法，相比随机梯度下降收敛速度更快，计算更高效。

由于冲突事件时间序列、样本体量较小，为防止模型出现过拟合现象，即模型在训练过程中过度学习训练集的数据特征，而在测试集上的预测效果下降，导致泛化性能不佳的现象，在实验过程中需要根据训练集与测试集损失的变化，选择添加随机失活的神经元比例 dropout 参数，或者添加正则项。

输出层的激活函数选择上，tanh 函数与 Relu 函数将被分别尝试，由于 LSTM 的神经元激活函数中不含有 Rule 函数，因此隐藏层的激活函数主要为 tanh。

综上所述，单个区域内人与野生动物冲突数量预测的时间序列 LSTM 模型搭建流程如下：首先，预处理后的区域内冲突事件时间序列数据进行归一化，使得数据转化至特定区间，便于模型识别和算法收敛；其次，搭建 LSTM 长短期记忆神经网络，选取 MSE 损失函数，Adam 优化算法，根据损失表现，采用网格搜索算法确定每层神经元个数、Dropout 比例等参数，输入含有冲突数量、冲突损失量的多维时间序列数据开始训练；再次，设定迭代次数上限，根据结果的误差反向逆传播调整模型直到完成迭代；最后，使用最终模型进行归一化时间序列预测，并放大到原始数据比例，计算预测结果与真实值的 MSE 和 MAPE 以评价预测效果。

改进的空间 LSTM 算法。本研究在传统的 LSTM 模型的基础上，针对冲突的空间相关特性，提出了改进的空间 LSTM 模型。在传统 LSTM 模型中的训练和预测中，算法仅考虑单个区域内的历史冲突情况，而冲突现状分析发现，区域间冲突事件的发生存在高度的空间相关性，同时由于野生动物对栖息地环境通常存在特定要求，野生动物种群分布也会在空间上呈现一定集中性，因此冲突事件会在一定范围的区域内集中发生，其中相邻区域的冲突情况之间存在强相关性。因此本研究在传统 LSTM 的基础上，将冲突的空间相关性考虑进 LSTM 模型中，结合该区域内的冲突情况与相邻区域的冲突情况，对该区域未来的冲突数量展开预测，由此提出了改进的空间 LSTM 算法。

考虑研究对象网格区域 g 的冲突事件的发生，与其周围 q 层网格区域的冲突事件具有空间相关性，那相关区域的个数 N 为：

$$N = (2q + 1)^2 - 1 \tag{7-43}$$

 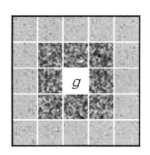

图 7.33　区域冲突的空间相关性示意图

当 $q=1$ 时，区域 g 中的冲突情况与其周围 8 个区域的冲突情况相关；当 $q=2$ 时，区域 g 中的冲突情况与其周围 24 个区域的冲突情况相关，如图 7.33 所示。

在建立冲突预测的 LSTM 模型时，可以将周围区域的冲突数量和冲突损失量时间序列数据与区域 g 的冲突情况共同作为输入，区域 g 的冲突事件数量作为输出，从而使得模型可以学习冲突的空间相关性数据信息。在 $q=1$ 时，将 9 个区域的冲突事件数量和冲突损失量数据作为输入，输入维度为 18 维时间序列，设置 LSTM 的隐藏层数为 1 时，输入的神经网络结构示意图如 7.34 所示，其中 g1 到 g8 表示区域 g 周围的其他 8 个网格区域，示意图表示使用前

5 期的 9 个网格区域冲突数据来预测下一期网格区域 g 的冲突数量。

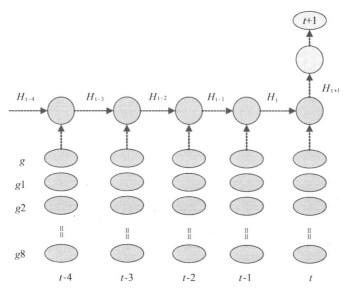

图 7.34 空间 LSTM 算法实现原理示意图

对比算法设计。为了在比较中验证区域冲突数量预测的 LSTM 算法和改进空间 LSTM 算法的实用性和预测有效性，本研究计划建立以下两个深度学习神经网络模型作为对比算法：

（1）RNN 循环神经网络模型。传统的 RNN 循环网络可以用于不具有长期依赖的时间序列的预测问题，因此本研究将 RNN 作为一个基础神经网络模型，用于和其他神经网络的预测结果进行对比，同时验证冲突数量这一时间序列数据是否具有长期依赖性。本研究的实验论证是循序渐进式的，循环神经网络模型是序列处理中的基础模型，在这一基础上发展出来应用于不同数据和场景下的神经网络结构，因此首先进行传统 RNN 的实验。关于 RNN 的模型原理和实现过程在前述 7.3.3 节中已给出详细的介绍，在 RNN 实验中，神经网络的隐藏层单元为 sampleRNN 单元，其他参数根据训练中的模型损失表现进行调整。

（2）GRU 门控神经网络模型。门控神经网络结构是针对 RNN 梯度爆炸和梯度消失问题所提出的一种网络结构，能在一定程度上应对序列的长期依赖挑战，因此选择使用 GRU 神经网络进行冲突数量预测问题的尝试。门控神经网络提出了传统 RNN 中所不具备的门控结构，使得 RNN 在解决长期依赖问题上的能力有了巨大提升，这一实验将对冲突数量序列中是否存在长期依赖给出初步验证。在 GRU 实验中，神经网络隐藏层选用的单元类型为 GRU，隐藏层层数、神经元个数等参数根据实验表现确定。

7.3.3.3　算法实现

实验环境。表 7.12 给出了神经网络算法实现所采用的实验环境。

表 7.12　实验环境

项　目	版　本
操作系统	Windows10 操作系统
硬件设施	8G(RAM)、i7(CPU)
开发语言	Python3.6.4
开发平台	Pycharm
深度学习库	Keras2.3.1

本研究所采用的 Keras 深度学习框架是一个高层的神经网络 API，基于 Python 语言编写形成，使用 TensorFlow、CNTK 和 Theano 作为后端，是一个可以快速实现深度学习实验的深度学习框架，支持部署在 Linux 和 Windows 两种操作系统。Keras 的设计原则为用户友好 、模块化、易扩展，这些特性可以帮助实验者快速将关于模型的想法实现为模型结果。

实验数据。时间序列的期数过少容易导致神经网络模型的过拟合，更长的时间序列将帮助神经网络在训练中学习更多的信息，从而提升预测效果，因此本实验中所采用的数据为空间网格划分 20×20，时间划分间隔为 1 天的数据集。对于序列中的缺失值和异常值，使用前 5 期平均数进行插补。将序列前 80% 的数据划分为训练集，后 20% 的数据作为测试集用以评估模型效果。

为加快模型训练和收敛的速度，提升模型的计算效率，数据在进行神经网络模型训练之前，首先需要对其进行归一化处理。本研究采用常见的最大最小值归一法对其进行归一化，使用 O_{max} 和 O_{min} 表示原始时间序列中的最大值和最小值，y_{max} 和 y_{min} 表示数据经过归一化处理之后的最大值和最小值，将时间序列的数值缩放到 [0，1] 区间，缩放方法为：

$$O_i^* = (y_{max} - y_{min}) \times \frac{O_i - O_{min}}{O_{max} - O_{min}} + y_{min} \tag{7-44}$$

超参数设置。影响神经网络模型的关键超参数主要有滑动时间窗口步长（Window_size）、训练批尺寸（Batch_size）、训练迭代次数（Epoch）和隐藏层节点数（Neurons）。①Window_size：滑动时间窗口的长度，在一个时间窗口中，窗口的最后一个值是模型的输出，窗口的其他数据被作为输入进入到神经网络模型中，这一参数决定了使用多少个历史冲突数量值去对未来的冲突数量进行预测，这个参数将对模型的预测能力产生巨大影响。当 window_size

等于 4 时，模型在使用过去时刻的 y_t，y_{t-1}，y_{t-2} 这三个值去预测 $t+1$ 时刻的数据值 y_{t+1}；②Batch_ size：训练的批尺寸，表示每次训练中进入模型的样本数量，影响模型的收敛速度和优化程度，适当地增加 batch_ size 可以提高处理器的内存利用率，增加梯度下降的方向准确度；③Epoch：训练迭代的最大次数，一次迭代过程表示一次遍历训练集中的全部样本的过程。在神经网络中，参数权重在每次迭代后更新，实现逐步梯度下降。当 epoch 次数过低时，参数的更新次数较少，可能导致模型收敛程度不够而使得泛化性能不佳，出现欠拟合现象；④Neurons：隐藏层节点的数量决定了在网络的隐藏层中有多少个神经单元。设置隐藏层节点个数需要满足隐藏层的节点数量必须小于训练样本的数量，同时神经网络的连接权数也应小于训练样本的数量。

由于以上超参数的组合同时对神经网络模型的训练和预测产生影响，为了找到最佳的超参数组合，本节继续采用网格搜索算法，给定每个参数的取值范围，对所有的参数组合进行枚举并尝试建模，得到对应的评价指标 MSE 和 MAPE，从中选取评价指标最优的超参数组合作为模型最终参数。每个参数的取值区间如表 7.13。

表 7.13 神经网络超参数取值区间

超参数	测试区间	搜索步长	取值个数
时间窗口长度	[10, 60]	10	6
迭代次数	[5, 40]	5	8
批尺寸	[10, 80]	10	8
隐藏层神经元个数	[40, 400]	40	10

分别对四个神经网络模型进行超参数的网格搜索尝试，每个模型需要进行试验 3840 次（10×8×8×6）。

7.3.3.4 预测效果评估

使用最小均方误差 MSE 和平均绝对百分比误差 MAPE 作为评价指标，四个神经网络模型的最优超参数取值和预测效果评估如表 7.14。

表 7.14 各模型最优超参数取值及评价指标

指　标	SampleRNN	GRU	LSTM	空间 LSTM
时间窗口长度	30	40	40	50
迭代次数	15	20	10	30
批尺寸	50	60	40	40
隐藏层神经元个数	320	320	200	360
均方误差	1.583	1.419	1.415	1.223
平均绝对百分比误差	31.72%	29.18%	28.51%	26.32%

从时间序列预测的两大评估指标来看，表 7.14 中从左到右的模型均方误差 MSE 和平均绝对百分比误差 MAPE 呈现减小的趋势，整体而言四个模型的预测精度比较接近，其中空间 LSTM 模型在测试集上取得了最佳的预测效果。简单的循环神经网络结构 RNN 在四个模型中均方误差和平均绝对百分比误差都最高，在测试集上，反归一化之前的数据预测均方误差为 1.583，反归一化后的平均绝对误差百分比 MAPE 为 31.72%；门控神经单元 GRU 与普通 LSTM 的结果非常接近，均方误差都在 1.41 左右，MAPE 分别为 29.18% 和 28.51%，这表明在这一数据集上，神经网络的预测误差是逐步收敛于相似的；空间 LSTM 模型在区域冲突数量预测上取得了最优的预测效果，均方误差 1.223，MAPE 仅为 26.32%；空间 LSTM 相较普通的 LSTM，均方误差降低了 0.192，预测误差 MAPE 降低了 1.19 个百分点，这表明对于人与野生动物冲突数量预测问题的空间相关特性，本研究所提出的改进的空间 LSTM 算法是有效的。

为了比较 ARIMA 模型和 LSTM 模型在区域冲突数量预测问题上的优劣，同时对网格划分维度 20×20、时间划分间隔 1 天的冲突数据进行 ARIMA 模型的区域冲突数量预测尝试。两个模型在同一数据集上的预测效果评估指标见表 7.15。

表 7.15　ARIMA 与 LSTM 预测效果评估对比

评估指标	ARIMA	LSTM
均方误差	3.847	1.415
平均绝对百分比误差	32.14%	28.51%
运行时间	18.3 秒	32.3 秒

从模型的 MSE 和 MAPE 两个评价指标可以看出，在同一组实验数据上，LSTM 的均方误差相较 ARIMA 降低了 2.432，平均绝对百分比误差降低了 3.63%。但是由于 LSTM 复杂度远远高于 ARIMA 模型，LSTM 需要更长的时间来训练模型和预测结果，同时也需要花费更长的时间来获取最佳参数。

比较两个模型在测试集上的预测效果示意图如 7.35 和 7.36，其中实线代表实际的冲突事件数，虚线代表实际每期冲突事件数，阴影区域表示预测的置信区间。可以发现 ARIMA 对峰值的预测能力较低，其预测值通常在两期冲突数量实际值中间范围波动，总体来看波动趋势与实际值基本贴合，但当前预测值与当期实际值呈现一定的滞后特征，预测值的波动变化会晚于实际值波动；而 LSTM 对峰值有着更佳的预测效果，LSTM 的预测值曲线不仅与实际值的波动趋势基本贴合，在峰值附近相较 ARIMA 取得了更加接近的预测值，滞后趋势有所改善。比较 ARIMA 和 LSTM 的预测值曲线，可以看到 LSTM 预测的冲突数量值波动趋势更明显，而 ARIMA 的整体趋势更趋向于平缓。观察预测效果图可知，在这一数据集上，LSTM 预测冲突数量预测算法比 ARIMA 模型的表现更佳。

将 LSTM 的实验结果与上一节 ARIMA 模型的实验结果结合看待，可以发现，在适当的时间和空间划分方式之下，自动参数优化的 ARIMA 模型平均绝对误差百分比 MAPE 可以达到 20% 以下，最低仅有 13.6%，而由于 LSTM 以及 RNN、GRU 这些神经网络对数据量和数据质量的高要求，他们不太适用于期数较少、序列较短的分割方法，MAPE 不能达到 ARIMA 的最高水平。

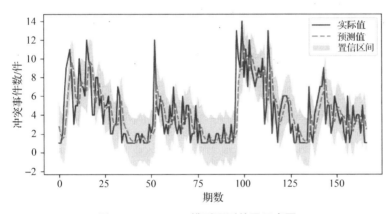

图 7. 35 ARIMA 模型预测效果示意图

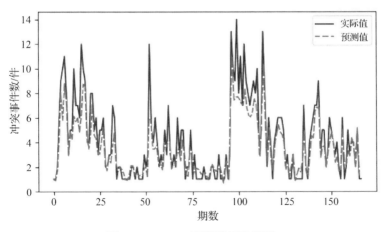

图 7. 36 LSTM 预测效果示意图

从时间成本来看，训练 LSTM 的参数需要设定四个更大的超参数网格搜索空间，数千次的训练和实验，同时每个实验均耗费了超过 ARIMA 模型的时间，导致训练合适的 LSTM 参数需花费相当大的时间成本。结合精度和效率这两个指标来看，自动参数优化的 ARIMA 模型更适合当前数据背景下的北京市人与野生动物冲突热点的实际应用。

7.4 本章小结

本章主要开展了三个方面的工作，一是基于 $Xgboost$ 的冲突热点预测算法设计，其关键在于如何将热点预测问题转化为分类问题，主要包含数据处理、特征选取、模型建立等过程，共有七个步骤；二是北京市人与野生动物冲突热点算法的实现；三是针对区域冲突数量预测问题，分别基于 ARIMA 模型和 LSTM 神经网络设计了预测算法，并使用 Python 语言分别实现了两个算法。

本实验中的数据空间划分维度为 30×30，时间划分间隔为 5 天一期，实验结果显示：①在滞后期数步长选取的枚举实验中，最佳滞后期数步长为 5，区域在未来 5 天内是否冲突热点，主要受该区域前 30 天内冲突情况的影响；②北京市冲突热点预测实验显示，$Xgboost$ 算法五折交叉验证的平均准确率为 85.5%，热点区域预测平均精确率为 90.6%，这一预测精度满足现实应用需求；③在 $Xgboost$ 与其他四大分类算法的对比过程中，综合考虑二分类算法的各项评估指标，$Xgboost$ 在测试集上的预测效果综合表现最优，达到了对查全能力和查准能力的最佳兼顾，平均 $F1-Score$ 为 0.851，AUC 值为 0.864，对比实验确定了使用 $Xgboost$ 作为算法设计主模型的可行性、优越性和适用性；④在热点预测的实际应用中，如果需要高效快速地进行训练和预测，且愿意为查准而牺牲一些查全能力，逻辑回归同样是优秀的模型选择，其平均预测精确率为 91.3%。

在基于 ARIMA 模型的区域冲突数量预测算法中，本研究提出并实现了使用网格搜索算法结合 BIC 准则的自动参数优化方法。实验结果显示：①自动参数优化的 ARIMA 模型省略了人工识别模型和定参的过程，提升了区域冲突数量预测的效率；②自动参数优化的 ARIMA 模型在不同划分方式下的冲突数量预测实验中，平均绝对百分比误差 MAPE 均低于 30%，预测效果良好；③北京市的区域冲突数量预测问题，最佳划分方式为时间间隔 3 天，空间网格 30×30，此时 MAPE 低至 13.6%。

在基于 LSTM 的区域冲突数量预测算法中，本研究采用 SimpleRNN 和 GRU 两种神经网络结构作为对比，并基于冲突数据的空间相关特性，提出了区域冲突数量预测的空间 LSTM 算法。因为神经网络模型需要数据量较大的时间序列，在这一实验中选择的数据划分方式为时间间隔 1 天，空间网格划分 20×20，分别使用网格搜索获取四个神经网络模型的最佳参数，实验结果显示：①空间 LSTM 算法在四种神经网络中有着最低的平均绝对百分比误差 MAPE，最低达到 26.32%，相比普通的 LSTM 降低了 1.19%；②在同一组时间序列数据上，LSTM 的预测效果优于 ARIMA 模型，平均绝对百分比误差 MAPE 降低了 3.63%，均方误差 MSE 降低了 2.432。

结合看待 ARIMA 和 LSTM 的实验结果，由于深度学习对训练数据量和数据质量有着更高的要求，在北京市的区域冲突数量预测实验中，LSTM 难以达到在合适时空划分方式下的 ARIMA 的预测精度，同时 LSTM 训练参数和预测应用将耗费巨大的时间成本，因此，综合考虑精度和效率两个因素，自动参数优化的 ARIMA 模型更适合北京市人与野生动物冲突预测风险的实际应用。

8 经济、生物多重影响层次下的系统动力模型

随着科技的发展，人类对于全球生态系统的影响日益增大。即使生态学方面的谨慎活动能够弥补人类行为对环境的负面影响，人类也不可抗拒技术引发的自然环境的变化（Natali Hritonenko and Yuri Yatsenko，2011）。随着人们对野生动物栖息地的日渐侵蚀，造成越来越多的野生动物处于濒危状态，这引起国际社会的广泛关注。野生动物种群数量以及分布扩散变化的研究已经从传统上单纯的生物学、生态学意义上的变动，转向综合考虑多方面影响因素的综合性研究。

从生态学角度看，野生动物的种群数量变化与其他一般生物的种群变化的含义相似，反映的是野生动物种群数量在时间上和空间上的变化规律（李博，2000）。对于种群数量及影响种群数量和分布变化的因素开展研究，对于野生动物资源的生物多样性保护，生态平衡及合理利用等方面都具有重要的理论与应用价值（孙儒泳，2002）。目前，对于种群数量变化的研究已经形成了一系列的研究成果，而且已经从单物种过渡到多物种相互作用的种群数量变化的研究。比如竞争型种群增长模型 Lotka-Volterra 方程，共生性增长模型等（Jorgensen and Bendoricchio，2008）。与此同时，过去几十年里，关于时间、空间如何影响生态系统的研究取得了很大进展。这些进展表明从干扰、迁移和拓展等隐性空间方面发展到局部定性、土壤等对依赖于此的资源、种群和各种过程的显性影响（克拉克，2013）。这些研究表明，人类不断侵占野生动物栖息地或者加强在野生动物栖息地的活动，已经严重干扰到野生动物种群的发展，也不可避免地带来了人与野生动物的冲突。

亚洲象在中国主要生活在西双版纳的热带雨林地区，因此天然或天然次生林是其主要的适生栖息地。但自 20 世纪 50 年代以来，云南西双版纳地区长期开展的以种植橡胶林为主的产业发展已经使得大片热带雨林原始林和次生林转化为经济林地。西双版纳大面积的橡胶种植对热带森林资源、生物多样性、气候、水源等生态环境的影响，已引起国内外众多人士的关注（周宗，2006）。截至 2009 年，中国、老挝、缅甸、泰国、柬埔寨和越南等国有超过50 万公顷的山地转为橡胶林地。此外，永久性农业用地、次生林和临时性农田也纷纷转化为橡胶林（FAO，2010）。橡胶林扩张及其带来的土地利用变化

过程会影响地区的能源、水和碳通量，从而对生态系统造成负面影响（Li，2007；HU，2008；Ziegler，2009；Li，2012）。

亚洲象种群发展及造成冲突的主要类型和形成路径主要包括两方面：一是对栖息地面积的影响；二是对亚洲象种群数量的影响。这两方面的影响最终都加剧人与亚洲象之间的冲突。因此，对于这两方面人类干扰的影响路径分析是构建影响程度模型的基础。越来越多的研究更加重视人与自然的关系，使得更多的研究人员关注经济-生态系统的交互作用。在更加广泛的基础上讨论自然环境与人类行为的和谐关系，那就是把人类治理生产过程与自然生态过程结合起来，把开发自然过程看作是技术过程，形成经济-生态控制系统。具体过程有测量（监测）、建模和控制，这三个部分互相支持，不可分割。在这三者中测量是基础，建模是形成决策的关键，决策是结果（Natali Hritonenko and Yuri Yatsenko，2011）。如何量化考虑社会经济活动对亚洲象种群发展的影响，并在这些影响下分析亚洲象活动及扩散与社会经济活动的冲突程度，探索其变化规律性，不仅有助于亚洲象的保护，而且有助于采取更加科学合理的政策，避免亚洲象对人们生产生活带来的负面影响，促进人象的和谐共处。

8.1 研究方法与数据来源

8.1.1 研究方法

在非线性变化的单物种种群的动态模型——Verhulst-Pearl 模型基础上，考虑各种外生和内生要素的联合影响以及种群变化的滞后性等，构建野生动物种群数量变化的动态均衡模型。对于野生动物种群分布的变化，运用随机扩散模型，结合种群生长变化，建立结合种群生长和扩散的综合模型。通过调查获得的实际数据，结合野生动物管理和生态学专家对于一些典型野生动物生态学和行为学的研究成果，提取模型的相关技术参数，然后纳入人类生产生活活动，采取野生动物保护与管理措施等外在影响变化，建立野生动物典型物种的种群数量变化和分布扩散模型。

8.1.1.1 Verhulst-Pearl 模型

该模型的基础形式：

$$\frac{\mathrm{d}N(t)}{\mathrm{d}t} = \mu N(t)\left(1 - \frac{N(t)}{U}\right) \tag{8-1}$$

式中：$N(t)$——t 时刻某一野生动物种群数量；

μ——某一野生动物种群增长率；

　　U——野生动物种群的最大承载量。

　　如果某一种野生动物具有自我调节能力，在种群增长一段时间以后可以进行调整，则模型可以进行修正为：

$$\frac{\mathrm{d}N(t)}{\mathrm{d}t} = \mu N(t)\left(1 - \frac{N(t)}{U} - \int_0^t f(t-\tau)N(\tau)\,\mathrm{d}\tau\right) \tag{8-2}$$

　　在上述基础模型的基础上，进一步考虑外生变化对种群变化的影响，也就形成了相关的约束条件，在不同的约束条件下，可以建立相应的野生动物种群数量的动态均衡模型。

8.1.1.2　经济–环境控制综合模型

　　人类对生态系统的负面干扰影响归纳为类似于环境污染造成的影响进行对经济系统与生态系统耦合的控制模型，用于模拟核算环境对人类的影响，即环境对人类社会的效用。具体模型如下：

　　目标函数：$g(C, Z)$可以看做是对消费品 C 和负面干扰影响量 Z 的函数。其常用形式：

$$g(C(t), Z(t)) = c_1 C(t)^\alpha - c_2 Z(t)^\beta,\ 0 < \alpha < 1,\ \beta > 1 \tag{8-3}$$

在某一个阶段的目标就是实现 $g(C, Z)$ 最大化。即：

$$\mathrm{Max}I(s_1, s_2) = \mathrm{Max}\int_{t_0}^{T} \mathrm{e}^{-qt} g(C(t), Z(t))\,\mathrm{d}t \tag{8-4}$$

约束条件：

（1）生产函数：

$$Q(t) = A(t)F(K(t), L(t)) \tag{8-5}$$

（2）产出分配函数：

$$Q(t) = C(t) + S(t) + E(t) \tag{8-6}$$

$$S(t) = s_1 Q(t) \tag{8-7}$$

$$E(t) = s_2 Q(t) \tag{8-8}$$

（3）资本增长函数：

$$\frac{\mathrm{d}K}{\mathrm{d}t} = s_1 Q(t) - \mu K(t) \tag{8-9}$$

（4）劳动力增长函数：

$$\frac{\mathrm{d}L}{\mathrm{d}t} = \eta L(t) \tag{8-10}$$

（5）人类对生态系统影响的变动函数–线性：

$$\frac{\mathrm{d}Z}{\mathrm{d}t} = (\varepsilon - \delta s_2)Q(t) - \gamma Z(t) \tag{8-11}$$

（6）人类对生态系统影响的变动函数-非线性：

$$\frac{\mathrm{d}Z}{\mathrm{d}t} = (\varepsilon - \delta s_2) Q(t) - \gamma G(t) Z(t)^{\alpha}, \ 0 < \alpha < 1 \qquad (8\text{-}12)$$

式中：

Q——某区域总产量；

C——总产量中用于消费品量；

S——总产量中生产累积量（总投资量）；

L——劳动力数量；

K——资本量（固定资产量）；

s_1——投资率；

s_2——总产出 Q 中用于环境恢复支出 E 的比例

$$0 \leqslant s_1, \ s_2 \leqslant 1; \ s_1 + s_2 \leqslant 1;$$

Z——负面干扰影响总量；

E——总产量中用于消除负面影响的产量；

ε——总产量中负面干扰影响的部分，$0 < \varepsilon < 1$；

δ——一个单位 E 减少 δ 个单位的负面影响，$\delta > 1$；

γ——环境自我净化导致的负面干扰恢复比例，$\gamma > 0$；

q——折现率。

8.1.2　数据来源

本研究关于亚洲象的数据资料主要来源于两方面：一方面是间接数据，主要是野生动物生态学及管理学研究的成果，包括具体典型物种种群变化的基本技术参数、种群之间相互影响的可能程度等。还有野生动物保护管理部门的数据资料，包括野生动物活动范围、造成危害的情况等；另一方面的数据源于直接调查数据。通过对野生动物栖息地周边基地居民，相关保护机构及巡护人员等进行调查与访谈获取的数据资料。

西双版纳的社会经济发展数据主要来源于州统计局的社会经济统计年鉴和统计公报。在模型中利用这些基本数据按照模型的数据要求进行调整，调整的具体依据是实地调查获得的相关系数。亚洲象保护的投入，亚洲象利用的产值等数据来源于对地方林业主管部门的实地调查。

关于人类干扰的具体影响数据来源于有关生态学等方面的研究成果以及实地调查中获得的地方林业产业发展的相关统计报表和总结报告。

关于模型中的有关技术参数主要来源于有关研究成果和实地调查中的从相关管理部门和具体业务人员的估算。

8.2 理论模型：人为干扰影响下亚洲象种群发展与冲突

8.2.1 人为干扰影响的理论框架分析

人类活动对亚洲象种群发展的干扰路径以及造成的负面影响可以从以下两方面进行逻辑分析：

一是人类活动侵占了亚洲象的栖息地。从以往的监测与研究来看，亚洲象活动区域主要在已经划定的保护区，同时不同保护区块之间的迁徙基本上是属于集体林地。以往的集体林地大多处于未经营状态，基本上形成了原始次生林、疏林地或荒地状态，这些区域同样适宜亚洲象的生存。在食物短缺的季节，亚洲象也会进入到村庄农田获取食物，但总体而言，亚洲象的栖息地面积比较广阔。近年来，随着社会经济发展，特别是集体林改以后，越来越多的农户及村镇开始种植橡胶林。橡胶林以纯林为主，林内树木密集，缺乏灌草等亚洲象的食物，这就使得不断扩大的橡胶林不仅减少了亚洲象的活动范围，而且减少了亚洲象的食物供给，造成亚洲象的栖息地面积减少，从而加剧了亚洲象到村庄农耕区获取食物的频次，增加了人象接触的次数和风险。

二是对亚洲象种群数量的影响。在全球范围内亚洲象种群数量日渐减少的趋势下，世界各国加强了对象的保护。我国为了保护亚洲象，划定保护区，加强巡护，严防盗猎，建立亚洲象食物基地等，这些保护措施使得亚洲象种群数量有了一定程度的增加，同时加上与我国相邻的缅甸、老挝、泰国等国家亚洲象栖息地面积与质量的下降，也使得一些亚洲象常年活动在我国境内，这就造成我国亚洲象整体数量及活动时间都有了较大幅度的增加。亚洲象种群数量的增加必然需要更大面积的活动区域，以获得食物与活动空间。因此保护区外的集体林地、农耕区等就会更多地出现亚洲象。亚洲象危害经济林、农田的活动范围、频次和程度均有较大幅度增加，人与象的冲突加剧。

上述人类活动带来人象冲突加剧的变化路径及相互关系见图 8.1。

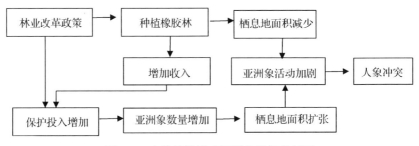

图 8.1 人类干扰影响亚洲象逻辑关系图

无论是政府保护亚洲象还是种植橡胶林发展经济都需要对地方发展的投入与产出进行综合平衡，寻求在保护亚洲象的基础上，实现区域社会经济的快速发展。下面以亚洲象及种植橡胶林为主要目标来分析政府的投入产出收益。政府的投入主要包括：一是保护亚洲象资金投入；二是划定保护区及潜在保护区，减少发展空间与机遇；三是为保护亚洲象限制保护区及周边地区产业发展。政府所获得产出包括：一是亚洲象种群数量增加，栖息地生态系统恢复与优化的效益；二是利用亚洲象开展旅游及相关活动的收益。由此可得地方政府的成本收益构成如下：

总收益=地方 GDP(除亚洲象相关产业以外)+亚洲象种群增长及栖息地改善的价值+亚洲象带来的关联产业增加值；

总成本=地方政府亚洲象保护及危害预防控制成本+危害损失+限制产业发展的机会成本；

净收益=总收益−总成本。

8.2.2 亚洲象种群发展与危害的生态经济理论模型

基于上述地方政府在亚洲象保护与发展过程中的成本收益分析，形成亚洲象种群发展与冲突的生态经济均衡的理论模型。具体模型构成如下：

第 t 年总收益函数：

$$\mathrm{TE}(t) = Q_{\mathrm{GDP}}(t) + N_{el}(t)\, q_{el}(t) + Q_{\mathrm{egdp}}(t) \tag{8-13}$$

第 t 年总成本函数：

$$\mathrm{TC}(t) = Y_{el}(N_{el}(t)) + G(N_{el}(t)) + J(t) \tag{8-14}$$

第 t 年净收益函数：

$$\pi(t) = \mathrm{TE}(t) - \mathrm{TC}(t)$$

其目标就是在各项平衡作用下要实现在某一个时期 T 年内的净收益总和最大化。因此其目标函数为：

$$\mathrm{Max}\,\pi = \mathrm{Max}\int_{t_0}^{T} \mathrm{e}^{-rt}\pi(t)\,dt = \mathrm{Max}\int_{t_0}^{T} \mathrm{e}^{-rt}[\mathrm{TE}(t) - \mathrm{TC}(t)]\,dt \tag{8-15}$$

也就是：

$$\mathrm{Max}\int_{t_0}^{T} \mathrm{e}^{-rt}[Q_{\mathrm{GDP}}(t) + N_{el}(t)\, q_{el}(t) + Q_{\mathrm{egdp}}(t) - Y_{el}(N_{el}(t)) - G(N_{el}(t)) - J(t)]\,dt$$

$$\tag{8-16}$$

下面具体分析相应的约束条件。首先是亚洲象种群增长与变化问题。鉴于我国亚洲象总体数量较小，仍处于濒危状态，其种群增长过程仍旧是濒危状态的恢复过程，因此亚洲象种群数量变化模型选择初始扩张型模型。亚洲象的种群扩散活动主要受到栖息环境影响，而目前亚洲象栖息地面积有限，这就使得亚洲象扩散进程缓慢。与此同时，正是由于栖息地与人类活动交错存在，使得栖息地周边的人类活动对于亚洲象种群数量具有较大负面影响。其影响的主要形式为栖息地（包括潜在栖息地）的萎缩。由此确定亚洲象种群增长模型为：

$$\frac{dN(t)}{dt} = \mu N(t)\left(1 - \frac{N(t)}{U(t)}\right) \tag{8-17}$$

式中：$N(t)$——t 时刻亚洲象种群数量；

μ——亚洲象种群增长率；

$U(t)$——区域内亚洲象栖息地的最大承载量。

其次是关于区域生产函数问题。从经济增长的角度看，鉴于整个中国经济已经处于从高速转向中速，全面向经济均衡点靠近的情况，本研究中对于西双版纳地区社会经济发展依然按照满足生产函数的四项约束条件的索洛模型进行，以 C-D 函数模拟。因此建立的生产函数如下：

$$Q_{GDP}(t) = A(t)F(K(t), L(t)) = A(t)K(t)^\tau L(t)^\nu \tag{8-18}$$

式中：$Q_{GDP}(t)$——西双版纳第 t 年 GDP；

$L(t)$——西双版纳第 t 年从业人数；

$K(t)$——西双版纳第 t 年固定资产投资额；

τ，ν——资本和劳动力的产出弹性系数，$0<\tau<1$ $0<\nu<1$。

与生产函数相关的整个经济增长的构成函数还包括产出分配函数，资本增长函数和劳动力增长函数。产出分配函数主要是对总产量进行分配，传统上产出主要分配为消费和投资，考虑到本研究中人类对亚洲象的干扰以及亚洲象保护，应该分配一部分产出进行亚洲象保护及抗击负面影响，这部分用 $E(t)$ 表示。那么整个产出就分为三部分，消费、投资和亚洲象保护抗负面干扰的消耗。则产出分配函数调整为：

$$Q_{GDP}(t) = C(t) + S(t) + E(t) \tag{8-19}$$

式中：$Q_{GDP}(t)$——第 t 年西双版纳地区 GDP；

$C(t)$——总产出中第 t 年的消费量；

$S(t)$——总产出中第 t 年的投资量；

$E(t)$——西双版纳地区第 t 年亚洲象保护、危害的预防控制及补偿费用。

其中，总投资量与总产出呈正比例，s_1 是投资率，则有：

$$S(t) = s_1 Q_{GDP}(t) \tag{8-20}$$

亚洲象保护、危害的预防控制及补偿费用 $E(t)$ 与总产出也呈现线性关系，

设 s_2 表示抗干扰影响而消耗总产出的比率。则有：

$$E(t) = s_2 Q_{GDP}(t) \tag{8-21}$$

另外，按照 Solow 经济增长模型的构成，资本增长函数为：

$$\frac{\mathrm{d}K(t)}{\mathrm{d}t} = s_1 Q_{GDP}(t) - \mu K(t) \tag{8-22}$$

式中：μ——损耗率。

劳动力的增长函数为：

$$\frac{\mathrm{d}L(t)}{\mathrm{d}t} = \eta L(t) \tag{8-23}$$

式中：η——劳动力的相对变化率。

关于人类活动对亚洲象种群数量与发展的影响问题。从前述理论框架分析来看，目前主要是西双版纳地区大量扩展种植橡胶林，影响到亚洲象实际的栖息地面积和食物来源。在本研究中初步确定用橡胶林面积的变化作为人类对亚洲象种群发展的影响因素，初步确定橡胶林面积的数量及增量变化直接改变亚洲象的栖息地面积，进而影响环境承载量 $U(t)$，因此负面干扰量 $Z(t)$ 采用橡胶林面积。E 表示对于亚洲象而言，为了让其按照自然增长率发展而投入的亚洲象保护、危害的预防控制及补偿费用，这部分是由经济总量中分配的；ε 表示经济总量中，橡胶林所带来的产值的占比；δ 表示对亚洲象保护及危害预防控制和补偿的投入所减少的橡胶林扩张带来的负面影响率；γ 表示亚洲象自身适应栖息地变化而减少橡胶林扩张影响的比例。如果采用非线性变动函数来表示西双版纳地区橡胶林扩张对于亚洲象种群发展的影响，进而对于经济系统的影响变动，其具体形式如下：

$$\frac{\mathrm{d}Z}{\mathrm{d}t} = (\varepsilon(t) - \delta s_2) Q(t) - \gamma g Z(t)^\alpha \tag{8-24}$$

式中：$Z(t)$——西双版纳地区第 t 年橡胶林面积；

$E(t)$——西双版纳地区第 t 年亚洲象保护、危害的预防控制及补偿费用；

$\varepsilon(t)$——橡胶林所带来的产值的占比，$0 < \varepsilon(t) < 1$；

δ——对亚洲象保护及危害预防控制和补偿的投入所减少的橡胶林扩张带来的负面影响率，$0 < \delta < 1$；

γ——亚洲象自身适应栖息地变化而减少橡胶林扩张影响的比例，$0 < \gamma < 1$；

g——橡胶林变动影响的系数，$0 < g < 1$；

α——橡胶林影响的扩张乘数，$0 < \alpha < 1$。

关于亚洲象保护投入、预防控制及补偿费用 E，在一般条件下，这些费用支出与亚洲象的数量关系密切。亚洲象保护、预防控制经费与亚洲象数量的关系可以是线性关系，但是亚洲象数量变化所带来的损失变动会有加速的趋势，因此可以采用指数模型拟合。设定亚洲象保护投入、预防控制的变动函数为：

$$Y_{el}(N_{el}(t)) = Y_0 + s_3 N_{el}(t) \tag{8-25}$$

造成损失额的变动函数为：

$$G(N_{el}(t)) = s_4 \exp(N_{el}(t)) \tag{8-26}$$

关于整个亚洲象保护及危害所造成的机会成本的测算问题。测算亚洲象保护及危害对区域社会经济发展影响的机会成本，这与保护政策对不同产业的影响程度，不同行业对土地、生态保护政策的要求差异性等诸多因素相关，需要进行详细的调查，才能够进行比较精细的估算。在本研究中，暂时以亚洲象保护地面积的土地纯收益作为因保护亚洲象而造成的产业发展的机会成本。所以可设定函数为：

$$J(t) = J_0 + s_5 M(t) \tag{8-27}$$

式中：$J(t)$——第 t 年亚洲象保护所带来的社会经济发展的机会成本；

$M(t)$——第 t 年亚洲象保护区的面积；

J_0，s_5——常系数，$J_0 \geqslant 0$，$0 < s_5 < 1$。

基于上述分析，可以得到亚洲象种群发展与危害的生态经济理论模型体系。具体构成如下：

目标函数：

$$\text{Max} \int_{t_0}^{T} e^{-rt} \left[Q_{\text{GDP}}(t) + N_{el}(t) q_{el}(t) + Q_{egdp}(t) - Y_{el}(N_{el}(t)) - G(N_{el}(t)) - J(t) \right] \mathrm{d}t \tag{8-28}$$

约束条件：

$$\frac{\mathrm{d}N(t)}{\mathrm{d}t} = \mu N(t) \left(1 - \frac{N(t)}{U(t)} \right)$$

$$Q_{\text{GDP}}(t) = A(t) F(K(t), L(t)) = A(t) K(t)^{\tau} L(t)^{\nu}$$

$$Q_{\text{GDP}}(t) = C(t) + S(t) + E(t)$$

$$S(t) = s_1 Q_{\text{GDP}}(t)$$

$$E(t) = s_2 Q_{\text{GDP}}(t)$$

$$\frac{\mathrm{d}K(t)}{\mathrm{d}t} = s_1 Q_{\text{GDP}}(t) - \mu K(t)$$

$$\frac{\mathrm{d}L(t)}{\mathrm{d}t} = \eta L(t)$$

$$\frac{\mathrm{d}Z}{\mathrm{d}t} = (\varepsilon(t) - \delta s_2) Q(t) - \gamma g Z(t)^\alpha$$

$$Y_{el}(N_{el}(t)) = Y_0 + s_3 N_{el}(t)$$

$$G(N_{el}(t)) = s_4 \exp(N_{el}(t))$$

$$J(t) = J_0 + s_5 M(t)$$

下面进一步讨论控制变量和状态变量。在上述模型中，进行人为控制的变量主要是 s_1 和 s_2。其中 s_1 是投资率，s_2 代表在总产出 Q 中由于亚洲象保护及危害控制、补偿的投入的占比。控制变量 s_1 和 s_2 的约束条件为：

$$0 \leqslant s_1, \ s_2 \leqslant 1 \tag{8-29}$$

$$s_1 + s_2 \leqslant 1 \tag{8-30}$$

8.2.3 理论模型结果分析

基于上述模型对区域社会经济发展影响下亚洲象种群发展的优化问题进行分析。根据最大值原理，优化控制模型求解方法，构建汉密尔顿函数，利用伴随方程可得区域社会经济发展影响下的亚洲象种群发展的生态经济模型及最优控制变量和最优状态变量。从控制变量的角度看，通过模型分析表明，在 $Q(t)$，$Z(t)$，$K(t)$ 和 $N(t)$ 这些变量达到某些稳态值以后，整个模型存在两个均衡点，也就是说可以实现两条路径的均衡。

均衡点 1：(s_1^*, s_2^*)，$0 < s_1^* < 1$，$0 < s_2^* < 1$。均衡点 1 表明存在一组控制变量能够实现有效的平衡，即将总产出的投资部分分配在合理范围内，实现保证亚洲象种群接近最大承载力的状态下，区域经济发展与亚洲象保护的有效均衡。这是我们需要达到的目标，因此也把这个均衡称为"黄金时代"。在实现这一目标的路径上，各类约束条件都会起到作用，加速或者延缓达到均衡的时间，影响幅度的大小也有较大差别，这也是优化控制管理的关键内容。

均衡点 2：(s_1^{**}, s_2^{**})，$0 < s_1^{**} < 1$，$s_2^{**} = 0$。均衡点 2 表明如果负面影响过大，必然造成无论如何投入，都无法减缓负面影响，亚洲象在本地区的减少与消失成为不可逆的必然结果。这是控制管理不希望达到的结果，也是作为区域发展与亚洲象保护协调发展的决策者们极力避免出现的局面。这一均衡是一种负面均衡，也称为"黑暗时代"。在这一均衡状态下，由于分配给消费的总产出 C^{**} 远大于第一种均衡状态下的消费的总产出 C^*，人类干扰活动的负面影响程度 Z^{**} 也远大于第一种均衡状态下的负面影响程度 Z^*，区域内生态环境随着亚洲象的消失，生态的稳定性日渐减弱，最终也会影响到经济继续发展的稳定性和潜力发挥。

8.3 应用研究

8.3.1 基础数据及整理

亚洲象因数量稀少在1997年被国际自然保护联盟(IUCN)列为濒危物种, 被濒危野生动植物种国家贸易公约(CITES)列入附录Ⅰ, 也是我国首批国家一级保护动物。从其数量及分布来看, 近年来我国亚洲象数量大约在200~300头, 主要分布于云南省的西双版纳、普洱和临沧三个州市, 其中以西双版纳地区为主。关于亚洲象数量的相关数据主要来源于有关学者及政府的调查报告(云南省动物研究所第一研究室兽类组, 1976; 徐永椿, 1987; 杨德华, 1987; 吴金亮, 1999; 李永杰, 1998; 云南省林业厅, 2001; 许自富, 2004; 陈明勇, 2006, 2010; 张立, 2006; 潘清华, 2007; 靳莉, 2008; 李剑文, 2009)。基于上述文献数据以及对区间数据、缺失年份数据利用插补等方法确定代入模型后的亚洲象种群数量, 对种群数量分别考虑调查数量 $N(t)$, 加上盗猎死亡数量后的数量进行种群增长模型的拟合。另外考虑到盗猎活动以及亚洲象致损会带来当地村寨居民的驱赶活动, 也会带来这一区域亚洲象数量的变化。本研究中结合亚洲象造成损失的量的大小确定亚洲象驱赶损失率(由于驱赶造成亚洲象离开中国的栖息地)为1%~5%。

地区社会经济发展的数据主要来源于西双版纳州统计局发布的西双版纳傣族自治州年度国民经济和社会发展统计公报, 西双版纳州第二次和第三次全国经济普查, 第二次全国农业普查的相关数据, 进行整合和插补调整。对于亚洲象保护、预防控制及补偿等方面的数据资料主要来源于西双版纳州林业局, 西双版纳国家级自然保护区的统计报表和调查结果。模型中有关常数系数主要是通过调查获取数据, 对该地区实地调查和专家咨询后进行的估计。

8.3.2 模型拟合结果

对上述数据处理后, 预设无干扰条件下亚洲象种群数量变化拟合模型如下:

$$N(t) = \frac{450}{1 + e^{-0.0216t}} \qquad R^2 = 0.7252 \qquad (8\text{-}31)$$

如果考虑到干扰情况得到的亚洲象种群变化拟合模型为:

$$N(t) = 212.77e^{0.0193t} \qquad R^2 = 0.7131 \qquad (8\text{-}32)$$

结合西双版纳州社会经济统计数据, 按照生产函数的假设条件进行调整后, 形成的数据按照C-D函数进行回归分析, 得到拟合的回归方程为:

$$\ln Q_{\text{GDP}}(t) = 0.3202 + 0.2830\ln K(t) + 0.5527\ln L(t) \qquad R^2 = 0.9906$$

$$(8-33)$$

$$(3.0493)\ (3.5587)\quad (5.7399)$$

由此形成的生产函数拟合模型如下：

$$Q_{\text{GDP}}(t) = 1.3774K(t)^{0.2830}L(t)^{0.5527} \tag{8-34}$$

根据西双版纳地区劳动从业人员情况，拟合劳动力变动函数如下：

$$\ln L(t) = 3.9821 + 0.0162t \qquad R^2 = 0.9706 \tag{8-35}$$

$$(617.3489)\ (19.9312)$$

由此形成的劳动力变动函数拟合模型为：

$$L(t) = 53.6295e^{0.0162t} \tag{8-36}$$

亚洲象造成损失额的变动函数拟合为：

$$G(N_{el}(t)) = 30.867e^{0.0163N_{el}(t)} \tag{8-37}$$

关于人工干扰影响的选定变量橡胶林面积变化的函数拟合问题。结合西双版纳橡胶林种植面积，年产干胶的数量和产值以及对于以往研究中关于橡胶林种植对亚洲象的影响程度等相关数据确定模型参数。确定对亚洲象保护及危害预防控制和补偿的投入所减少的橡胶林扩张带来的负面影响率 $\delta = 0.5$，亚洲象自身适应栖息地变化而减少橡胶林扩张影响的比例 $\gamma = 0.1$。虽然按照一般环境污染和净化的规律而言，比较精确的环境净化的适应性变化应当是非线性的，但是目前还难以确定橡胶林扩张变化以后，亚洲象的自我适应性变化的非线性轨迹，因此在应用研究中人类干扰的影响程度采用线性模型进行拟合。由此可确定控制变量 s_1 和 s_2 的具体值见表8.1。

表8.1　控制变量 s_1 和 s_2 的拟合值一览表

年份	2004	2005	2006	2007	2008	2009	2010	2011	2012	2013	2014	2015	2016
s_2	0.2891	0.2431	0.2050	0.1734	0.1719	0.1444	0.1291	0.1071	0.0888	0.0711	0.0666	0.0617	0.0621
s_1	0.4379	0.4808	0.5228	0.5559	0.5439	0.5560	0.5566	0.5858	0.6051	0.6196	0.6224	0.6288	0.6199
s_1+s_2	0.7270	0.7239	0.7278	0.7293	0.7158	0.7004	0.6857	0.6929	0.6939	0.6906	0.6890	0.6905	0.6820

8.3.3　模型结果分析

在应用研究中，为了验证整个理论模型的可行性，对于一些参数进行了简化处理，但是应用研究的结果依然具有较强的指导作用。对上述拟合结果进行分析如下：

首先，以橡胶林种植积扩张为主要因素的人类干扰活动对于亚洲象种群发展确实产生了较大影响。拟合发现，在橡胶林快速扩张期间，亚洲象种

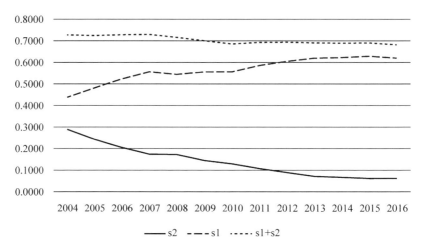

图 8.2 控制变量 s_1 和 s_2 的变化趋势图

群数量增长模型受到了一定程度影响，内禀增长率略有下降。在无干扰影响下亚洲象以 0.0216 的种群增长率实现增长，而人类的活动干扰使得种群增长率降低到 0.0193。从种群增长模型来看，无论人类如何投入保护措施，西双版纳地区亚洲象增长的极限是 450 头。

其次，亚洲象造成的损失呈现快速增长趋势，这反映了人象冲突在加剧。从目前亚洲象造成损失的变化曲线来看，呈现了指数增长态势。整个增长模型已经进入到加速阶段。

第三，从亚洲象保护以及综合效益最大化的角度看，在橡胶林种植面积扩张的影响下，亚洲象保护形势十分严峻。按照设定的人工干扰影响下亚洲象种群发展的生态经济模型的理论分析看，控制变量投资率 s_1 和亚洲象抗干扰保护率 s_2 这两个变量的变化呈现出一增一减的态势。特别是 s_2 的下降幅度很大，已经从 2004 年的 0.2891 下降到 0.0621（图 8.2）。整体变化趋势有从均衡点 1（黄金时代）向均衡点 2（黑暗时代）发展的趋势。

8.4 本章小结

以橡胶林扩张为主要影响因素对亚洲象种群发展以及人象冲突的发展趋势进行了比较系统全面的分析。分析结果不仅解释了当前人象冲突变化的内在影响因素，而且也一定程度上测度了人类活动对于亚洲象种群变化影响的程度以及未来发展趋势，这对于亚洲象的保护与发展具有重要的现实指导意义。

9 野生动物冲突利益相关方的界定与识别

9.1 野生动物冲突利益相关方的界定

野生动物冲突管理的过程涉及众多利益相关方，他们与野生动物冲突存在着不同程度的利益关联。运用利益相关方理论，将野生动物冲突的利益相关方定义为在野生动物冲突过程中主动或被动承担着各项成本或享用着各项效益，进行人、财、物等投入的个体或组织，其影响所在地的生物多样性和经济发展水平。简单来说，就是对野生动物冲突管理有着重要影响及受到野生动物冲突管理影响的利益主体。

野生动物冲突利益相关方在野生动物冲突过程中投入了各类资源，包括人力、财力、物力等，或承担着不同程度的成本，同时他们在野生动物冲突管理过程中享受着不同的效益水平，利益关联的紧密程度取决于其投入成本和享受效益的大小。利益相关方要么影响野生动物冲突事件有效管理目标的实现，要么受到野生动物冲突事件的影响，既包括主动性的关联，也包括被动性的关联。基于野生动物冲突利益相关方的基本定义及关联特征，结合国家相关的法律规定，可以从直接影响利益实现和潜在影响利益实现两个角度对野生动物冲突利益相关方进行初步分析。

9.1.1 从直接影响利益实现角度分析

2018 年修正的《中华人民共和国野生动物保护法》(以下简称《野生动物保护法》)第十九条规定："因保护本法规定保护的野生动物，造成人员伤亡、农作物或者其他财产损失的，由当地人民政府给予补偿。具体办法由省、自治区、直辖市人民政府制定。有关地方人民政府可以推动保险机构开展野生动物致害赔偿保险业务。有关地方人民政府采取预防、控制国家重点保护野生动物造成危害的措施以及实行补偿所需经费，由中央财政按照国家有关规定予以补助。"可以看出野生动物冲突事件将会造成当地群众的人身财产损失，该损失主要由当地的地方人民政府进行补偿，而中央政府将对国家重点保护野生动物预防控制和补偿经费进行适当补助。故从直接影响利益实现角度看，野生动物冲突的利益相关方涉及受害农户、地方政府和中央政府。

9.1.2 从潜在影响利益实现角度分析

除了上述直接影响利益实现者，还有一些利益相关方，虽然不具有直接的利益分配关系，但是会对直接影响利益相关方的利益实现过程产生潜在影响，具体包括：

(1)社会公众。《野生动物保护法》第五条规定国家鼓励公民、法人和其他组织依法通过捐赠、资助、志愿服务等方式参与野生动物保护活动。野生动物冲突的最优管理将会保证野生动物资源的有效保护，野生动物资源具有巨大的生态价值，社会公众作为野生动物生态价值的直接受益者，按照生态补偿理论，理应对野生动物冲突受害者进行补偿。

(2)所在区域村委会。野生动物冲突所在区域的村委会在一定程度上作为地方政府和居民之间谈判的协调者，一方面帮助野生动物冲突受害群众表达利益诉求，一方面协助野生动物冲突管理与保护工作的顺利进行。

(3)野生动物保护组织。野生动物保护组织拥有广泛的群众基础，能广泛宣传野生动物冲突管理法律法规，以及开展野生动物冲突预防控制技术国际合作与交流活动，向国内外各界筹集野生动物保护与冲突管理资金，为中高层政府制定野生动物保护和冲突管理方面的法律法规提供咨询建议。

(4)保险机构。《野生动物保护法》第十九条规定有关地方人民政府可以推动保险机构开展野生动物致害赔偿保险业务，故进行赔付的保险公司也属于野生动物冲突的利益相关方，但由于野生动物致害赔偿保险并不普遍，目前仅云南省推广的较好，故将其纳入了野生动物冲突潜在影响的利益相关方范畴。

(5)野生动物资源利用企业。实现野生动物冲突的最优管理将会保证野生动物资源的有效保护，野生动物资源的有效保护将有助于野生动物资源利用企业的可持续经营，从而增加企业利润。

(6)野生动物资源消费者。野生动物冲突的最优管理将会保证野生动物资源的有效保护，野生动物资源的有效保护不仅能提高生物多样性的生态价值，还能为广大消费者提供不同的野生动物产品和服务以满足其消费需求。

(7)科研机构。科研机构是野生动物冲突预防控制技术研发的主要承担者，其研究成果的运用将有利于缓解野生动物冲突和减少冲突损失成本，促进野生动物资源的保护。《野生动物保护法》第四条规定国家鼓励开展野生动物科学研究，促进人与自然和谐发展。

(8)媒体。《野生动物保护法》第八条规定新闻媒体应当开展野生动物保护法律法规和保护知识的宣传，对违法行为进行舆论监督。广大媒体能有效宣传野生动物冲突管理的重要性，对其进行社会舆论监督，保障各级政府部门对野生动物冲突中的受害群体进行及时有效补偿，并发动社会各界与国内外组织参与到野生动物冲突管理中来。

（9）人类后代。野生动物资源作为可再生资源具有巨大的生态价值、经济价值和社会价值，其应在不同代际间进行合理分配。野生动物冲突的最优管理将会促进野生动物资源的有效保护，从而保证人类后代对野生动物资源各项价值享受的权利。

9.2 野生动物冲突利益相关方的识别

9.2.1 野生动物冲突利益相关方的筛选

采用专家评分法对主要的野生动物冲突利益相关方进行筛选。邀请高等院校、野生动物管理部门、政府部门及科研机构等野生动物研究方面的 32 位专家，向他们提供上述的利益相关方，请他们结合野生动物冲突活动影响的一般情况，选出符合上述定义的利益相关方（打分内容详见附录）。

利益相关方的筛选结果如图 9.1 所示，其中受害农户和地方政府的入选率达到 100%，这两方上入选专家们达成了一致意见，其余依次为中央政府、社会公众、所在区域村委会、野生动物保护组织、保险机构、野生动物资源利用企业、野生动物资源消费者与科研机构，而人类后代与媒体的入选率不高于 10%，经筛选被排除在外。

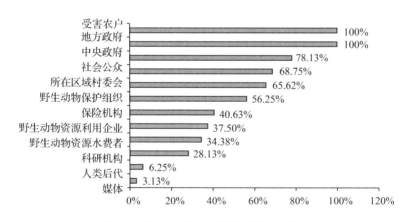

图 9.1　野生动物冲突利益相关方入选率

9.2.2 野生动物冲突利益相关方的评分

针对上述过程筛选出的十类野生动物冲突利益相关方，参照米切尔评分法(Mitchell，1997)，组织同一批专家从权利性、合法性、紧急性三个维度对每一类利益相关方进行评分，最高分为5分，最低为1分。不同群体与野生动物冲突之间的关联度是不同的，4分以上的利益相关方关联性最为密切，3到4分之间的利益相关方关联性较强，3分以下利益相关方关联性较弱(打分内容详见附录)。

9.2.2.1 合法性维度评分结果

32位专家对十类利益相关方的合法性维度打分的统计结果如表9.1所示。

表9.1 利益相关方合法性维度评分统计结果

利益相关方	有效样本	最高分	最低分	平均值
受害农户	32	5	4	4.84
地方政府	32	5	3	4.44
中央政府	32	5	3	4.31
社会公众	32	5	2	4.06
所在区域村委会	32	5	2	3.91
野生动物保护组织	32	5	2	3.41
保险机构	32	5	2	3.69
野生动物资源利用企业	32	4	1	2.88
野生动物资源消费者	32	4	2	2.91
科研机构	32	4	2	3.22

合法性指在特定的社会结构和社会价值等框架下，野生动物冲突中某一利益相关方的行为被期待和被认为适当的程度。由表9.1可知，在合法性分析方面，不同利益相关方差异较大，4分以上的有受害农户、地方政府、中央政府和社会公众，这四类利益相关方的行为和利益诉求拥有较强的法律意义和社会认可度。其中根据《中华人民共和国陆生野生动物保护实施条例》第十条规定因保护国家和地方重点保护野生动物受到损失的，可以向当地人民政府野生动物行政主管部门提出补偿要求，故遭受野生动物冲突的受害农户有按照法律规定向有关部门申请损失补偿的权利；《中华人民共和国野生动物保护法》第十九条规定因保护本法规定保护的野生动物，造成人员伤亡、农作物或者其他财产损失的，由当地人民政府给予补偿，具体办法由省、自治区、直辖市人民政府制定。故地方政府作为野生动物冲突管理的实际执行者，承担了对受害农户进行补偿的责任，并拥有根据当地实际情况出台相应管理办

法的权利；《野生动物保护法》第十九条同时规定有关地方人民政府采取预防、控制国家重点保护野生动物造成危害的措施以及实行补偿所需经费，由中央财政按照国家有关规定予以补助。中央政府作为国家代表，不仅拥有野生动物冲突管理工作的指导监督权和野生动物冲突管理法律的制定权，还承担着财政补助支出责任；《野生动物保护法》第五条规定国家鼓励公民、法人和其他组织依法通过捐赠、资助、志愿服务等方式参与野生动物保护活动，第六条规定任何组织和个人都有权向有关部门和机关举报或者控告违反本法的行为。社会公众作为合法纳税人，按照法律有权参与到野生动物保护冲突管理中。

9.2.2.2 权利性维度评分结果

32 位专家对十类利益相关方的权利性维度打分的统计结果如表 9.2 所示。

表 9.2 利益相关方权利性维度评分统计结果

利益相关方	有效样本	最高分	最低分	平均值
受害农户	32	4	1	3.38
地方政府	32	4	2	3.75
中央政府	32	5	3	4.31
社会公众	32	5	2	4.09
所在区域村委会	32	4	2	3.34
野生动物保护组织	32	4	1	2.88
保险机构	32	5	2	2.84
野生动物资源利用企业	32	4	1	2.81
野生动物资源消费者	32	4	1	2.78
科研机构	32	4	1	2.81

权利性是指在特定社会关系中的野生动物冲突中某一利益相关方执行自己意愿的能力。由表 9.2 可知，在权利性分析方面，4 分以上的有中央政府和社会公众，这两类利益相关方对野生动物冲突有充足的影响力。其中中央政府通过法律、政治、经济等手段影响着野生动物冲突管理活动，作为我国野生动物保护事业的总领导和总指挥者，拥有野生动物冲突管理工作的指导和监督权；社会公众作为合法纳税人，享受着野生动物保护带来的生物多样性价值，野生动物冲突的管理不善会造成生物多样性效益的降低，社会公众有权要求政府作为其利益的代理者解决好野生动物冲突；而受害农户的权利性分值处于 3~4 分之间，主要因为受害农户在野生动物冲突中维护自身权利的能力和力量较弱，往往处于弱势地位，虽然近年野生动物冲突补偿相关法律

法规逐渐完善，但由于种种原因，农户的基本利益还是难以得到保障；地方政府的权利性分值处于 3~4 分，地方政府作为中央政府的代表，是野生动物冲突管理与补偿的实际执行者和承担者，拥有一定的自主权利，但是野生动物冲突严重的地区往往处于经济较为落后的偏远地域，地方财政收入无法承受补偿支出，在野生动物冲突管理过程中也面临人财物力短缺，其行为能力限于客观条件往往较为有限。

9.2.2.3 紧急性维度评分结果

32 位专家对十类利益相关方的紧急性维度打分的统计结果如表 9.3 所示。

表 9.3 利益相关方紧急性维度评分统计结果

利益相关方	有效样本	最高分	最低分	平均值
受害农户	32	5	3	4.69
地方政府	32	5	2	4.31
中央政府	32	5	2	4.03
社会公众	32	5	1	3.22
所在区域村委会	32	5	2	3.72
野生动物保护组织	32	4	1	2.81
保险机构	32	4	1	2.94
野生动物资源利用企业	32	4	1	2.81
野生动物资源消费者	32	4	1	2.53
科研机构	32	4	1	2.75

紧急性是指野生动物冲突中某一利益相关方权利主张的重要性以及其被注意和被采纳的紧迫程度。由表 9.3 可知，紧急性得分在 4 分以上的有受害农户、地方政府和中央政府。受害农户在野生动物冲突过程中的生存权和发展权遭到了不同程度的破坏，其利益诉求十分紧急和重要，若长期基本利益无法得到保障，便会出现仇视野生动物的心理，野生动物保护事业便会出现危机，更严重的情况下将会影响区域社会稳定；地方政府作为中央政府的代理人，作为野生动物冲突管理的实际执行者，若长期在野生动物冲突管理过程中承担着巨大的财政压力，便可能出现野生动物冲突管理不积极不作为的现象，这将严重影响野生动物冲突管理工作的有效执行；中央政府作为野生动物资源的所有者，出于权衡各方利益的需要和从大局出发，其关注地方发展的同时更多考虑野生动物的生态保护工作，在当前生态文明建设的大环境中，其野生动物保护诉求十分重要。

9.3 野生动物冲突利益相关方的类型

9.3.1 野生动物冲突利益相关方类型的划分结果

综合表9.1至表9.3，得到利益相关方三个维度的统计分析结果，如图9.2所示。

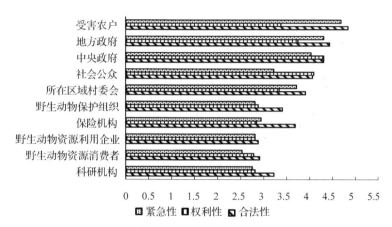

图9.2 野生动物冲突利益相关方三维度均值统计

将图9.2中各利益相关方的统计结果按得分高低分为4~5、3~4、1~3三个区间，然后根据每个利益相关方在相应维度上得分的具体情况对其进行分类。

两个维度及以上得分4以上为核心利益相关方，其与野生动物冲突管理有着密切的利害关系，根据图9.2可以得出野生动物冲突的核心利益相关方有受害农户、地方政府、中央政府和社会公众四方主体。两个维度及以上得分4以下的为非核心利益相关方，具体包括蛰伏型利益相关方和边缘型利益相关方。两个维度及以上得分3~4为蛰伏型利益相关方，其利益诉求一旦没有满足或遭受损害时，可能从蛰伏状态跃升至活跃状态，直接影响野生动物冲突最优管理的实现。根据图9.2可以得出野生动物冲突的蛰伏型利益相关方为所在区域村委会。两个维度及以上得分1~3为边缘型利益相关方，他们往往被动地受野生动物冲突活动的影响，利益相关程度相对较低。野生动物冲突的边缘型利益相关方有保险机构、野生动物保护组织、野生动物资源利用企业、野生动物资源消费者与科研机构，见表9.4。

表 9.4　核心利益相关方和非核心利益相关方分类结果

核心利益相关方	非核心利益相关方	
	蛰伏型利益相关方	边缘型利益相关方
受害农户 地方政府 中央政府 社会公众	所在区域村委会	保险机构 野生动物保护组织 野生动物资源利用企业 野生动物资源消费者 科研机构

通过对利益相关方的筛选和类型的判定，确定受害农户、地方政府、中央政府和社会公众为核心利益相关方。虽然野生动物冲突管理的利益相关者众多，但是最主要的利益相关者是这四类，他们与野生动物冲突的关联最为密切，对野生动物冲突最优管理目标的实现影响力最大。分析清楚这四方利益相关者的成本效益构成，及各方相互间的博弈关系，就基本能解决野生动物冲突管理过程中各方的经济均衡问题。

9.3.2　野生动物冲突核心利益相关方的诉求分析

在野生动物冲突管理整个过程中各利益相关方的利益诉求均为自身利益最大化。但不同利益相关方的利益诉求也不尽相同，可能是追求良好的生态环境、地方的经济发展、稳定的收入和安全的居住环境等。为了有效解决利益相关方之间的冲突，需要深入分析这些利益相关方的利益诉求，采取合理的利益分配措施，更好地发挥各个利益相关方的积极主动性和参与性，倘若其合理利益诉求得不到满足，将会严重影响野生动物冲突最优管理目标的实现。不同的野生动物冲突管理的核心利益相关方的利益诉求是多方面的，且各方对不同方面利益的坚持和重视程度不同，故明晰不同利益相关方尤其是核心利益相关方在野生动物冲突管理过程中的角色及诉求非常重要。

受害农户的利益诉求体现在物质生活和精神生活两方面，具体表现为收入不断提高，生产生活环境更加安全与和谐，生态环境更加优美等，但日益严重的野生动物冲突使其不但遭受直接经济损失，生产生活和发展机会都受到了很大限制，受害农户对美好生活向往的诉求日益强烈。

地方政府代表地方利益，促进地方经济社会发展是其主要职责和任务。野生动物冲突不但给当地带来了严重的直接损失成本，还对其社会的经济发展造成了限制，野生动物冲突严重地区往往是经济较为落后的偏远地区，地方财政紧张，地方政府在履行野生动物冲突管理和补偿的过程中困难重重，由于监管信息不对称和不充分往往使其容易出现监管盲区，从而留下了较大的裁决自由。出于财政压力和维护当地社会经济发展的利益诉求，地方政府可能选择对野生动物冲突进行消极管理。

中央政府代表全体人民的利益即国家利益，国务院出台的所有关于野生动物保护方面的法律法规和政策措施都是从全局和战略高度维护国家利益和保护生态环境的，中央政府作为野生动物资源的所有者，在野生动物冲突管理过程中履行指导监督权，通过法律、政治、经济等手段影响着野生动物冲突管理活动。中央政府面对的是全体国民，其利益诉求更倾向于追求宏观上经济、社会和生态效益最大化。

社会公众在野生动物冲突管理中的利益诉求为保护好野生动物资源，更好地发挥野生动物的生态效益。社会公众是野生动物资源生态效益的主要受益群体，作为国家的合法纳税人，有权要求相关政府处理好野生动物冲突事件和有效保护野生动物资源。同时，社会公众可以作为监督者或者补偿者参与到野生动物冲突管理中，对政府不作为进行举报或参与野生动物保护的爱心捐赠事业中，推进野生动物冲突最优管理。

9.4　本章小结

本章对野生动物冲突涉及的利益相关方进行了界定和识别以及对核心利益相关方的诉求进行了分析。首先，基于野生动物冲突利益相关方的基本定义，从直接和间接影响利益实现的角度界定了其涉及的利益相关方。具体为从直接影响利益实现的角度界定了野生动物冲突的利益相关方涉及受害农户、地方政府和中央政府三方主体；从潜在影响利益实现角度界定了社会公众、所在区域村委会、野生动物保护组织、保险机构、野生动物资源利用企业、野生动物资源消费者、科研机构、媒体、人类后代九大利益相关方。

其次，对野生动物冲突的主要利益相关方进行了识别。通过专家打分法对野生动物冲突主要利益相关方进行筛选，人类后代与媒体由于入选率不高于10%，被排除在外。再运用米切尔评分法对筛选后的利益相关方进行权利性、合法性、紧急性三个维度的评分，根据两个维度及以上得分4以上为核心利益相关方，两个维度及以上得分3~4为蛰伏型利益相关方，两个维度及以上得分1~3为边缘型利益相关方的标准，得出野生动物冲突的核心利益相关方有受害农户、地方政府、中央政府和社会公众四方主体；野生动物冲突的蛰伏型利益相关方为所在区域村委会；野生动物冲突的边缘型利益相关方有保险机构、野生动物保护组织、野生动物资源利用企业、野生动物资源消费者与科研机构五方主体。其中，核心利益相关方与野生动物冲突的关联最

为密切，对野生动物冲突最优管理目标的实现影响力最大

最后，对野生动物冲突四大核心利益相关方的核心诉求进行了分析。受害农户的核心诉求表现在对美好生活的向往；地方政府的核心诉求表现在当地社会经济水平的提高；中央政府的核心诉求表现在维护国家利益和保护生态环境；社会公众的核心诉求表现为保护好野生动物资源，更好地发挥野生动物的生态效益。

10 基于成本效益的野生动物冲突中受害农户满意度影响分析

野生动物冲突对农户的影响最大，能否有效解决冲突或者说冲突解决的方式方法是否有效主要在于受害农户的满意水平。本部分主要对受害农户满意度及成本效益进行调研，测度受害农户对冲突解决的满意度水平，并对影响满意度的关键影响因素和影响程度、具体影响路径进行分析，为进一步开展成本收益的具体构成和测算提供基础。

10.1 数据来源与研究方法

10.1.1 数据来源

本文采用问卷调查法，以云南省白马雪山国家级自然保护区的维西、德钦两县、13个村、230户农户为调查对象。云南省白马雪山国家级自然保护区作为中国面积最大的滇金丝猴国家级保护区，野生动物资源丰富，2002—2007年野生动物冲突造成的经济损失近500万元(任江平，2018)。调查问卷的设置与实施由北京林业大学经济管理学院与中国野生动物保护协会共同筹划，并由地方林业局协助展开，在当地野生动物冲突严重的13个行政村上各随机抽取15~20户，由调查员一对一访谈家庭户主以确保问卷质量。调查问卷于2017年10月发放230份，回收210份，其中剔除缺失值和严重失真问卷后，有效问卷191份，有效率达到90.90%。

10.1.2 研究方法

结构方程模型(Structure equation model，SEM)由测量模型和结构模型组成，测量模型用来描述观测变量与潜变量的关系并评价每个潜变量的可靠性，结构模型是来描述各个潜变量间的一系列关系与检验各条路径的统计显著性。因此结构方程模型是分析个人满意度评价影响因素的较好方法。

测量模型：$\begin{cases} X = \Lambda X\xi + \delta \\ Y = \Lambda Y\eta + \varepsilon \end{cases}$ （10-1）

结构模型：$\eta = B\eta + \Gamma\xi + \zeta$ （10-2）

其中，X、Y分别为外生观测变量与内生观测变量，ξ、η分别为外生潜变量与内生潜变量，ΛX 为 X 在 ξ 上的因子载荷矩阵，Λy 为 Y 在 η 上的因子载荷矩阵，δ、ε 为测量误差。B、Γ 为结构方程路径系数，ζ 为误差项。

10.2 理论假说与变量选择

10.2.1 理论假说

传统的"理性经济人"理论假设决策主体都是自私理性的，追求自身效用最大化，并将"理性"等同于精密计算，即通过成本-效益权衡后进行最优决策（陈春霞，2008）。据此观点，野生动物冲突受害农户会将比较所有的损失成本和补偿效益，进而影响补偿满意度。因此，提出以下假说：

H1：野生动物冲突成本对补偿满意度有负影响；

H2：野生动物冲突补偿效益对补偿满意度有正影响。

个体行为除了受到利益驱使，还受到个体禀赋的影响，使行为主体远达不到"经济人"假设的完全理性程度（Tversky K A，1979）。农户作为实际参与野生动物冲突补偿的行为主体，个体禀赋特征存在明显差异，其对补偿满意度有着显著影响。由于野生动物冲突损害主要集中在农林业上，个体禀赋高的农户一般农林经济依赖度低，对野生动物冲突补偿的关注度较低，满意度较高。

个人禀赋除了对野生动物冲突补偿满意度产生直接影响外，还通过冲突成本和补偿效益对满意度产生间接影响。个人禀赋高的个体，如教育水平高、身体状况好的年轻人往往更能采用有效的预防控制手段，或在遭遇冲突后自我恢复能力强，野生动物冲突成本相对较低；同时，他们能更好参与到非货币补偿的社区发展项目中并从中获益，野生动物补偿总效益较高。总之，个人禀赋能通过降低总成本和增加总效益来影响野生动物冲突补偿满意度。因此，提出以下假说：

H3：个人禀赋对补偿满意度有正影响；

H4：个人禀赋对野生动物冲突成本有负影响；

H5：个人禀赋对野生动物冲突补偿效益有正影响。

10.2.2 变量选择

有研究把野生动物冲突成本分为直接经济损失、间接经济损失和非经济损失三大类，其中间接经济损失主要指撂荒、禁牧、禁猎等带来的生产生活损失，非经济损失主要指受害者的精神损失，而野生动物冲突还会给当地社会经济带来严重的发展机会成本（韦惠兰，2008）。故据此野生动物冲突成本可以分为冲突直接损失成本、生产生活间接成本、心理创伤间接成本和社会经济发展机会成本。而野生动物冲突补偿分为经济补偿和非经济补偿(韦惠兰,2008),有研究认为直接现金补偿能改善当地居民对野生动物的态度并增加其容忍度(周学红,2016)。而在非经济补偿中社区发展项目最为成功(Zhang L and Wang N,2003),故据此野生动物冲突补偿效益可以分为经济补偿直接效益和非经济补偿间接效益。

在个人禀赋特征中,一般来说年龄越小,接受新事物能力越强,更容易接受野生动物保护的理念。另外,教育水平越高接受野生动物保护知识越多,便越会支持野生动物保护事业(Shibia M,2010)。此外,身体健康的农户往往更可能从保护区外的非农就业获取收益,更容易支持野生动物保护事业。故本文选取年龄、受教育程度和身体状况来表征野生动物冲突受害农户的个人禀赋特征。综上所述,问卷共涉及了 11 个观测变量。如表 10.1 所示。问卷测量方法采用分级量表,对其赋值"1~4"或"1~5"以表示被调查者对问题的看法和态度强弱。

表 10.1 受害农户满意度的结构方程变量及测量方法

潜变量	代码	观测变量	测量方法
总成本 (TC)	TC_1	冲突直接损失成本	1=不严重;2=一般;3=严重;4=很严重
	TC_2	生产生活间接成本	1=不严重;2=一般;3=严重;4=很严重
	TC_3	心理创伤间接成本	1=不严重;2=一般;3=严重;4=很严重
	TC_4	社会发展机会成本	1=不严重;2=一般;3=严重;4=很严重
总效益 (TR)	TR_1	经济补偿直接效益	1=很不满意;2=不满意;3=一般;4=满意;5=很满意
	TR_2	非经济补偿间接效益	1=很不满意;2=不满意;3=一般;4=满意;5=很满意
个人禀赋 (PE)	PE_1	年 龄	1=50 岁以上;2=40-50 岁;3=25-40 岁;4=18-25 岁
	PE_2	受教育程度	1=小学;2=初中;3=高中;4=大学
	PE_3	健康状况	1=较差;2=一般;3=良好;4=健康
补偿满意度 (CS)	CS_1	政府补偿满意度	1=很不满意;2=不满意;3=一般;4=满意;5=很满意
	CS_2	保险补偿满意度	1=很不满意;2=不满意;3=一般;4=满意;5=很满意

10.3 模型构建及结果分析

10.3.1 数据正态性检验

数据分析前应对各个观测变量的均值、标准差、偏度和峰度做描述性统计,以确定样本数据是否可以进行结构方程模型分析。统计上一般认为偏度绝对值小于 3,峰度绝对值小于 10 时,数据基本符合正态性分布。如表 10.2

所示，偏度绝对值最大是 2.299（见 PE_2），峰度绝对值最大为 4.985（见 PE_2），故样本数据通过正态性检验，可以进行下一步的计量分析。

表 10.2 观测变量的描述性统计

潜变量	代码	均值	标准差	最小值	最大值	偏度		峰度	
						统计值	标准误	统计值	标准误
总成本（TC）	TC_1	2.042	0.839	1	4	0.407	0.176	-0.490	0.350
	TC_2	2.173	0.844	1	4	0.194	0.176	-0.675	0.350
	TC_3	2.230	0.899	1	4	-0.034	0.176	-1.070	0.350
	TC_4	2.136	0.809	1	4	0.107	0.176	-0.766	0.350
总效益（TR）	TR_1	3.740	0.872	1	5	-0.775	0.176	0.900	0.350
	TR_2	3.630	0.913	1	5	-0.675	0.176	0.108	0.350
个人禀赋（PE）	PE_1	2.513	0.905	1	4	-0.211	0.176	-0.757	0.350
	PE_2	1.351	0.716	1	4	2.299	0.176	4.985	0.350
	PE_3	3.246	0.893	1	4	-0.999	0.176	0.123	0.350
补偿满意度（CS）	CS_1	3.310	0.891	1	5	-0.243	0.176	0.169	0.350
	CS_2	3.370	0.889	1	5	-0.202	0.176	0.340	0.350

10.3.2 因子分析

冲突总成本、总效益、个人禀赋和补偿满意度四个变量是作为潜变量处理，需做因子分析，以确定观测变量是否能全面客观衡量各项潜变量。首先，要用 KMO 和 Bartlett 检验测量数据是否适合做因子分析，如表 10.3 所示，KMO（Kaiser-Meyer-Olkin）测量结果为 0.730，Bartlett 球体检验的卡方检验值为 665.343，且结果显著。两个测量结果表明数据间具有较高的相关性，适宜做因子分析。其次，要用 Cronbach Alpha 系数进行信度检验，判断因子内部结构是否具有一致性和稳定性。Cronbach's Alpha 值在 0.701～0.859，整体 Cronbach's Alpha 值为 0.713，表示各个观测变量指标一致性较强（如表 10.4）。因子分析是对问卷项目用主成分分析法提取特征根值大于 1 的因子，最终判别出衡量效果，如表 10.4 所示各观测变量标准因子载荷系数在 0.691 以上，累计贡献率在 71% 以上，表明所选定的观测变量对潜变量的衡量效果好。

表 10.3　KMO 和 Bartlett 检验

Kaiser-Meyer-Olkin 检验		0.730
Bartlett 球体检验	卡方检验值	665.343
	自由度	55
	显著性水平	0.000

表 10.4　信度与效度分析结果

潜变量	代码	标准因子载荷	累计贡献率	Cronbach's Alpha
总成本 （TC）	TC_1	0.765	26.544	0.859
	TC_2	0.884		
	TC_3	0.844		
	TC_4	0.819		
总效益 （TR）	TR_1	0.748	47.995	0.719
	TR_2	0.691		
个人禀赋 （PE）	PE_1	0.719	61.895	0.701
	PE_2	0.700		
	PE_3	0.694		
补偿满意度 （CS）	CS_1	0.765	71.293	0.761
	CS_2	0.835		

10.3.3　模型拟合及评价

利用 AMOS 22.0 中的极大似然法对未知参数进行估计，依据修正指数（MI）和理论判断，最后确定的结构方程模型路径如图 10.1 所示。

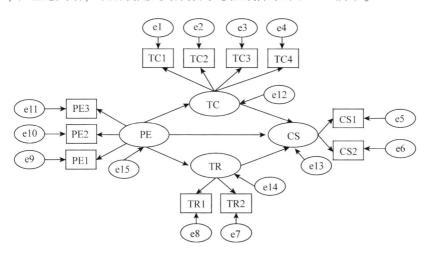

图 10.1　结构方程模型路径

　　模型运行前需对拟合效果进行评价，选取绝对指数、相对指数和简约拟合指数评价模型拟合效果。如表 10.5 所示，相对指数中 RFI 接近标准，其余指标均达到判定标准。综合各类评价指标，模型拟合效果良好。

表 10.5　结构方程模型拟合指标及拟合评价

	统计检验量	说　明		判定标准	拟合值	拟合评价
绝对指数	卡方值与自由度的比值	χ^2/df	$\chi^2/df>0$	2~3 一般，<2 理想	1.896	理想
	近似误差均方根	RMSEA		<0.1 一般；<0.05 较好；<0.01 非常好	0.069	一般
	拟合优度指标	GFI	0<GFI<1	>0.5 接受，越接近 1 越好	0.937	理想
	调整拟合优度指标	AGFI	0<AGFI<1	>0.5 接受，越接近 1 越好	0.893	理想
相对指数	规范拟合指标	NFI	0<NFI<1	0~1，越高越好	0.892	理想
	相对拟合指标	RFI	0<RFI<1	>0.9 接受	0.847	接近
	增值拟合指标	IFI	0<IFI<1	通常>0.9	0.946	理想
	比较拟合指标	CFI	0<CFI<1	通常>0.9	0.944	理想
简约指数	简约规范拟合指标	PNFI	0<PNFI<1	>0.5 接受，越高越好	0.632	接受
	简约比较拟合指标	PCFI	0<PCFI<1	>0.5 接受，越高越好	0.670	接受

　　表 10.6 是图 10.1 所示的所有路径系数估计结果。结构模型中单箭头表示潜变量间的因果关系，测量模型中单箭头表示潜变量对观测变量的负载作用。表 10.7 计算了结构模型中的各类路径大小。

表 10.6　结构方程变量路径系数估计结果

	路径	未标准化路径系数	标准误差	C. R	P	标准化路径系数
结构模型	CS<--TC	-0.231	0.091	-2.550	0.011	-0.209
	CS<--TR	0.672	0.139	4.848	＊＊＊	0.692
	CS<--PE	-0.107	0.188	-0.569	0.569	-0.065
	TC<--PE	-0.403	0.207	-1.946	0.052	-0.269
	TR<--PE	0.486	0.260	1.872	0.061	0.284
测量模型	TC_1<--TC	1.000				0.679
	TC_2<--TC	1.231	0.123	10.014	＊＊＊	0.831
	TC_3<--TC	1.325	0.145	9.153	＊＊＊	0.839
	TC_4<--TC	1.084	0.124	8.719	＊＊＊	0.763
	TR_1<--TR	1.000				0.711
	TR_2<--TR	1.063	0.155	6.842	＊＊＊	0.791

（续）

	路径	未标准化路径系数	标准误差	C.R	P	标准化路径系数
测量模型	PE$_1$<--PE	1.000				0.420
	PE$_2$<--PE	0.831	0.268	3.104	0.002	0.441
	PE$_3$<--PE	1.423	0.497	2.863	0.004	0.606
	CS$_1$<--CS	1.000				0.700
	CS$_2$<--CS	1.285	0.207	6.212	＊＊＊	0.893

注：＊＊＊表示 $P<0.001$。

表 10.7 野生动物冲突补偿满意度的影响因素路径分析

	直接路径	间接路径	总路径
CS<--TC	−0.209	—	−0.209
CS<--TR	0.692	—	0.692
CS<--PE	—	0.253	0.253

10.3.4 结果分析

从表 10.6 测量模型的参数显著性估计看，个人禀赋的观测变量在 1% 的显著水平上通过检验，其余观测变量均在 0.1% 的显著水平上通过检验，表明潜变量与观测变量之间的因子载荷系数估计具有统计学意义。

10.3.4.1 野生动物冲突总成本对补偿满意度的影响分析

冲突总成本对野生动物冲突补偿满意度的路径系数为 −0.209，通过 5% 的显著性检验，假说 H1 得到验证。各类冲突成本对野生动物冲突补偿满意度的影响程度大小为：心理创伤间接成本（0.839）＞生产生活损失间接成本（0.831）＞社会经济发展机会成本（0.763）＞冲突直接损失成本（0.679）。随着人们对美好生活的向往，相较于直接经济损失成本，野生动物冲突间接成本和机会成本在野生动物冲突补偿满意度中影响更大，受害农户对冲突补偿的要求逐渐从基本经济损失转变为生产生活水平的恢复和提高上，农户希望减少野生动物冲突的发生，从而减少对其的心理负面影响和日常生产生活间接影响。

10.3.4.2 野生动物冲突补偿总效益对补偿满意度的影响分析

补偿总效益对野生动物冲突补偿满意度的路径系数为 0.692，通过 0.1% 的显著性检验，假说 H2 得到验证。补偿效益对野生动物冲突补偿满意度的影响程度大小为：非经济补偿间接效益（0.791）＞经济补偿直接效益（0.711）。研究表明当前野生动物冲突补偿中优惠政策、技术补偿和社区共管模式等非货币补偿措施比传统的现金补偿更有助于满意度水平的提高，非货币补偿措施往往是从当地社区长远发展的角度考虑，以提高当地经济社会发展水平为目标，具有事前补偿的特征，而传统的现金补偿则是在野生动物冲突发生后，被动地对部分经济损失进行补偿，且无法涵盖间接成本和机会成本。

10.3.4.3　个人禀赋对野生动物冲突补偿满意度的影响分析

由于个人禀赋对野生动物冲突补偿满意度的直接影响没有通过显著性检验，但个人禀赋通过冲突总成本和补偿总效益对野生动物冲突补偿满意度产生间接影响，并通过了显著性检验，路径系数大小为0.253（如表10.7），假说H3得到验证。个人禀赋特征对野生动物冲突补偿满意度的影响程度大小为：健康状况（0.606）>教育水平（0.441）>年龄大小（0.420）。原因可能在于健康状况好、教育水平高的农户往往抵御野生动物冲突以及参与非货币补偿项目的能力更强，便能通过野生动物冲突成本和补偿效益的中介变量提高野生动物冲突补偿满意度水平。

个人禀赋对冲突总成本和补偿总效益影响的路径系数为-0.269和0.284，均通过了10%的显著性检验，假说H4和H5得到验证。原因可能在于个人禀赋高的农户野生动物冲突预防控制技术和灾后生产生活恢复能力强，从而降低野生动物冲突总成本。另外，个人禀赋高的农户能更好地参与非货币补偿项目，进而增加野生动物补偿的总效益。

10.4　本章小结

本研究从行为经济学视角构建野生动物冲突补偿满意度的成本效益影响因素理论分析框架，运用结构方程模型识别显著影响因素及具体影响路径和程度，得出：

一是冲突成本对受害农户野生动物冲突补偿满意度有显著负影响，路径系数为-0.209，其中心理创伤间接成本对野生动物冲突补偿满意度影响最大，路径系数为0.839。

二是补偿效益对受害农户野生动物冲突补偿满意度有显著正影响，路径系数为0.692，其中补偿间接效益的影响最大，路径系数为0.791。

三是个人禀赋对受害农户野生动物冲突补偿满意度的直接影响不显著，但通过冲突成本和补偿效益的间接影响显著，路径系数为0.253，其中健康状况的影响最大，路径系数为0.606。

四是在受害农户野生动物冲突补偿满意度三大因素的影响程度上，补偿总效益>个人禀赋>冲突总成本。据此应大力推广野生动物冲突预防控制技术来降低冲突总成本，特别是心理创伤间接成本；推广多种补偿方式，如发展社区项目来提高野生动物补偿总效益；完善当地的医疗保险和养老保险，提高教育水平。

11 野生动物冲突各方成本收益分析

本章选取人象冲突对其进行实证研究，以期探索与论证该评价指标体系和核算方法体系的科学性与适用性，以及为下文中各方博弈均衡模型的实证研究奠定数据基础。

11.1 研究区域的选取依据

由于社会关注度高、危害性严重等原因，人象冲突在我国当前野生动物冲突中具有较强的代表性。随着社会经济的发展、人口的不断增加、亚洲象栖息地丧失与破碎化以及食物源不断减少，亚洲象不得不走出保护区，来到田边地头采食农作物。近些年，人象冲突越演越烈，主要表现为农作物及经济林木受损、人员伤亡、房屋等生产生活设施损毁、家禽家畜被袭等方面。而亚洲象由于数量稀少早在 1997 年就被国际自然保护联盟（IUCN）列为濒危物种（EN），并列入濒危野生动植物种国际贸易公约（CITES）附录 I，同时也是我国首批的国家一级重点保护野生动物。亚洲象保护工作对我国生态文明建设和生态安全维持意义重大。目前亚洲象在我国仅分布在云南省的西双版纳州、普洱市和临沧市三地，约 300 头，其中西双版纳自然保护区的亚洲象数量占 85% 以上（李纯、曹大藩，2019）。

西双版纳州位于云南省南部，地处北回归线以南，与老挝、缅甸接壤，地理位置优越、生物气候多样、地貌形态丰富，使其成为我国珍稀动植物资源的集萃地。我国亚洲象主要分布在西双版纳国家级保护区内及其周边地区，保护区由勐养、勐仑、勐腊、尚勇和曼稿五个子保护区组成，总面积为 24.25 万公顷，占全州面积的 12.68%，其以保护热带森林生态系统和珍稀野生动植物及其栖息地为主要目标，是我国野生亚洲象最主要的栖息地。境内地势北高南低，以山地为主，海拔在 475～2429 米，亚洲象主要栖息在海拔 1000 米以下的热带雨林、季雨林及林间沟谷地区，以竹笋、野芭蕉、嫩叶等为食，食量大。在种群数量及分布上，亚洲象仅分布在勐养、尚勇和勐腊三个互不相邻的子保护区内，勐养 130～140 头，勐腊 32～48 头，尚勇 60～70 头，占全国亚洲象总量的 85%～90%（李俊松、陈颖、飘优等，2017）。据相关资料统计，1991—2016 年，人象冲突共造成了 3.27 亿元的直接经济损失，致 53 人死亡，299 人受伤(李纯、曹大藩，2019)。

综上所述，本研究选取云南省西双版纳国家级自然保护区及其周边地区作为研究区域，主要有以下几点原因：

(1)当前人象冲突的危害及社会关注度高——现实问题的需要。由于我国亚洲象属于国家一级重点保护野生动物，其珍稀濒危的特性使其社会关注度高，且作为亚洲体型最大的陆生哺乳动物，亚洲象在人象冲突中对人类的财产和人身安全威胁极大。由于我国亚洲象 85%以上分布在西双版纳国家级自然保护区，区内人象冲突严重，故选择该研究区域具有很强的代表性。

(2)人象冲突成为当前亚洲象保护最为棘手的现实问题——生态保护的需要。随着我国生态建设日渐推进，人与自然、人与野生动物和谐相处的需求也愈发强烈，西双版纳国家级自然保护区以保护热带森林生态系统和野生动植物资源及其栖息地为主要目标，是我国亚洲象最主要的栖息地，其保护效果的高低将决定着全球亚洲象分布区是否会继续向南迁移，在我国甚至世界具有重要的生态战略地位，故选择西双版纳自然保护区作为研究区域具有很强的生态学意义。

(3)西双版纳人象冲突在生态学领域研究成果丰富——数据获得的可行性高。据相关资料统计，1991—2016 年，亚洲象肇事损失 3.27 亿元，致 53 人死亡，299 人受伤，同时 2009 年西双版纳首次引入亚洲象公众责任商业保险。近年来已有众多生态学专家对西双版纳亚洲象种群数量和分布变化、生境选择、食性变化等方面开展了众多卓有成效的研究(王巧燕等，2018；文世荣、周建国、李金荣等，2018；李俊松、陈颖、飘优等，2017)，为本研究提供了相关基础数据。

(4)我国人象冲突主要集中在边疆少数民族偏远地区——民生问题的需要。西双版纳国家级自然保护区内居住着以傣族为主的，哈尼族、拉祜族、布朗族、彝族、基诺族、汉族等 14 个民族，在社会经济欠发达的情况下，还承担着沉重的生态保护发展机会成本，近年随着人象冲突日益激烈，当地少数民族同胞不仅生产生活受到严重影响，生命财产安全也受到不小威胁。故选择西双版纳国家级自然保护区作为研究区域，对于民生问题的解决，维护边疆稳定及民族团结意义重大。

11.2　西双版纳人象冲突受害农户成本效益的核算

11.2.1　西双版纳人象冲突受害农户成本的核算

人象冲突不仅会给当地居民带来直接财产损失，同时对其日常生产生活造成了严重影响。由于国家野生动物保护法等相关法律的约束，受害农户往往遭受损失后只能自行忍受，当地居民为我国野生动物保护事业付出了沉重的代价。

11.2.1.1 受害农户直接损失成本的核算

据相关部门统计，2011—2016 年西双版纳州亚洲象肇事年损失金额如表11.1 所示，而补偿金额不及实际损失金额的 23.5%（郭敏，2019）。

表 11.1　2011—2016 年西双版纳州亚洲象肇事年损失及补偿金额

年　份	2011	2012	2013	2014	2015	2016
损失金额（万元）	3675.32	5740.30	5352.94	3978.98	3992.21	3549.02
补偿金额（万元）	863.70	1348.97	1257.94	935.06	938.17	834.02

数据来源：（郭敏，2019）

西双版纳人象冲突中农户受损主要分为以下 18 种类型：七种农作物受损（玉米、稻谷、稻苗、甘蔗、花生、黄豆及其他）、八种经济作物（定植前橡胶、定植后橡胶、咖啡、果树、松树、茶叶、香蕉及其他）、三种损失（财产、人员和牲畜）。其中，农作物和经济作物的损失金额占总损失的 88% 以上，具体如表 11.2 所示。

表 11.2　2011—2016 年西双版纳州亚洲象肇事各类型损失及补偿金额

损失类型	损失金额（万元）	损失占比	补偿标准	补偿金额（万元）
玉　米	7334.34	28%	400 元/亩	1723.57
稻　谷	1947.23	7%	500 元/亩	457.60
稻　苗	1311.74	5%	500 元/亩	308.26
甘　蔗	1499.32	6%	700 元/亩	352.34
花　生	465.06	2%	300 元/亩	109.29
黄　豆	57.66	0%	250 元/亩	13.55
橡胶（定植后）	96.04	0%	15 元/株	22.57
香　蕉	4396.26	17%	10 元/株	1033.12
橡胶（定植前）	4130.47	16%	10 元/株	970.66
咖　啡	1248.43	5%	5 元/株	293.38
果　树	795.83	3%	20 元/株	187.02
松　树	599.11	2%	5 元/株	140.79
茶　叶	102.43	0%	2 元/株	24.07
其他农作物	478.60	2%	—	112.47

（续）

损失类型	损失金额(万元)	损失占比	补偿标准	补偿金额(万元)
财　产	171.23	1%	–	40.24
人　员	763.83	3%	40万/人	179.50
其他经济作物	711.19	3%		167.13
牲　畜	92.38	0%	–	21.71

数据来源：（郭敏，2019）

综上分析得出 2011—2016 年西双版纳人象冲突受害农户的总损失金额为 26288.77 万元，平均年受损金额为 4381.46 万元，故西双版纳人象冲突中受害农户的年均直接损失成本达 4381.46 万元。

11.2.1.2　受害农户间接损失成本的核算

依照前文构建的成本效益指标体系，野生动物冲突受害农户间接成本分为预防控制成本、生产生活成本、心理创伤成本和补偿的时间机会成本四部分。

西双版纳人象冲突中受害农户主要采用传统的干扰技术和设置障碍物的方式进行防控，干扰技术主要是利用声音、灯光、气味等方法对亚洲象进行驱赶，由于亚洲象损害主要集中在夜间，农户不得不搭工棚进行人工看守，当亚洲象出现时，农户会采用敲锣、吹牛角、放鞭炮以及大声叫喊等声音干扰或者照手电、放烟火、牵电灯等灯光干扰对其进行驱赶，极大消耗了白天劳作所需的精力。另外，当无人看守时，农户会选择烧辣椒、洒农药等气味干扰或者用铁丝、竹笆和塑料薄膜围地、种刺树、挖沟和扎稻草人等传统障碍物的方式进行防范。

据实际调研了解到，由于补偿标准不高等原因，西双版纳人象冲突中受害农户普遍都采取了相应的预防控制措施。而亚洲象肇事主要集中在 8 月至 10 月，期间农户人均预防控制材料费用在 300 元左右，人均看守 5 天，每天看守 5 小时左右，当地秋收时节劳务费为 110 元/天，故受害农户年人均防控材料和时间成本为 645 元。据相关资料显示，相关年份的受害农户人数如表 11.3 所示，1991—2002 年受害农户户数呈现急剧上升的趋势。2009 年 11 月，西双版纳国家级自然保护区管理局与中国太平洋财产保险股份有限公司西双版纳中心支公司达成西双版纳亚洲象公众责任保险协议，2010 年西双版纳亚洲象公众责任保险立报案总数 164 件，赔付金额为 437 万余元，涉及 3785 户百姓(高国聪，2014)。随着政府行政补偿到保险商业补偿的转型，2012 至 2014 年受害农户人数逐渐呈现稳定态势，故本研究选择采取 2012—2014 年的年均受害农户人数作为相关成本效益指标的计算标准，即 6264 户农户。综上，西双版纳人象冲突中受害农户的预防控制成本为 645×6264 = 404.03 万元。

表 11.3　历年西双版纳州亚洲象肇事受害农户数量

年份	受害农户（户）	年份	受害农户（户）	年份	受害农户（户）
1991	612	1992	516	1993	554
1994	588	1995	622	1996	848
1997	1720	1998	4198	1999	6608
2000	9615	2001	16459	2002	16547
2010	3785	2011	5755	2012	5343
2013	6495	2014	6954		

数据来源：唐勤，2007；高国聪，2014；张峻，2005；王巧燕等，2017。

西双版纳人象冲突对当地农户的生产生活产生了较大影响，面对连续多年农地严重受损，部分农户不得不选择撂荒土地，在人身安全受到威胁后，不但农活受到严重限制，同时被迫放弃野外放养牲畜、打猎、砍柴和采集野菜等生产活动。在人象冲突严重地区，居民的生活区域都可能受到亚洲象的威胁，如亚洲象对房屋等设施的损毁，严重影响了当地居民的生活幸福安全指数。由于生产生活间接影响涉及范围较广，且无法直接进行统计，故采用问卷调查法进行核算，计量公式如下：

$$C_{22} = \sum_{i=1}^{k} C_{22_i} \frac{n_i}{N} M \tag{11-1}$$

式中：C_{22_i}——有效样本农户第 i 种情况的生产生活损失额；

　　　n_i——样本农户中生产生活损失额为 C_{22_i} 的个数；

　　　N——样本农户总数；

　　　M——西双版纳人象冲突受害农户总人数。

为了使受访者能充分了解相关信息，问卷涵盖受访者基本情况、生产安全程度、生活愉快程度、生产生活损失类型、支付意愿等部分（详见附录−问卷Ⅱ）。本次调研于 2019 年 11 月完成，在西双版纳州勐腊县和景洪市相关村寨发放问卷 230 份，收回问卷 215 份，有效问卷 206 份。受访农户的基本情况见表 11.4，可以看出受访农户的基本特征覆盖较全面，具有较强代表性。在生产安全感程度上，受访农户认为非常不安全和较不安全的高达 62.13%；在生活愉悦感程度上，受访农户认为非常不愉快和较不愉快的高达 66.02%，说明人象冲突对当地居民的生产生活产生了严重影响。在生产生活损失类型上，

表 11.4 受访农户基本情况

变　量	变量属性	样本人数	比　例
性　别	男	108	52.43%
	女	98	47.57%
年　龄	18~30 岁	71	34.47%
	31~50 岁	104	50.48%
	51~60 岁	18	8.74%
	60 岁以上	13	6.31%
教育程度	小学及以下	79	38.35%
	初　中	75	36.41%
	高中或中专	30	14.56%
	大学或大专	22	10.68%
健康状况	较　差	19	9.22%
	一　般	34	16.51%
	良　好	43	20.88%
	健　康	110	53.39%
农林收入占比	25%以下	86	41.75%
	26~50%	65	31.55%
	51%~75%	43	20.87%
	76%~100%	12	5.83%
生产安全感程度	非常不安全	56	27.18%
	较不安全	72	34.95%
	中　等	71	34.47%
	较安全	7	3.40%
	非常安全	0	0.00%
生活愉悦感程度	非常不愉快	46	22.33%
	较不愉快	90	43.69%
	无所谓	67	32.52%
	愉　快	3	1.46%
	非常愉快	0	0.00%
生产生活损失类型	薪柴/野菜采集受限	63	30.58%
	放牧受限	15	7.28%
	土地撂荒	53	25.73%
	生活安全感下降	176	85.44%
	其　他	18	8.74%

数据来源：实地调研获得，其中生产生活损失类型为多选题。

受访农户认为生活安全感下降的占 85.44%，薪柴/野菜采集受限的占 30.58%，土地撂荒的占 25.73%，放牧受限的占 7.28%，其他占 8.74%，其他主要表现在农活受限和妨碍割胶上，其生产生活损失金额分布见表 11.5。

表 11.5　生产生活损失金额分布表

损失金额（元/年）	样本人数	比　例	累计比例
0～1000	89	43.20%	43.20%
1001～2000	59	28.64%	71.84%
2001～3000	27	13.11%	84.95%
3001～4000	17	8.25%	93.20%
4001～5000	6	2.91%	96.11%
5001～6000	4	1.94%	98.05%
6001～7000	3	1.46%	99.51%
7001～8000	0	0.00%	99.51%
8001～9000	1	0.49%	100.00%
9001～10000	0	0.00%	100.00%
10000 以上	0	0.00%	100.00%

数据来源：实地调研获得。

通过表 11.5，利用公式 11-1，可以计算出样本农户的人均生产生活损失金额为 1636 元/年，以西双版纳 2012—2014 年的年均受害农户 6264 户作为计算标准，可以求出西双版纳人象冲突受害农户的生产生活成本为 1024.79 万元。

亚洲象作为世界上体型最大的陆生哺乳动物之一，其引发的财产损失特别是人身伤亡事件，对当地受害农户的心理带来严重影响。在调研中发现，受害农户对多年反复发生的亚洲象肇事表示很无奈，对亚洲象感到惧怕，表示亚洲象已经对农户自身心理产生了不小的伤害，尤其是当自身或家人遭遇亚洲象袭击后，心理创伤很严重。据云南省林业厅统计数据，1991—2017 年亚洲象共造成 73 人死亡，329 人受伤（王巧燕，2018）。当心理创伤发生后往往需要一段时间才可能恢复，时间的长短取决于心理创伤的严重程度。当前我国医院的心理咨询时长一般分为超短程、短程、中程、长程。其中，短程咨询需要 8～12 次，用于解决较为具体的轻中度情绪和心理问题，如焦虑、抑郁、愤怒、恐慌等；中程咨询时间一般为半年至一年，需要咨询次数一般为 25～30 次，主要是解决如天灾人祸、丧亲等突发事件带来的心理问题。按此标准，西双版纳人象冲突中遭遇财产损失的受害农户属于短程咨询的范畴，而发生人身伤亡事件的则属于中程咨询的范畴，当前我国各大公立医院心理咨询与治疗价格集中在 200~400 元/次，故西双版纳人象冲突中受害农户的心理创伤成本为 2216.88 万元（10×300×6264+28×300×402＝22168800）。

自 2010 年起，西双版纳人象冲突补偿进入了亚洲象公众责任商业保险阶段，完成人象冲突补偿所需的申请-勘察-评估-理赔的四个阶段均需占用受害农户的时间，再加上人象冲突现场勘察具有很强的时效性，而人象冲突事件高发期往往也是农作物的收获期，受害农户需要抢收农作物来避免更多损失，申请补偿和抢收农作物之间存在着极大的时间冲突。据实际调查了解到，受害农户人均需要花费三天左右的时间配合保险公司进行相关理赔申请工作，当地农忙期间的人均工资为 110 元/天，以西双版纳 2012—2014 年的年均受害农户人数 6264 户作为计算标准，西双版纳人象冲突受害农户的补偿时间机会成本为 206.71 万元（6264×110×3＝2067120）。

11.2.1.3 受害农户发展机会成本的核算

人象冲突是当前我国亚洲象保护工作面临的首要问题，国家为了保护亚洲象等珍稀濒危野生动物，在其主要栖息地成立了自然保护区，并对保护区周边居民的生产活动进行了相应限制，当地居民在承受亚洲象带来直接经济损失的同时，还丧失了一系列的发展机会。

$$C_3 = (\text{PCDI}_A - \text{PCDI}_3) \times M \qquad (11\text{-}2)$$

式中：PCDI_A——全国农村居民人均年可支配收入；

PCDI_3——当地受害农户人均年可支配收入；

M——西双版纳人象冲突受害农户总人数。

通过实地调研计算得到当地人象冲突受害农户的平均年收入为 12022 元左右，收入具体分布见表 11.6，同时参考《中国统计年鉴》2018 年全国农村居民人均可支配收入 14617 元，以西双版纳 2012—2014 年的年均受害农户 6264 户作为计算标准，利用公式 11-2 算出西双版纳人象冲突受害农户的发展机会成本为 1625.51 万元。

表 11.6 受害农户年收入分布表

损失金额(元/年)	样本人数	比 例	累计比例
3000~5000	41	19.90%	19.90%
5001~10000	77	37.38%	57.28%
10001~15000	42	20.39%	77.67%
15001~20000	14	6.80%	84.47%

（续）

损失金额（元/年）	样本人数	比　例	累计比例
20001～25000	6	2.91%	87.38%
25001～30000	14	6.80%	94.18%
30001～35000	7	3.40%	97.58%
35001～40000	2	0.97%	98.55%
40001～45000	0	0.00%	98.55%
45001～50000	3	1.45%	100.00%
50000 以上	0	0.00%	100.00%

数据来源：实地调研获得。

11.2.2　西双版纳人象冲突受害农户效益的核算

人象冲突地区的受害农户虽然承担着巨大的成本，但是不可回避的是亚洲象保护和冲突管理工作也给其带来了一定的效益，依照前文构建的成本效益指标体系，受害农户在亚洲象冲突管理中的效益分为直接经济补偿效益、间接经济补偿效益与生态效益三大部分。

11.2.2.1　受害农户直接经济补偿效益的核算

西双版纳自 1991 年起开展野生动物肇事补偿工作，经历了如下三个时期：①第一时期 1991—2005 年，即自筹补偿金时期，期间西双版纳当地政府自筹资金进行补偿，补偿资金少，补偿标准低；②第二时期 2006—2009 年，即政府拨款期，2005 年时任国务院总理温家宝来此视察后，人象冲突引起了党和中央的重视，2006 年财政部给予西双版纳 500 万元补贴，省财政拨款 472 万元，该时期的补偿标准有所提高；③第三时期 2010 年至今，即责任保险期，2010 年后西双版纳建了亚洲象公众责任商业保险，显著提高了补偿标准，该阶段历年补偿金额如表 11.7 所示。

表 11.7　责任保险期西双版纳人象冲突的补偿金额

年　份	补偿金额（万元）	年　份	补偿金额（万元）	年　份	补偿金额（万元）
2011	863.70	2012	1348.97	2013	1257.94
2014	935.06	2015	938.17	2016	834.02

数据来源：郭敏，2019。

以上计算得出 2011—2016 年西双版纳人象冲突受害农户的总补偿金额为 6177.86 万元，平均年现金补偿额为 1029.64 万元。现金补偿由于其灵活性，因此较为普遍，但是在某些特殊情况下，由于交通不便，农作物严重受损，实物补偿(如粮食补偿)却更加受欢迎。南坪村位于勐腊县尚勇子保护区边缘，是历年来受象灾最严重的村寨之一。据统计，2008 年南坪村共种植水稻 73 余亩，被野象全部采食一空，20 户人家受损，实际受损总产量约 27 吨，共计 6 万余元，当年春节前南坪村便收到尚勇子保护区管理所与勐满镇政府的野生动物肇事直补粮食 27 吨，解决了燃眉之急。

综上，西双版纳人象冲突中受害农户的年均经济补偿效益达 1035.64 万元。

11.2.2.2 受害农户间接经济补偿效益的核算

自 2006 年以来，西双版纳采取了多项措施预防控制人象冲突，共完成投资 365 万元，如推广养殖本地土鸡、小冬瓜猪等特种动物 216 只；调整农业种植结构，种植茶叶 326 亩；发展庭院化种植，种植石斛 3 亩；开展农田水利及道路建设，开垦农田 200 亩，修建水坝 3 座，水渠 2 千米，水池 120 立方米，人畜饮水管线 19.5 千米，修复村寨道路 23 千米；开展能源建设，修建沼气池 245 口，安装太阳能 145 户；改造亚洲象栖息地和相关宣传措施；建设食物源基地 118 亩，标志牌 14 块(陈文汇、王美力、许单云，2017)。同时，保护区联合相关科研院所、国际组织在亚洲象经常出没和肇事的村寨建设多种防范工程设施，如太阳能电围栏、防象护栏、防象亭、防象壁、防象沟、生物隔离带和太阳能路灯等，并运用无人机对亚洲象进行跟踪预警。但由于受害农户的间接经济补偿效益涉及的种类繁多，且覆盖的人群较广，无法逐一进行统计，在此采用相关建设设施的直接投入成本作为其替代值，故西双版纳人象冲突受害农户间接经济补偿效益为 356 万元。

11.2.2.3 受害农户生态效益的核算

亚洲象作为热带森林生态系统中生物链顶端的物种，随着对其保护与管理工作的推进，当地的野生动物生物多样性逐步增强，使得周边地区生态环境质量大大提高，周边农户便是生物多样性和生态环境改善的直接受益者，由于生态价值对于个体农户而言是不同的，故采用受偿意愿法。计量公式如下：

$$R_3 = WTA = \sum_{i=1}^{k} WTA_i \frac{n_i}{N} M \qquad (11\text{-}3)$$

式中：WTA——当前生态环境被破坏后的农户总受偿意愿；

WTA$_i$——有效样本农户第 i 种情况的受偿金额；

n_i——样本农户中受偿金额为 WTA$_i$ 的个数；

N——样本农户总数；

M——西双版纳人象冲突受害农户总数。

受偿意愿法(WTA)是利用效用最大化原理,在假想市场的情况下直接询问受访者对环境或资源等质量损失的接受赔偿意愿。为使受访者能充分了解相关信息,问卷涵盖受访者基本情况、受偿意愿等部分(可参考附录–问卷Ⅱ)。本次调研于 2019 年 11 月完成,在西双版纳州勐腊县和景洪市相关村寨发放问卷 230 份,收回问卷 215 份,有效问卷 206 份。受访农户的基本情况见表 11.4,得出调查样本具有较强代表性,其生态环境损坏受偿金额分布见表 11.8。

表 11.8 受偿金额分布表

受偿金额(元/年)	样本人数	比 例	累计比例
0~50	9	4.37%	4.37%
51~100	13	6.31%	10.68%
101~150	4	1.94%	12.62%
151~200	3	1.46%	14.08%
201~250	2	0.97%	15.05%
251~300	2	0.97%	16.02%
301~350	0	0.00%	16.02%
351~400	2	0.97%	16.99%
401~450	0	0.00%	16.99%
451~500	1	0.49%	17.48%
501~550	3	1.46%	18.94%
551~600	5	2.43%	21.37%
601~650	0	0.00%	21.37%
651~700	1	0.49%	21.86%
701~750	2	0.97%	22.83%
751~800	6	2.91%	25.74%
801~850	0	0.00%	25.74%
851~900	2	0.97%	26.71%
901~950	8	3.88%	30.59%
951~1000	87	42.23%	72.82%
1000 以上	56	27.18%	100.00%

数据来源:实地调研获得。

通过表 11.8,利用公式 11-3,可以计算出样本农户的人均受偿金额为

1000.05 元/年，以西双版纳 2012—2014 年的年均受害农户 6264 户作为计算标准，可以求出西双版纳人象冲突受害农户的生态效益为 626.43 万元。

11.2.3 西双版纳人象冲突受害农户成本效益汇总

前文详细核算了西双版纳人象冲突中的受害农户产生的各项成本和效益，现对其成本效益核算结果进行一个汇总整理（表 11.9），以便进一步分析人象冲突中受害农户的成本效益差距。

表 11.9 西双版纳人象冲突受害农户成本效益核算结果

类 别	一级指标	二级指标	核算结果/万元	汇总/万元
农户成本	直接损失成本	农作物损失成本		9859.38
		家禽家畜损失成本	4381.46	
		人身伤害成本		
	间接损失成本	建筑及防护设施损失成本		
		预防控制成本	404.03	
		生产生活成本	1024.79	
		心理创伤成本	2216.88	
		补偿时间机会成本	206.71	
	发展机会成本	发展机会成本	1625.51	
农户效益	直接经济补偿效益	现金补偿效益	1029.64	2018.07
		实物补偿效益	6.00	
	间接经济补偿效益	间接经济补偿效益	356.00	
	生态效益	生态效益	626.43	

11.3 受害农户经济均衡的成本效益影响研究

11.3.1 数据来源

本研究采用问卷调查法，以云南省西双版纳国家级自然保护区及周边地区作为调查区域，具体包括景洪市、勐腊县的勐旺乡、大渡岗乡、勐养镇、勐罕镇、瑶族乡、勐伴镇等。西双版纳国家级自然保护区以保护热带森林生态系统和珍稀野生动植物及其栖息地为主要目标，是我国野生亚洲象最主要的栖息地，亚洲象数量占全国 85% 以上。据相关资料统计，1991—2016 年，人象冲突共造成了当地 3.27 亿元的直接经济损失，致 53 人死亡，299 人受伤（李纯、曹大藩，2019）。本次调查问卷在地方林业局协助下展开，在当地人象冲突严重的 14 个行政村各随机抽取 15~20 户，采取一对一访谈家庭户主方式以确保问卷质量。调查问卷于 2019 年 11 月发放 230 份，回收 215 份，剔除缺失值和严重失真问卷后，有效问卷206份，有效率达到95.81%。受访农户基本情况如表11.10所示，可以看出受访农户的基本特征覆盖较全面，具有较强代表性。

表 11.10 受访农户基本情况

变　量	变量属性	样本人数	比　例
性　别	男	108	52.43%
	女	98	47.57%
年　龄	18~30 岁	71	34.47%
	31~50 岁	104	50.48%
	51~60 岁	18	8.74%
	60 岁以上	13	6.31%
教育程度	小学及以下	79	38.35%
	初　中	75	36.41%
	高中或中专	30	14.56%
	大学或大专	22	10.68%
健康状况	较　差	19	9.22%
	一　般	34	16.51%
	良　好	43	20.88%
	健　康	110	53.39%
农林收入占比	25%以下	86	41.75%
	26~50%	65	31.55%
	51%~75%	43	20.87%
	76%~100%	12	5.83%

11.3.2 研究方法

结构方程模型(Structure Equation Model, SEM)由测量模型和结构模型组成，测量模型用来描述观测变量与潜变量的关系并评价每个潜变量的可靠性，结构模型是来描述各个潜变量间的一系列关系与检验各条路径的统计显著性。因此结构方程模型是分析西双版纳人象冲突受害农户经济均衡的成本效益影响因素及影响程度的较好方法。

$$测量模型：\begin{cases} X = \Lambda_x \xi + \delta \\ Y = \Lambda_Y \eta + \varepsilon \end{cases} \tag{11-4}$$

结构模型：$\eta = B\eta + \Gamma\xi + \zeta$

其中，X、Y 分别为外生观测变量与内生观测变量；ξ、η 分别为外生潜变量与内生潜变量；Λ_x 为 X 在 ξ 上的因子载荷矩阵；Λ_Y 为 Y 在 η 上的因子载荷矩阵；δ、ε 为测量误差；B、Γ 为结构方程路径系数；ζ 为误差项。

11.3.3 变量选择

对于受害农户而言，"经济均衡"是指人象冲突管理带来的各项效益可以弥补人象冲突带来的各项成本的状态，由于西双版纳人象冲突分为政府管理与商业保险两方面，故本研究通过设计题项"当前政府人象冲突的各类管理措施/亚洲象公众责任险能否弥补您的损失成本?"来调查当地受害农户在人象冲突中的经济均衡水平。而在受害农户人象冲突的成本和效益上，通过借鉴前文构建的野生动物冲突各方成本效益指标体系，把受害农户人象冲突成本分为直接损失成本、预防控制成本、生产生活成本、心理创伤成本、补偿时间成本和发展机会成本，把受害农户人象冲突管理效益分为直接经济补偿效益、间接经济补偿效益和生态效益。

综上所述，研究共涉及了 11 个观测变量。如表 11.11 所示。问卷测量方法采用分级量表，对其赋值"1~5"以表示被调查者对问题的看法和态度强弱。

表 11.11 受害农户经济均衡的结构方程变量及测量方法

潜变量	代码	观测变量	测量方法
总成本 （TC）	TC_1	直接损失成本	1=非常不严重；2=不严重；3=一般；4=严重； 5=非常严重
	TC_2	预防控制成本	1=非常不严重；2=不严重；3=一般；4=严重； 5=非常严重
	TC_3	生产生活成本	1=非常不严重；2=不严重；3=一般；4=严重； 5=非常严重
	TC_4	心理创伤成本	1=非常不严重；2=不严重；3=一般；4=严重； 5=非常严重
总成本 （TC）	TC_5	补偿时间成本	1=非常不严重；2=不严重；3=一般；4=严重； 5=非常严重
	TC_6	发展机会成本	1=非常不严重；2=不严重；3=一般；4=严重； 5=非常严重
总效益 （TR）	TR_1	直接经济补偿效益	1=完全不赞同；2=不赞同；3=一般；4=赞同； 5=完全赞同
	TR_2	间接经济补偿效益	1=完全不赞同；2=不赞同；3=一般；4=赞同； 5=完全赞同
	TR_3	生态效益	1=完全不赞同；2=不赞同；3=一般；4=赞同； 5=完全赞同
经济均衡 （EE）	EE_1	政府管理弥补效果	1=完全不赞同；2=不赞同；3=一般；4=赞同； 5=完全赞同
	EE_2	商业保险弥补效果	1=完全不赞同；2=不赞同；3=一般；4=赞同； 5=完全赞同

资料来源：调研问卷。

11.3.4 数据正态性检验

数据分析前应对各个观测变量的均值、标准差、偏度和峰度做描述性统计，以确定样本数据是否可以进行结构方程模型分析。统计上一般认为偏度绝对值小于3，峰度绝对值小于10时，数据基本符合正态性分布。如表11.12所示，偏度绝对值最大是 $0.630(TC_5)$，峰度绝对值最大为 $0.862(TC_4)$，故样本数据通过正态性检验，可以进行下一步的计量分析。

表 11.12 观测变量的描述性统计

潜变量	代码	均值	标准差	最小值	最大值	偏　度		峰　度	
						统计值	标准误	统计值	标准误
总成本 （TC）	TC_1	3.639	1.013	1	5	-0.542	0.170	0.067	0.338
	TC_2	3.073	0.891	1	5	-0.438	0.170	0.002	0.338
	TC_3	2.288	0.985	1	5	0.389	0.170	-0.448	0.338
	TC_4	2.922	1.177	1	5	-0.302	0.170	-0.862	0.338
	TC_5	3.400	0.942	1	5	-0.630	0.170	0.342	0.338
	TC_6	2.195	1.005	1	5	0.476	0.170	-0.345	0.338
总效益 （TR）	TR_1	3.415	0.791	1	5	-0.285	0.170	-0.258	0.338
	TR_2	4.083	0.759	2	5	-0.615	0.170	0.240	0.338
	TR_3	3.376	0.835	1	5	-0.340	0.170	0.189	0.338
经济均衡 （EE）	EE_1	3.515	0.930	1	5	-0.465	0.170	0.147	0.338
	EE_2	3.374	0.862	1	5	-0.342	0.170	-0.021	0.338

数据来源：调研数据计算

11.3.5 因子分析

冲突总成本、总效益和经济均衡三个变量作为潜变量处理，需做因子分析，以确定观测变量是否能全面客观衡量各项潜变量。首先，要用 KMO 和 Bartlett 检验测量数据是否适合做因子分析，如表 11.13 所示 KMO（Kaiser-Meyer-Olkin）测量结果为 0.841，Bartlett 球体检验的卡方检验值为 961.089，且结果显著。测量结果表明数据间具有较高的相关性，适宜做因子分析。其次，要用 Cronbach Alpha 系数进行信度检验，判断因子内部结构是否具有一致性和稳定性。Cronbach's Alpha 值在 0.701~0.862 之间，整体 Cronbach's Alpha 值为 0.728，表示各个观测变量指标一致性较强（如表 11.14）。因子分析是对问卷项目用主成分分析法提取特征根值大于 1 的因子，最终判别出衡量效果，如表 11.14 所示各观测变量标准因子载荷系数在 0.603 以上，累计贡献率在 70% 以上，表明选定的观测变量对潜变量的衡量效果好。

表 11. 13　KMO 和 Bartlett 检验

Kaiser-Meyer-Olkin 检验		0. 841
Bartlett 球体检验	卡方检验值	961. 089
	自由度	55
	显著性水平	0. 000

表 11. 14　信度与效度分析结果

潜变量	代码	标准因子载荷	累计贡献率%	Cronbach's Alpha
总成本 （TC）	TC_1	0. 663	41. 752	0. 862
	TC_2	0. 701		
	TC_3	0. 666		
	TC_4	0. 859		
	TC_5	0. 716		
	TC_6	0. 640		
总效益 （TR）	TR_1	0. 603	58. 342	0. 701
	TR_2	0. 615		
	TR_3	0. 616		
经济均衡 （EE）	EE_1	0. 618	70. 314	0. 771
	EE_2	0. 736		

数据来源：调研数据计算

11. 3. 6　模型拟合及结果

利用 AMOS 22. 0 中的极大似然法对未知参数进行估计，依据修正指数（MI）和理论判断，建立了受害农户直接损失成本与预防控制成本、补偿时间成本，生产生活成本与预防控制成本、发展机会成本的相关关系，即 e1 和 e2、e1 和 e5、e2 和 e3、e3 和 e6 的相关关系，最后确定的结构方程模型路径如图 11. 1 所示。

模型运行前需对拟合效果进行评价，选取绝对指数、相对指数和简约拟合指数评价模型拟合效果。如表 11. 15 所示，相对指数中 RFI 接近标准，其余指标均达到判定标准。综合各类评价指标，模型拟合效果良好。

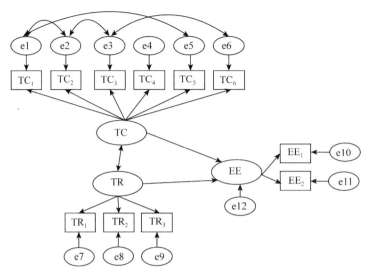

图 11.1　结构方程模型路径

表 11.15　结构方程模型拟合指标及拟合评价

	统计检验量		说　明	判定标准	拟合值	拟合评价
绝对指数	卡方值与自由度的比值	χ^2/df	$\chi^2/df>0$	2~3 一般，<2 理想	1.924	理想
	近似误差均方根	RMSEA		<0.1 一般；<0.05 较好；<0.01 非常好	0.067	一般
	拟合优度指标	GFI	0<GFI<1	>0.5 接受，越接近 1 越好	0.947	理想
	调整拟合优度指标	AGFI	0<AGFI<1	>0.5 接受，越接近 1 越好	0.894	理想
相对指数	规范拟合指标	NFI	0<NFI<1	0~1，越高越好	0.935	理想
	相对拟合指标	RFI	0<RFI<1	>0.9 接受	0.892	接近
	增值拟合指标	IFI	0<IFI<1	通常>0.9	0.968	理想
	比较拟合指标	CFI	0<CFI<1	通常>0.9	0.967	理想
简约指数	简约规范拟合指标	PNFI	0<PNFI<1	>0.5 接受，越高越好	0.561	接受
	简约比较拟合指标	PCFI	0<PCFI<1	>0.5 接受，越高越好	0.580	接受

数据来源：调研数据 AMOS 计算。

　　表 11.16 是图 11.1 所示的所有路径系数估计结果。结构模型中单箭头表示潜变量间的因果关系，测量模型中单箭头表示潜变量对观测变量的负载作用。

表 11.16 结构方程变量路径系数估计结果

	路　径	未标准化路径系数	标准误差	C. R	P	标准化路径系数
结构模型	EE<--TC	−0.466	0.100	−4.655	＊＊＊	−0.393
	EE<--TR	0.914	0.178	5.134	＊＊＊	0.629
测量模型	TC$_1$<--TC	1.000				0.578
	TC$_2$<--TC	0.831	0.101	8.242	＊＊＊	0.546
	TC$_3$<--TC	1.024	0.140	7.329	＊＊＊	0.615
	TC$_4$<--TC	1.984	0.233	8.506	＊＊＊	0.986
	TC$_5$<--TC	0.899	0.096	9.347	＊＊＊	0.562
	TC$_6$<--TC	1.047	0.142	7.377	＊＊＊	0.610
	TR$_3$<--TR	1.000				0.569
测量模型	TR$_2$<--TR	1.225	0.180	6.818	＊＊＊	0.753
	TR$_1$<--TR	0.963	0.161	5.991	＊＊＊	0.580
	EE$_1$<--EE	1.000				0.745
	EE$_2$<--EE	1.050	0.101	10.439	＊＊＊	0.845

注：＊＊＊表示 P<0.001。

11.3.7 结果分析

从表 11.16 测量模型的参数显著性估计看，各大观测变量在 0.1%的显著水平上通过检验，表明潜变量与观测变量之间的因子载荷系数估计具有统计学意义。

(1)西双版纳人象冲突受害农户经济均衡的成本影响分析。从表 11.16 的结构模型中可以看出受害农户人象冲突总成本对其实现经济均衡的影响路径系数为−0.393，通过 0.1%的显著性检验，说明冲突总成本每减少 1 单位，受害农户经济均衡的实现便增进 0.393 个单位。人象冲突各类成本对受害农户经济均衡实现的影响程度大小为：心理创伤成本(0.986)＞生产生活成本(0.615)＞发展机会成本(0.610)＞直接损失成本(0.578)＞补偿时间成本(0.562)＞预防控制成本(0.546)。随着人们对美好生活的向往，相较于直接损失成本，心理创伤和生产生活成本在受害农户经济均衡的实现中影响更大，受害农户希望减少人象冲突的发生，从而减少对其心理的负面影响和日常生产生活的间接影响。同时，发生人象冲突后应关注当地受害群众的心理创伤状况，对其进行必要的心理干预，便能有效促进受害农户经济均衡的实现。

(2)西双版纳人象冲突受害农户经济均衡的效益影响分析。从表 11.16 的结构模型中可以看出受害农户人象冲突总效益对其实现经济均衡的影响路径系数为 0.629，通过 0.1%的显著性检验，说明冲突总效益每增加 1 单位，受害农户经济均衡的实现便增进 0.629 个单位。各类效益对受害农户经济均衡实现的影响程度大小为：间接经济补偿效益（0.753）>直接经济补偿效益（0.580）>生态效益（0.569）。说明当前人象冲突管理中的间接经济补偿措施比传统的直接经济补偿更能弥补受害农户的损失成本，可能由于间接经济补偿是从当地经济社会长远发展考虑，具备事前补偿的特征，而传统的直接经济补偿则是在冲突发生后被动地对部分直接损失进行现金补偿，且无法涵盖间接成本和机会成本。故通过实施多样化的补偿方式，特别要推广非货币补偿方式，如优惠政策、技术补偿和社区共管模式，便能有效促进受害农户经济均衡的实现。

11.3.8　总结与讨论

本部分运用结构方程模型对西双版纳人象冲突受害农户经济均衡的成本效益影响进行了研究，识别出了经济均衡的显著影响因素及具体影响程度，得出：①冲突总成本对受害农户经济均衡的实现有显著负影响，路径系数为−0.393，其中心理创伤成本的影响最大，路径系数为0.986；②总效益对受害农户经济均衡的实现有显著正影响，路径系数为0.629，其中间接经济补偿效益的影响最大，路径系数为0.753。据此应大力推广人象冲突预防控制技术来降低冲突发生概率，同时在发生人象冲突人身伤亡事件后应对受害者及其家属进行必要心理干预，缓解其心理创伤，以及推广多种补偿方式和发展社区项目来提高人象冲突管理间接效益，以降低其生产生活成本，便能有效地促进受害农户经济均衡的实现。

11.4　西双版纳人象冲突地方政府成本效益的核算

11.4.1　西双版纳人象冲突地方政府成本的核算

我国《野生动物保护法》第十九条规定：因保护本法规定保护的野生动物，造成人员伤亡、农作物或者其他财产损失的，由当地人民政府给予补偿。具体办法由省、自治区、直辖市人民政府制定。有关地方人民政府可以推动保险机构开展野生动物致害赔偿保险业务。据此1998年云南省人民政府颁布了《云南省重点保护陆生野生动物造成人身财产损害补偿办法》，该办法对云南省野生动物冲突政府的补偿工作做了更加详细的规定，其中第九条规定政府补偿费用列入各级财政预算，由各级财政按照财政管理体制分级负担，省财政和地、州、市、县财政各负担一半，省对地州市的年度补偿经费一年一定，包干使用。故西双版纳人象冲突地方政府成本包括省级政府以及地、州、市、县级有关政府的成本，依照前文构建的地方政府成本效益指标体系，西双版纳人象冲突地方政府成本可以分为冲突管理成本、冲突补偿与预防控制成本、冲突社会经济成本三个部分。

11.4.1.1 西双版纳人象冲突地方政府管理成本的核算

西双版纳州自 1991 年开始对人象冲突损失进行调查、统计和补偿兑现工作，全州建立了州、县、乡、村及保护所五级的野生动物肇事调查统计和补偿兑现管理体系，具体工作人员达 300 余人，每年结合上级下拨和本州自筹经费进行补偿兑现(甘燕君、李玲，2018)。西双版纳人象冲突主要集中在山区、半山区和自然保护区周围，占 81%，而坝区只占 19%，这些地区都是交通不便，生活较为贫困的地区，给实际现场勘察、鉴定工作带来了很大的压力，全州每年野生动物肇事发生量超过一万户，平均一天发生近 300 户，林业部门的外业工作繁重。

2009 年 11 月，在国家林业局、云南省林业厅的支持协调下，西双版纳保护区管理局与中国太平洋财产保险股份有限公司西双版纳中心支公司签订了《西双版纳亚洲象公众责任保险》协议。该保险协议由政府全额出资投保，损害发生后由保险公司负责勘损和赔付。亚洲象公众责任商业保险为基层林业部门大大减轻了人象冲突补偿的工作压力。由于从 2010 年开始西双版纳人象冲突补偿现场勘损和鉴定工作逐渐转移至保险公司，为各级林业部门节约了大量的财力和物力成本，故西双版纳人象冲突地方政府管理成本中的财力和物力成本可忽略不计。但保险公司在实际工作中遇到问题还是需要林业部门相关工作人员从旁协助，据相关资料显示，西双版纳每年从事野生动物冲突的具体工作人员达 300 余人，而人象冲突事件比例占八成以上，2014—2019 年西双版纳傣族自治州城镇常住居民人均可支配收入如表 11.17 所示，2014—2019 年西双版纳州城镇常住居民人均可支配收入平均值为 26407 元，得到西双版纳人象冲突地方政府人力成本为 633.77 万元(300×26407×0.8 = 6337680)，综上，西双版纳人象冲突地方政府管理成本为 633.77 万元。

表 11.17　2014—2019 年西双版纳州城镇常住居民人均可支配收入

年　份	2014	2015	2016	2017	2018	2019	平均值
可支配收入(元)	21478	23304	25233	27201	29323	31903	26407
增长速度	9.0%	8.5%	8.3%	7.8%	7.8%	8.8%	8.4%

数据来源：西双版纳傣族自治州 2018 年国民经济和社会发展统计公报和西双版纳州统计局

11.4.1.2 西双版纳人象冲突地方政府补偿及预防控制成本的核算

依据我国《野生动物保护法》第十八条和第十九条的规定：有关地方人民政府应当采取措施，预防控制野生动物可能造成的危害，保障人畜安全和农业、林业生产。因保护本法规定保护的野生动物，造成人员伤亡、农作物或者其他财产损失的，由当地人民政府给予补偿。西双版纳人象冲突补偿及预防控制的压力主要落在地方政府上，根据前文构建的地方政府成本效益指标体系，其分为人象冲突补偿成本、预防控制设施成本和预防控制宣传教育成本三大部分。

西双版纳州于 2010 年开始实施野生亚洲象公众责任保险试点工作，投保方案为由政府全额出资投保，损害发生后由保险公司进行赔付与补偿，故西双版纳人象冲突地方政府补偿成本为其在野生亚洲象公众责任保险中的实际投保资金。2010—2012 年西双版纳野生动物肇事责任保险的投保情况如表 11.18 所示，西双版纳 2010 年投保金额 285 万元，保额 3000 万元，实际理赔 439 万元；2011 年由单一亚洲象物种扩展到全部受保护野生动物，投保金额为 660 万元，保额为 4000 万元，实际理赔达 996 万元（甘燕君和李玲，2018）。自 2010 年《西双版纳亚洲象公众责任保险》实施后，至 2014 年西双版纳州共投保 4175 万元，累计赔偿金额近 5000 余万元（杨南，2015），而西双版纳陆生野生动物肇事损失金额中亚洲象造成的占八成以上（陈文汇、王美力、许单云，2017），故可以得到西双版纳人象冲突地方政府年均补偿成本为 679.4 万元{[（4175-285）×0.8+285]/5 = 679.4}。

表 11.18　2010—2012 年西双版纳野生动物肇事责任保险投保情况

年份	保险范围	保险期限	投保费用（万元）	实际赔偿（万元）	保险费用占实际赔偿比例
2010	西双版纳州全辖人象冲突赔偿	1 年	285	439	64.92%
2011	西双版纳州全辖野生动物冲突赔偿	1 年	660	996	66.26%
2012	西双版纳州全辖野生动物冲突赔偿	1 年	770	1565	49.20%

数据来源：陈文汇、王美力、许单云，2017；甘燕君、李玲，2018。

西双版纳当地为了防范人象冲突做了如下工作：①建设相关防象设施。据西双版纳国家级自然保护区管护局统计，西双版纳自然保护区已累计投资 202 万元进行亚洲象防护围栏、防象沟、防象壁和生物隔离带等防控设施建设，有效减少了亚洲象对周边村民生产生活的损害；②改造亚洲象栖息地，建立食物源基地。据西双版纳国家级自然保护区管护局统计，勐养子保护区和尚勇子保护区累计投资 79.7 万元用于野生亚洲象食物源基地的建设，建立了勐养片的关坪、莲花塘和树林寨食物源基地，以及尚勇片的南坪、冷山河和南屯食物源基地，种植了亚洲象喜食的野芭蕉、竹类以及玉米、甘蔗等农作物；③建立亚洲象预警防范体系。据西双版纳国家级自然保护区管护局统计，2019 年云南西双版纳国家级自然保护区野生亚洲象监测预警体系建设项目在景洪正式启动,总投资估算为 2970 万元,项目将通过地面人员巡护监测、无人机采集、智能视频监控设备等对人象冲突进行预警,有效降低亚洲象肇事损害。综上,西双版纳人象冲突地方政府的预防控制设施成本为3251.7 万元。

另一方面,为了让当地群众充分了解人象冲突的防范手段,增强其自我保护能力,提高其保护野生动物意识,西双版纳自然保护区管理局充分利用广播、电视、报刊等形式,通过"爱鸟周""野生动物宣传月""森林防火宣传月"等向社区群众发放宣传册,对社区居民开展宣传教育,并在亚洲象常出没的地方设置宣传警示牌,以及聘请专家进行亚洲象防范知识培训。据相关调查了解,该项工作的年均投入为 30 万元。同时,2008 年 1 月中国第一个以亚洲象为主题的科普博物馆,中国云南西双版纳亚洲象种源繁育基地博物馆(简称亚洲象博物馆)建成,旨在普及大象知识,提高保护亚洲象意识,关注亚洲象生存危机,积极减缓人象矛盾,促进人象和谐发展。据西双版纳国家级自然保护区管护局统计,该项目累计投资 300 万元。故西双版纳人象冲突地方政府的预防控制宣传教育成本为 330 万元。综上,西双版纳人象冲突地方政府补偿及预防控制成本为 4261.1 万元。

11.4.1.3　西双版纳人象冲突地方政府社会经济成本的核算

地方政府是地方社会经济发展的规划者和领导者,维护当地的经济利益。人象冲突对西双版纳当地经济和社会发展产生了相关的直接和间接成本,依照前文构建的地方政府成本效益指标体系,西双版纳人象冲突地方政府的社会经济成本可以分为直接社会经济成本与发展机会成本两部分。

其中,西双版纳人象冲突的直接社会经济成本应包括当地财产损失和人员伤亡两大部分,财产损失又分为农林作物受损、家禽家畜被袭、基础设施受损及其他损失等,它应和当地所有农户的直接损失成本大致相等。参考前文西双版纳人象冲突受害农户的直接损失成本后得出西双版纳人象冲突地方政府的直接社会经济成本为 4381.46 万元。

由于亚洲象保护及人象冲突的发生,很大程度上限制了当地经济的发展,故西双版纳当地经济发展的机会成本也需纳入地方政府考虑的成本范围。亚洲象种群分布地中,涉及西双版纳州景洪市、勐海县和勐腊县 3 个市(县)、14 个乡镇,约 22.96 万人,以傣族、哈尼族等民族为主(陈飞、唐芳林、王丹彤等,2019)。根据表 11.19,2018 年西双版纳景洪市、勐海县和勐腊县三地农村常住居民人均可支配收入为 13079 元,根据《中国统计年鉴 2019》,2018年全国农村居民人均可支配收入 14617 元,利用公式 11-5,可以算出西双版纳当地经济发展的机会成本为 35312.48 万元。

表 11.19　2018 年西双版纳各地农村常住居民人均可支配收入

地　　区	农村常住居民人均可支配收入(元)
景洪市	14898
勐海县	11864
勐腊县	10699
三地平均	13079

数据来源：西双版纳州统计局。

$$C_{L_{32}} = (\text{PCDI} - \text{PCDI}_{L_{32}}) \times P_{L_{32}} \tag{11-5}$$

式中：PCDI——全国农村居民人均可支配收入；

$\text{PCDI}_{L_{32}}$——当地农村居民人均可支配收入；

$P_{L_{32}}$——当地野生动物冲突区域的人口数量。综上，西双版纳人象冲突地方政府社会经济成本为 39693.94 万元。

11.4.2　西双版纳人象冲突管理地方政府效益的核算

亚洲象保护与冲突管理虽然给地方政府造成了沉重的直接和间接成本，但不可否认的是其也带来了野生动物种群数量的增加与生态环境的改善，从而促进了野生动物相关产业与生态旅游业的发展。当地政府是当地社会经济发展的代言人，相关产业发展与生态环境改善便是地方政府人象冲突管理的主要效益，具体分为地方政府人象冲突管理经济效益和生态效益。

11.4.2.1　西双版纳人象冲突管理地方政府经济效益的核算

亚洲象保护带来的野生动物种群数量增加带来了一定的经济效益，如野生动物生态旅游业以及野生动物繁育利用相关产业的发展。根据我国相关法律规定，亚洲象归国家所有，不允许买卖、规模养殖和猎捕，故我国亚洲象的利用方式主要集中在生态旅游业上。西双版纳野象谷景区是我国唯一能观赏到野生亚洲象的地方，是一个集科研、科普、教育和生态旅游为一体的生态旅游景区。据西双版纳国家级自然保护区管护局统计，2013 年野象谷景区接待游客 139.19 万人次、旅游直接收入 9500 万元。故西双版纳人象冲突管理地方政府经济效益为 9500 万元。

11.4.2.2　西双版纳人象冲突地方政府生态效益的核算

随着亚洲象保护与冲突管理工作的推进，野生动物种群数量增加，生物多样性的改善使得周边地区生态环境质量大大提高，当地政府便是生物多样性和生态环境改善的直接受益者，衡量当地政府在人象冲突管理中的生态效益很必要。地方政府是当地居民利益的代表，地方政府在人象冲突管理中的生态效益等于当地所有居民的生态效益总和。

$$R_{L_2} = \sum_{i=1}^{k} \text{WTA}_i \frac{n_i}{N} M \qquad (11\text{-}6)$$

式中：WTA_i——有效样本农户第 i 种情况的受偿金额；

$\quad\quad n_i$——样本农户中受偿金额为 WTA_i 的个数；

$\quad\quad N$——样本农户总数；

$\quad\quad M$——西双版纳人象冲突当地所有居民总人数。

利用表 11.8 计算出的样本农户的人均受偿金额 1000.05 元/年，同时由于在亚洲象种群分布地中，西双版纳州涉及 3 个市(县)、14 个乡镇，约 22.96 万人，以傣族、哈尼族等民族为主(陈飞、唐芳林、王丹彤等，2019)，以西双版纳 22.96 万人作为计算标准，利用公式 11-6 可以求出西双版纳人象冲突受害农户的生态效益为 22961.15 万元。

11.4.3 西双版纳人象冲突地方政府成本效益汇总

前文详细核算了各级地方政府在西双版纳人象冲突过程中产生的各项成本和效益，现对西双版纳人象冲突地方政府的成本效益核算结果进行一个汇总整理(表 11.20)，以便进一步分析西双版纳人象冲突地方政府成本效益差距。

表 11.20　西双版纳人象冲突地方政府的成本效益核算结果

类　别	一级指标	二级指标	核算结果/万元	汇总/万元
地方政府成本	冲突管理成本	人力成本	633.77	44588.81
		财力成本	–	
		物力成本	–	
	补偿及预防控制成本	补偿成本	679.40	
		防控设施成本	3251.70	
		防控宣传教育成本	330.00	
	社会经济成本	直接经济成本	4381.46	
		发展机会成本	35312.48	
地方政府效益	经济效益	经济效益	9500.00	32461.15
	生态效益	生态效益	22961.15	

11.5　地方政府经济均衡的成本效益影响研究

11.5.1　数据来源

研究采用问卷调查法，以云南省西双版纳人象冲突区域作为调查对象，对西双版纳人象冲突涉及的各级地方政府的野生动物冲突管理职能部门工作人员进行问卷的发放，具体包括云南省林业部门、西双版纳州林业部门、景洪市林业部门、勐腊和勐海县林业部门和该地区相关的乡镇林业部门，受访者具体分布情况见图 11.2，可以看出受访者所属的各级地方政府覆盖较全面，具有较强代表性。调查采用问卷星和在线访谈相结合的方式，调查问卷于2020 年 4 月发放 160 份，回收 152 份，其中剔除缺失值和严重失真问卷后，有效问卷 146 份，有效率达到 96.05%。

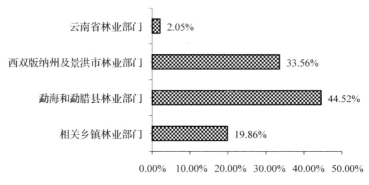

图 11.2　调查对象分布

11.5.2　研究方法

结构方程模型（Structure Equation Model，SEM）由测量模型和结构模型组成，测量模型用来描述观测变量与潜变量的关系并评价每个潜变量的可靠性，结构模型是来描述各个潜变量间的一系列关系与检验各条路径的统计显著性。因此结构方程模型是分析西双版纳人象冲突地方政府经济均衡的成本效益影响因素及影响程度的较好方法。

$$测量模型：\begin{cases} X = \Lambda_X \xi + \delta \\ Y = \Lambda_Y \eta + \varepsilon \end{cases} \tag{11-7}$$

结构模型：$\eta = B\eta + \Gamma\xi + \zeta$

其中，X、Y 分别为外生观测变量与内生观测变量；ξ、η 分别为外生潜变量与内生潜变量；Λ_X 为 X 在 ξ 上的因子载荷矩阵；Λ_Y 为 Y 在 η 上的因子载荷矩阵；δ、ε 为测量误差；B、Γ 为结构方程路径系数；ζ 为误差项。

11.5.3　变量选择

对于地方政府而言，"经济均衡"是指人象冲突管理给其带来的各项效益可以弥补人象冲突带来的各项成本的状态，由于地方政府人象冲突管理效益主要分为经济效益与生态效益两部分，本研究通过设计题项"亚洲象保护带来的生态旅游等产业发展/生态环境改善能否弥补人象冲突对当地带来的损失？"

来调查各级地方政府在人象冲突管理中的经济均衡水平。而在地方政府人象冲突管理的成本和效益上，通过借鉴前文构建的野生动物冲突各方成本效益指标体系，把地方政府人象冲突成本分为冲突管理成本、冲突补偿与预防控制成本和冲突社会经济成本，人象冲突管理成本主要指人力、财力和物力成本；冲突补偿与预防控制成本分为人象冲突补偿成本、防控设施成本和防控宣传教育成本；人象冲突社会经济成本分为冲突直接社会经济成本和发展机会成本。亚洲象保护与冲突管理虽然给地方政府造成了沉重的直接和间接成本，但不可否认的是亚洲象保护与冲突管理的实施带来了野生动物种群数量的增加与生态环境的改善，从而促进了相关产业与生态旅游业的发展。故地方政府人象冲突管理效益分为管理的经济效益和生态效益，具体见表 11.21。

综上所述，本研究共涉及了十个观测变量，如表 11.21 所示。问卷测量方法采用分级量表，对其赋值"1~5"以表示被调查者对问题的看法和态度强弱。

表 11.21　地方政府经济均衡的结构方程变量及测量方法

潜变量	代码	观测变量	测量方法
	TC_{L1}	冲突管理成本	1=非常不紧张；2=不紧张；3=一般；4=紧张；5=非常紧张
	TC_{L2}	冲突补偿成本	1=非常小；2=较小；3=一般；4=较大；5=非常大
总成本	TC_{L3}	防控设施成本	1=非常小；2=较小；3=一般；4=较大；5=非常大
（TC_L）	TC_{L4}	防控宣传成本	1=非常小；2=较小；3=一般；4=较大；5=非常大
	TC_{L5}	直接经济成本	1=非常不严重；2=不严重；3=一般；4=严重；5=非常严重
	TC_{L6}	发展机会成本	1=非常不严重；2=不严重；3=一般；4=严重；5=非常严重
总效益	TR_{L1}	经济效益	1=非常不赞同；2=不赞同；3=一般；4=赞同；5=非常赞同
（TR_L）	TR_{L2}	生态效益	1=非常不赞同；2=不赞同；3=一般；4=赞同；5=非常赞同
经济均衡	EE_{L1}	经济效益弥补效果	1=非常不赞同；2=不赞同；3=一般；4=赞同；5=非常赞同
（EE_L）	EE_{L2}	生态效益弥补效果	1=非常不赞同；2=不赞同；3=一般；4=赞同；5=非常赞同

11.5.4　数据正态性检验

数据分析前应对各个观测变量的均值、标准差、偏度和峰度做描述性统计，以确定样本数据是否可以进行结构方程模型分析。统计上一般认为偏度绝对值小于3，峰度绝对值小于10时，数据基本符合正态性分布。如表11.22所示，偏度绝对值最大是0.929（见 TR_{L2}），峰度绝对值最大为0.925（见 TR_{L2}），故样本数据通过正态性检验，可以进行下一步的计量分析。

表11.22 观测变量的描述性统计

潜变量	代码	均值	标准差	最小值	最大值	偏 度		峰 度	
						统计值	标准误	统计值	标准误
总成本 （TC_L）	TC_{L1}	3.710	0.911	2	5	-0.268	0.201	-0.692	0.399
	TC_{L2}	3.780	0.649	3	5	0.247	0.201	-0.685	0.399
	TC_{L3}	3.820	0.785	2	5	-0.367	0.201	-0.135	0.399
	TC_{L4}	3.570	0.813	1	5	-0.224	0.201	0.380	0.399
	TC_{L5}	3.860	0.868	2	5	-0.435	0.201	-0.413	0.399
	TC_{L6}	3.320	0.812	1	5	-0.168	0.201	-0.348	0.399
总效益 （TR_L）	TR_{L1}	3.680	0.861	1	5	-0.524	0.201	0.026	0.399
	TR_{L2}	3.930	0.892	1	5	-0.929	0.201	0.925	0.399
经济均衡 （EE_L）	EE_{L1}	3.440	0.695	1	5	-0.715	0.201	0.275	0.399
	EE_{L2}	3.360	0.803	1	5	-0.898	0.201	0.486	0.399

数据来源：调研数据计算。

11.5.5 因子分析

管理总成本、总效益和经济均衡三个变量作为潜变量处理，需做因子分析，以确定观测变量是否能全面客观衡量各项潜变量。首先，要用 KMO 和 Bartlett 检验测量数据是否适合做因子分析，如表11.23所示 KMO（Kaiser-Meyer-Olkin）测量结果为0.773，Bartlett 球体检验的卡方检验值为518.653，且结果显著。两个测量结果表明数据间具有较高的相关性，适宜做因子分析。其次，要用 Cronbach Alpha 系数进行信度检验，判断因子内部结构是否具有一致性和稳定性。Cronbach's Alpha 值在0.706~0.790，整体 Cronbach's Alpha 值为0.729，表示各个观测变量指标一致性较强（表11.24）。因子分析是对问卷项目用主成分分析法提取特征根值大于1的因子，最终判别出衡量效果，如表11.24所示各观测变量标准因子载荷系数在0.602以上，累计贡献率在70%以上，表明所选定的观测变量对潜变量的衡量效果好，本部分主要使用 SPSS 统计软件运行完成。

表 11.23　KMO 和 Bartlett 检验

Kaiser-Meyer-Olkin 检验		0.773
Bartlett 球体检验	卡方检验值	518.653
	自由度	45
	显著性水平	0.000

表 11.24　信度与效度分析结果

潜变量	代码	标准因子载荷	累计贡献率(%)	Cronbach's Alpha
总成本 （TC_L）	TC_{L1}	0.617	35.300	0.790
	TC_{L2}	0.664		
	TC_{L3}	0.646		
总成本 （TC_L）	TC_{L4}	0.602		
	TC_{L5}	0.698		
	TC_{L6}	0.617		
总效益 （TR_L）	TR_{L1}	0.755	59.731	0.784
	TR_{L2}	0.726		
经济均衡 （EE_L）	EE_{L1}	0.610	71.933	0.706
	EE_{L2}	0.605		

数据来源：调研数据计算

11.5.6　模型拟合及结果

利用 AMOS 22.0 中的极大似然法对未知参数进行估计，依据修正指数（MI）和理论判断，建立了人象冲突的社会经济直接损害和社会经济发展限制的相关关系，即 e5 和 e6 的相关关系，最后确定的结构方程模型路径如图 11.3 所示。

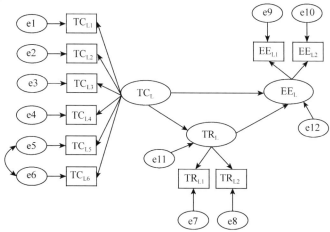

图 11.3　结构方程模型路径

模型运行前需对拟合效果进行评价，选取绝对指数、相对指数和简约拟合指数评价模型拟合效果。如表 11.25 所示，所有指标均达到判定标准。综合各类评价指标，模型拟合效果良好。

表 11.25 结构方程模型拟合指标及拟合评价

	统计检验量	说 明		判定标准	拟合值	拟合评价
绝对指数	卡方值与自由度的比值	χ^2/df	$\chi^2/df>0$	2~3 一般，<2 理想	0.835	理想
	近似误差均方根	RMSEA		<0.05 较好，<0.01 理想	0.000	理想
	拟合优度指标	GFI	0<GFI<1	>0.5 接受，越接近 1 越好	0.966	理想
	调整拟合优度指标	AGFI	0<AGFI<1	>0.5 接受，越接近 1 越好	0.939	理想
相对指数	规范拟合指标	NFI	0<NFI<1	0~1，越高越好	0.952	接受
	相对拟合指标	RFI	0<RFI<1	>0.9 接受	0.930	接受
	增值拟合指标	IFI	0<IFI<1	通常>0.9	1.010	接受
	比较拟合指标	CFI	0<CFI<1	通常>0.9	1.000	接受
简约指数	简约规范拟合指标	PNFI	0<PNFI<1	>0.5 接受，越高越好	0.656	接受
	简约比较拟合指标	PCFI	0<PCFI<1	>0.5 接受，越高越好	0.689	接受

表 11.26 是图 11.3 所示的所有路径系数估计结果。结构模型中单箭头表示潜变量间的因果关系，测量模型中单箭头表示潜变量对观测变量的负载作用。

表 11.26 结构方程变量路径系数估计结果

	路 径	未标准化路径系数	标准误差	C.R	P	标准化路径系数
结构模型	$EE_L<--TC_L$	−0.378	0.084	−4.518	＊＊＊	−0.482
	$EE_L<--TR_L$	0.546	0.088	6.209	＊＊＊	0.834
测量模型	$TC_{L1}<--TC_L$	1.000				0.618
	$TC_{L2}<--TC_L$	0.921	0.130	7.072	＊＊＊	0.800
	$TC_{L3}<--TC$	1.062	0.158	6.702	＊＊＊	0.762
	$TC_{L4}<--TC$	0.881	0.151	5.841	＊＊＊	0.611
	$TC_{L5}<--TC$	0.756	0.154	4.915	＊＊＊	0.491
	$TC_{L6}<--TC$	0.518	0.137	3.770	＊＊＊	0.359
	$TR_{L2}<--TR_L$	1.000				0.757
	$TR_{L1}<--TR_L$	1.088	0.135	8.081	＊＊＊	0.853
	$EE_{L2}<--EE_L$	1.000				0.636
	$EE_{L1}<--EE_L$	1.315	0.195	6.732	＊＊＊	0.723

注：＊＊＊表示 $P<0.01$。

11.5.7 结果分析

从表 11.26 测量模型的参数显著性估计看，各大观测变量在 0.1% 的显著水平上通过检验，表明潜变量与观测变量之间的因子载荷系数估计具有统计学意义。

(1) 西双版纳人象冲突地方政府经济均衡的成本影响分析。从表 11.26 的结构模型中可以看出地方政府人象冲突总成本对其实现经济均衡的影响路径系数为 -0.482，通过 0.1% 的显著性检验，说明冲突总成本每减少 1 单位，地方政府经济均衡的实现便增进 0.482 个单位。人象冲突各类成本对地方政府经济均衡实现的影响程度大小为：冲突补偿成本 (0.800) > 防控设施成本 (0.762) > 冲突管理成本 (0.618) > 防控宣传成本 (0.611) > 直接经济成本 (0.491) > 发展机会成本 (0.359)。人象冲突严重的地区往往处于经济较为落后的偏远地区，地方财政无法承受冲突的补偿支出，同时为了防控人象冲突，地方政府采取各类预防控制手段，除了传统的防控设施 (防象沟、防象壁及防象围栏)，还推广现代化的预警系统，不可避免地产生了更大的财政压力，沉重的冲突补偿成本和预防控制设施成本严重影响了地方政府人象冲突管理的经济均衡的实现。

(2) 西双版纳人象冲突地方政府经济均衡的效益影响分析。从表 11.26 的结构模型中可以看出地方政府人象冲突总效益对其实现经济均衡的影响路径系数为 0.834，通过 0.1% 的显著性检验，说明冲突总效益每增加 1 单位，地方政府经济均衡的实现便增进 0.834 个单位。各类效益对地方政府经济均衡实现的影响程度大小为：经济效益 (0.853) > 生态效益 (0.757)，表明当亚洲象保护给当地带来的各类效益，尤其是经济效益明显提高时，便能有效促进地方政府的人象冲突管理的经济均衡的实现。

11.5.8 总结与讨论

本部分运用结构方程模型对西双版纳人象冲突地方政府经济均衡的成本效益影响进行了研究，识别出了经济均衡的显著影响因素及具体影响程度，得出：①冲突总成本对地方政府经济均衡的实现有显著负影响，路径系数为 -0.482，冲突补偿成本和防控设施成本的影响最大，路径系数分别为 0.800 和 0.762；②冲突管理效益对地方政府经济均衡的实现有显著正影响，路径系数为 0.834，其中经济效益的影响最大，路径系数为 0.853。据此应拓宽人象冲突管理补偿资金的来源渠道，降低地方政府的人象冲突管理的各项成本，尤其是预防控制成本，同时国家应出台相关政策大力发展当地的野生动物生态旅游相关产业，使得亚洲象保护与当地经济社会环境系统之间和谐发展，提高地方政府人象冲突管理的经济效益水平，便能有效地促进地方政府经济均衡的实现。

11.6　西双版纳人象冲突中央政府成本效益的核算

目前我国野生亚洲象仅存300头左右，是野生大熊猫数量的1/6。亚洲象早在1997年就被国际自然保护联盟（IUCN）列为濒危物种（EN），并列入濒危野生动植物种国际贸易公约（CITES）附录Ⅰ，同时也是我国首批的国家一级重点保护野生动物。人象冲突是目前亚洲象保护工作面临的最大难题，而亚洲象保护工作对我国生态文明建设和生态安全维持意义重大。中央政府作为全国人民利益的代表，在国家的生物多样性保护和生态文明建设上承担了首要责任，同时中央政府也是全国野生动物保护与冲突管理的总领导者、指挥者和监督者，全面核算中央政府在西双版纳人象冲突管理中的成本效益对于其进一步优化管理政策十分必要。

11.6.1　西双版纳人象冲突中央政府成本的核算

据前文构建的中央政府成本效益指标体系，把中央政府成本界定为野生动物保护投入成本、冲突管理补助成本两个部分，故西双版纳人象冲突中央政府成本为西双版纳亚洲象保护投入成本和人象冲突管理补助成本两部分。

（1）西双版纳亚洲象保护中央政府投入成本的核算。为了保护亚洲象等珍稀野生动植物及其栖息地，1958年国家成立了西双版纳自然保护区，1986年经国务院批准升级为西双版纳国家级自然保护区，每年国家投入相关资金用于西双版纳自然保护区的建设和运行，其中包含了对野生亚洲象的保护资金。据相关资料显示，2016年国家投资2000万实施亚洲象保护工程（李纯、曹大藩，2019）。

（2）西双版纳人象冲突中央政府管理补助成本的核算。亚洲象是我国首批国家一级重点保护野生动物，新修订的《野生动物保护法》规定中央政府对国家级重点保护野生动物相关的预防控制与肇事补偿经费予以适当补助。随着人象冲突日趋激烈，2006年后中央财政每年安排500万元专项补助经费，同时2008年国家林业局在云南、西藏、陕西、吉林四个省（自治区）开展野生动物肇事补偿试点工作，而西双版纳州2008—2010年三年都被纳入国家财政部、国家林业局的野生动物肇事补偿试点地区，期间每年的试点经费在500万元左右（王研，2010）。综上，西双版纳人象冲突中央政府管理补助成本约为1000万元。

11.6.2 西双版纳人象冲突管理中央政府效益的核算

野生动物资源具有巨大的价值，主要分为野生动物的经济价值与生态价值，故西双版纳人象冲突管理中央政府效益分为经济效益和生态效益两部分。

(1)西双版纳人象冲突管理中央政府经济效益的核算。人象冲突管理中央政府经济效益表现为我国亚洲象资源产生的各类经济效益，根据我国亚洲象管理的实际，其经济效益主要包括生态旅游效益和亚洲象形象利用产业相关效益。亚洲象生态旅游主要集中在西双版纳野象谷景区，据西双版纳国家级自然保护区管护局统计，2013年野象谷景区接待游客139.19万人次、旅游直接收入0.95亿元。故西双版纳人象冲突管理生态旅游经济效益为9500万元，而我国亚洲象形象利用产业效益，本研究借鉴马春艳(2015)的计算结果192544.8万元，故西双版纳人象冲突管理中央政府经济效益为202044.8万元。

(2)西双版纳人象冲突管理中央政府生态效益的核算。野生动物作为生态系统的重要组成部分，发挥着巨大的生态效益，主要体现在野生动物数量的增加以及栖息地环境的改善上，可以采用生态系统与生物多样性评估模型进行计算。本研究采用森林物种保育效益来反映亚洲象的生物多样性保护效益，主要采用Shannon-Wiener指数这一定量客观的方法，通过计算研究区域不同森林生态系统的物种丰富度指数(Shannon-Wiener指数)，再乘以林分面积，从而得到该地区生物多样性保护价值。另外，根据专家咨询，本研究欲采用生物多样性保护效益中的30%来表示野生亚洲象的生物多样性保护效益。根据张颖(2002)计算，西南高山区的生物多样性价值是每公顷228623.11元。我国现存野生亚洲象约300头，栖息地面积约70万公顷，而西双版纳国家级自然保护区包含了85%以上的亚洲象(陈飞，唐芳林，王丹彤等，2019)。根据公式11-8可以计算出西双版纳人象冲突管理中央政府生态效益为4080922万元(228623.11×70万×0.85×0.3 = 4080922万元)。

$$R_{C_2} = \sum_{i=1}^{n} S_i A_i \times 30\% \tag{11-8}$$

式中：S_i——单位面积物种多样性保育价值量；

A_i——调查区域的亚洲象栖息地面积(单位：公顷)。

11.6.3 西双版纳人象冲突中央政府成本效益汇总

前文详细核算了西双版纳人象冲突中央政府的各项成本和效益，现对中央政府在西双版纳人象冲突中成本效益的核算结果进行一个汇总整理(表11.27)，以便进一步优化中央政府对西双版纳人象冲突管理工作。

表 11.27　西双版纳人象冲突中央政府成本效益核算结果

类　别	一级指标	二级指标	核算结果/万元	汇总/万元
中央政府 成本	保护投入成本	保护投入成本	2000.00	3000.00
	冲突管理补助成本	冲突管理补助成本	1000.00	
中央政府 效益	经济效益	经济效益	202044.80	4282966.80
	生态效益	生态效益	4080922.00	

11.7　中央政府经济均衡的成本效益影响研究

11.7.1　数据来源

研究采用问卷调查法和在线半结构式访谈相结合的方法，对国家林业和草原局的野生动物资源管理部门(动植物司)的领导和工作人员进行了采访。问卷调查主要采用问卷星的方式，于 2020 年 4 月发放 8 份，2020 年 4 月回收 5 份，由于该职能部门的领导和工作人员数量有限，故搜集的问卷样本较少。

11.7.2　研究方法

由于调查对象实际人员有限，本部分搜集的问卷样本较少，主要采用简单描述统计和交叉分析法来分析中央政府亚洲象保护与冲突管理工作的经济均衡水平与其成本效益的关系。交叉分析法是用于分析两个变量之间的相互关系的一种基本数据分析法，即把统计分析数据制作成二维交叉表格，将具有一定联系的变量分别设置为行变量和列变量，两个变量在表格中的交叉结点即为变量值，通过表格体现变量之间的关系。

11.7.3　变量选择

亚洲象作为我国首批的国家一级重点保护野生动物，对我国生态文明建设和生态安全维持意义重大。中央政府作为国家利益的代表，在亚洲象保护与人象冲突管理中的主要诉求是亚洲象得到有效保护和人象冲突得到有效缓解，生物多样性和生态安全得到充分保障。中央财政每年对亚洲象保护都有相应的资金投入，同时按照《野生动物保护法》第十九条规定对人象冲突补偿和预防控制措施也予以资金补助。中央政府是亚洲象野生动物资源的所有者，代表全国享受亚洲象保护与冲突管理所带来的经济效益与生态效益。故对于中央政府而言，"经济均衡"是指人象冲突管理给其带来的各项效益可以弥补人象冲突管理的各项投入成本的状态，本研究通过设计题项"当前云南省人象冲突管理与保护效果能否达到中央政府的投入成本预期？"来反映中央政府在人象冲突管理中的经济均衡水平，见表 11.28。

表 11.28　中央政府经济均衡的成本效益变量

类　型	代码	变　量	测量方法
总成本	TC_{C1}	保护投入成本	1=非常小；2=小；3=一般；4=大；5=非常大
（TC_C）	TC_{C2}	冲突补助成本	1=非常小；2=小；3=一般；4=大；5=非常大
总效益	TR_{C1}	经济效益	1=非常不明显；2=不明显；3=一般；4=明显；5=非常明显
（TR_C）	TR_{C2}	生态效益	1=非常不明显；2=不明显；3=一般；4=明显；5=非常明显
经济均衡	EE_C	效果评价	1=非常低；2=较低；3=一般；4=较高；5=非常高

11.7.4　结果与分析

中央政府在人象冲突管理与保护工作的经济均衡水平从图 11.4 看出主要集中在一般和较高两方面，分别占到 60% 和 40%。这说明中央政府认为我国人象冲突管理与亚洲象保护工作基本达到了中央政府的财政投入预期，但还有较大提升空间。

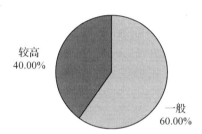

较高
40.00%

一般
60.00%

图 11.4　中央政府人象冲突管理的经济均衡水平

在中央政府对亚洲象保护与冲突管理工作的投入成本上，从图 11.5 可以看出：认为中央政府对亚洲象保护投入一般的占 60%，较大的占 40%，而认为中央政府对人象冲突补助成本投入较大的占 60%，一般的占 40%。这说明按照《野生动物保护法》规定，中央已经对地方的亚洲象保护与冲突管理工作进行了一定投入，但还有较大的增加空间。

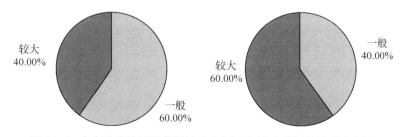

较大
40.00%

一般
60.00%

一般
40.00%

较大
60.00%

图 11.5　中央政府的亚洲象保护成本（左）与冲突管理补助成本（右）

在中央政府的亚洲象保护与冲突管理工作的效益感知上，从图 11.6 可以

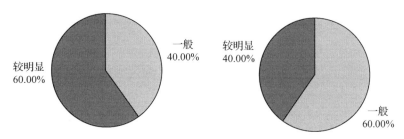

图 11.6　中央政府的亚洲象保护与冲突管理经济效益(左)与生态效益(右)

看出：认为亚洲象保护与冲突管理带来的经济效益较明显的占 60%，一般的占 40%，而认为亚洲象保护与冲突管理带来的生态效益较明显的占 40%，一般的占 60%。这说明中央政府认为当前亚洲象保护与冲突管理带了一定的经济与生态效益，但还有较大的增加空间。

在中央政府人象冲突管理成本效益水平和其经济均衡的关系上，中央政府投入成本越小，经济均衡水平越高。具体情况如下：保护投入成本为 3.50，即接近"较大"程度，中央政府人象冲突管理经济均衡水平为"一般"，而当保护投入成本降为 3.33 时，即接近"一般"程度，中央政府人象冲突管理经济均衡水平升为"较高"；冲突补助成本为 4.00，即处于"较大"程度，中央政府人象冲突管理经济均衡水平为"一般"，而当冲突补助成本降为 3.33 时，即接近"一般"程度，中央政府人象冲突管理经济均衡水平升为"较高"。可以看出相较于冲突补助成本，保护投入成本的变化对中央政府的经济均衡水平影响更大，如表 11.29 所示。可能原因是现实中中央政府对亚洲象保护的投入成本相较于人象冲突补助成本更高，中央政府对该部分保护投入成本的期望效果越高，故该保护投入成本对其经济均衡水平影响越大。

表 11.29　中央政府人象冲突管理成本效益与经济均衡关系

	中央政府人象冲突管理经济均衡				
	1=非常低	2=较低	3=一般	4=较高	5=非常高
保护投入成本	–	–	3.50	3.33	–
冲突管理补助成本	–	–	4.00	3.33	–
冲突管理经济效益	–	–	3.00	4.00	–
冲突管理生态效益	–	–	3.33	4.00	–

数据来源：调研数据计算

另一方面，亚洲象保护后的经济效益和生态效益越大，中央政府的人象冲突管理经济均衡水平越高。具体情况如下：经济效益为 3.00，即处于"一般"程度，中央政府的人象冲突管理经济均衡水平为"一般"，而当经济效益增加到 4.00 时，即处于"较大"程度，中央政府的人象冲突管理经济均衡水平升为"较高"；生态效益为 3.33，即接近"一般"程度，中央政府的人象冲突管理经济均衡水平为"一般"，而当生态效益增加到 4.00 时，即处于"较大"程度，中央政府的人象冲突管理经济均衡水平升为"较高"。可以看出相较于经济效益，生态效益的变化对中央政府的经济均衡水平影响更大，如表 11.29 所示。原因可能是中央政府作为全国利益的代表，在亚洲象保护与冲突管理上更加看重其生态效益的发挥，其经济效益的大小并不是中央政府亚洲象保护与冲突管理的首要目标，故生态效益对中央政府人象冲突管理的经济均衡水平影响更大。

11.7.5 总结与讨论

本部分运用简单描述统计和交叉分析法来分析中央政府人象冲突管理与保护的经济均衡水平与成本效益的关系，发现：①中央政府投入成本越小，经济均衡水平越高，相较于冲突补助成本，保护投入成本的变化对中央政府经济均衡水平的影响更大；②亚洲象保护后的经济效益和生态效益越大，中央政府的人象冲突管理经济均衡水平越高，相较于经济效益，生态效益的变化对中央政府经济均衡水平的影响更大。据此应提高中央政府亚洲象保护投入资金的使用效率，努力发挥亚洲象保护与冲突管理后带来的生态效益，使亚洲象保护事业走上可持续发展道路，便能有效提高中央政府亚洲象保护与冲突管理的经济均衡水平。

11.8 西双版纳人象冲突社会公众成本效益的核算

亚洲象作为我国首批国家一级重点保护野生动物，目前仅存约 300 头，亚洲象保护带来的巨大生态价值使广大社会公众受益，根据"谁受益，谁补偿"的原则，社会公众在亚洲象保护中亦应承担相应的责任和义务，故核算社会公众在人象冲突中的成本效益对于挖掘其补偿支付潜力意义重大。

11.8.1 西双版纳人象冲突社会公众成本的核算

当前我国野生动物冲突管理实行的是政府负责制，社会公众在人象冲突管理中并无相关直接成本，但各级政府的亚洲象保护与冲突管理经费本质上是源于社会公众缴纳的税收收入，社会公众在西双版纳亚洲象保护与冲突管理中存在潜在成本支出，根据支付意愿法来对其进行核算。亚洲象保护资金主要用于栖息地保护、种群监测与科学研究、遗传多样性保护等方面，亚洲象冲突管理只是亚洲象保护的一部分，故应调查社会公众在亚洲象保护支付意愿中愿意用于冲突管理的比例来计算人象冲突的社会公众成本。

支付意愿法(WTP)是采用调查问卷的方式,给被调查者创造一个假想市场的过程。为了使受访者能充分了解相关信息,问卷涵盖三个方面:①对亚洲象现状及濒危程度的背景介绍;②对受访者基本社会经济特征的调查;③引导受访者支付意愿的方式(参考附录-问卷Ⅴ)。本研究于2020年3~4月通过问卷星平台对我国各省社会公众进行了调查,发放问卷680份,收回有效问卷665份,回收有效率达97.79%,具体来源分布见表11.30,可以看出社会公众的来源省份较广,覆盖我国30个省、自治区和直辖市。由于我国亚洲象仅分布在云南省南部,调查有针对性地增加了云南省的样本数,以保证研究的科学性。样本的基本特征如表11.31所示,可以看出样本特征分布较广,具有较强代表性,能反映研究区域社会公众的基本情况。

表11.30 社会公众的调查样本来源分布

省份	样本数	省份	样本数	省份	样本数	省份	样本数	省份	样本数
云南	135	北京	27	福建	16	甘肃	19	广东	23
广西	17	贵州	15	海南	15	河北	14	河南	16
黑龙江	12	湖北	18	湖南	39	吉林	16	江苏	19
江西	17	辽宁	12	内蒙古	10	宁夏	38	山东	22
山西	26	陕西	33	上海	16	四川	16	台湾	2
天津	13	新疆	12	安徽	16	浙江	15	重庆	16

数据来源:调查问卷。

表11.31 受访者基本情况

变 量	变量属性	样本人数	比 例
性 别	男	288	43.31%
	女	377	56.69%
年 龄	18~30岁	232	34.89%
	31~50岁	284	42.71%
	51~60岁	123	18.49%
	60岁以上	26	3.91%
教育程度	小学及以下	6	0.90%
	初中	112	16.84%
	高中或中专	224	33.68%
	大学或大专	228	34.29%
	研究生及以上	95	14.29%

（续）

变　量	变量属性	样本人数	比　例
职　业	公务员	61	9.17%
	科研人员	19	2.86%
	学生	133	20.00%
	教师	132	19.85%
	企业职员	98	14.74%
	私营业主	34	5.11%
	军人	14	2.11%
	离退休人员	37	5.56%
	自由职业	68	10.22%
	其他	69	10.38%
个人月收入（元/月）	3000 以下	278	41.80%
	3001～5000	154	23.16%
	5001～10000	158	23.76%
	10001～15000	54	8.12%
	15001～20000	8	1.20%
	20000 以上	13	1.95%
亚洲象喜爱程度	非常喜爱	99	14.89%
	喜爱	252	37.89%
	无所谓	310	46.62%
	厌恶	2	0.30%
	非常厌恶	2	0.30%
亚洲象保护零支付原因	经济收入较低	157	52.68%
	认为应由国家出资	27	9.06%
	对亚洲象保护不感兴趣	94	31.54%
	其他	20	6.71%

数据来源：调研数据。

在调查的有效问卷中，非零支付（愿意支付）所占比例为 54.44%，在所有零支付原因中，经济收入较低的占 52.68%，认为其应由国家出资的占 9.06%，对亚洲象保护不感兴趣的占 31.54%。这说明一方面由于收入水平受限，而另一方面因公众对亚洲象的关注不高、兴趣不大。亚洲象属于公共物品范畴，人们往往都存在"搭便车"的心理，故当前应加强宣传亚洲象保护的公众参与理念（表 11.31）。

表 11.32　支付金额分布表

支付金额(元/年)	样本人数	比　例	累计比例
0~50	120	33.15%	33.15%
51~100	116	32.04%	65.19%
101~150	28	7.73%	72.92%
151~200	33	9.12%	82.04%
201~250	5	1.38%	83.42%
251~300	8	2.21%	85.63%
301~350	2	0.55%	86.18%
351~400	2	0.55%	86.73%
401~450	1	0.28%	87.01%
451~500	16	4.42%	91.43%
501~550	12	3.31%	94.74%
551~600	1	0.28%	95.02%
601~650	0	0.00%	95.02%
651~700	0	0.00%	95.02%
701~750	2	0.55%	95.57%
751~800	1	0.28%	95.85%
801~850	1	0.28%	96.13%
851~900	1	0.28%	96.41%
901~950	0	0.00%	96.41%
951~1000	7	1.93%	98.34%
1000 以上	6	1.66%	100.00%

数据来源：调研数据。

社会公众的亚洲象保护支付金额见表 11.32，根据公式 11-9 计算得出人均亚洲象冲突管理支付意愿为 22.22 元。由于我国具有支付能力的人群一般为 15 岁以上，考虑到我国的实际，本研究把支付范围确定为全国的城镇人口，根据《中国统计年鉴 2019》中人口数据测算得到全国 15 岁以上的城镇人口为 69086.85 万人。得到西双版纳亚洲象冲突管理支付意愿为 153.54 亿元，故社会公众的西双版纳亚洲象保护与冲突管理的潜在成本核算结果为 153.54 亿元(22.22×69086.85 万 = 153.54 亿元)。

$$C_P = \text{WTP}_{C_P} = \frac{\sum_{i=1}^{k} \text{WTP}_i D_I}{N} \times P \times M \qquad (11\text{-}9)$$

式中：WTP_{C_P}——社会公众亚洲象保护与冲突管理的成本；

$\quad\quad\mathrm{WTP}_i$——有效公众样本第 i 种情况的亚洲象保护支付金额；

$\quad\quad D_i$——受访公众愿意为人象冲突管理支付的百分比；

$\quad\quad N$——样本公众总数；

$\quad\quad P$——样本公众愿意支付的比例；

$\quad\quad M$——社会公众总数。

11.8.2 西双版纳人象冲突社会公众效益的核算

就社会公众而言，人象冲突的有效管理给其带来的最大效益便是生态效益。社会公众是我国亚洲象生态价值的最大受益者，而衡量野生动物生态价值目前学界比较认可的是条件价值评价法。本研究主要采用社会公众对西双版纳亚洲象保护愿意支付的费用来衡量社会公众的西双版纳亚洲象保护与冲突管理的生态效益，即采用支付意愿法来计算，社会公众的亚洲象保护支付金额见表 11.32，根据公式 11-10 计算得出人均亚洲象保护支付意愿为 86.28元。由于我国具有支付能力的人群一般为 15 岁以上，考虑到我国的实际，本研究把支付范围确定为全国的城镇人口，根据《中国统计年鉴 2019》中人口数据测算得到全国 15 岁以上的城镇人口为 69086.85 万人，因此得出，社会公众的亚洲象保护支付意愿为 596.08 亿元，故社会公众的西双版纳亚洲象保护与冲突管理的生态效益核算结果为 596.08 亿元(86.28×69086.85 万 = 596.08 亿元)。

$$R_P = \mathrm{WTP}_{R_P} = \sum_{i=1}^{k} \mathrm{WTP}_i \frac{n_i}{N} \times P \times M \quad\quad (11\text{-}10)$$

式中：WTP_{R_P}——社会公众亚洲象保护与冲突管理的生态效益；

$\quad\quad\mathrm{WTP}_i$——有效样本公众第 i 种情况亚洲象保护的支付金额；

$\quad\quad m^i$——样本公众中支付金额为 WTP_i 的个数；

$\quad\quad N$——样本公众总数；

$\quad\quad P$——样本公众愿意支付的比例；

$\quad\quad M$——社会公众总数。

11.8.3 西双版纳人象冲突社会公众成本效益汇总

前文详细核算了西双版纳人象冲突社会公众的各项成本和效益，现对社会公众在西双版纳亚洲象保护与冲突管理中成本效益的核算结果进行一个汇总整理(表 11.33)，以便进一步发挥社会公众在西双版纳亚洲象保护中的作用。

表 11.33　西双版纳人象冲突社会公众成本效益核算结果

类别	一级指标	二级指标	核算结果/亿元	汇总/亿元
成本	社会公众成本	间接成本	153.54	153.54
效益	社会公众效益	生态效益	596.08	596.08

11.9　社会公众经济均衡的成本效益影响研究

11.9.1　数据来源

本研究于 2020 年 3～4 月通过问卷星平台对我国 30 个省、自治区、直辖市的社会公众进行了调查，发放问卷 680 份，收回有效问卷 665 份，回收有效率达 97.79%。调查样本的具体来源分布见表 11.30，可以看出社会公众的来源省份较广，覆盖我国 30 个省、自治区和直辖市，而由于我国亚洲象仅分布在云南省南部，本次调查有针对性地增加了云南省社会公众的样本数，以保证研究的科学性。

11.9.2　研究方法

交叉分析法是用于分析两个变量之间的相互关系的一种基本数据分析法，即把统计分析数据制作成二维交叉表格，将具有一定联系的变量分别设置为行变量和列变量，两个变量在表格中的交叉结点即为变量值，通过表格体现变量之间的关系。本研究用该方法分析社会公众成本效益变量与经济均衡的相互关系。

11.9.3　变量选择

社会公众是亚洲象保护与冲突管理生态效益的主要受益群体，其在人象冲突管理中的利益诉求为保护好亚洲象资源，更好地发挥亚洲象的生态效益。当前我国人象冲突管理实行的是政府负责制，社会公众在人象冲突管理中并无相关直接成本，但各级政府的人象冲突管理经费本质上是源于社会公众缴纳的税收收入，本研究认为社会公众在人象冲突管理中存在潜在成本支出。对于社会公众而言，"经济均衡"是指人象冲突管理给其带来的生态效益可以弥补其潜在投入成本的状态，通过设计题项"当前我国人象冲突管理与保护的效果能否达到您的预期？"来反映社会公众在人象冲突管理中的经济均衡水平。

人象冲突管理给社会公众带来的效益主要体现在生态效益的提高上，而衡量野生动物生态效益目前学界比较认可的是条件价值评价法。由于无法直接进行统计，本研究主要采用社会公众对亚洲象保护愿意支付的费用来衡量社会公众的亚洲象保护与冲突管理的生态效益，即采用支付意愿法来计算。亚洲象保护资金主要用于栖息地的保护、种群监测与科学研究、遗传多样性的保护等方面，人象冲突管理只是亚洲象保护的一部分，故调查公众在亚洲象保护支付意愿中愿意用于冲突管理的比例来计算人象冲突管理的社会公众成本，并将调查问卷结果按照实际情况划分为五等级，按程度大小对其进行赋值，见表 11.34。

表 11.34 社会公众经济均衡的成本效益变量及测量方法

变 量	测量方法
经济均衡	1＝非常低；2＝较低；3＝一般；4＝较高；5＝非常高
总成本（潜在成本）	1＝非常小；2＝较小；3＝一般；4＝较大；5＝非常大
总收益（生态效益）	1＝非常小；2＝较小；3＝一般；4＝较大；5＝非常大

11.9.4 结果与分析

在社会公众人象冲突管理的经济均衡水平上，从图 11.7 可以看出调查的社会公众人象冲突管理的经济均衡水平较高和非常高分别占 20.75% 和 1.65%，而绝大多数的经济均衡水平一般，占 63.91%。这说明我国亚洲象保护与冲突管理工作还有较大的提升空间，以保证带给社会公众充分的生物多样性保护的生态效益。

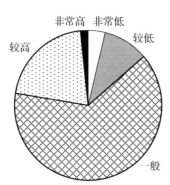

图 11.7 社会公众调查样本的经济均衡水平

在社会公众人象冲突管理的潜在投入成本和其经济均衡的关系上，如表 11.37 所示：潜在投入成本为 2.43，即接近"较小程度"，此时社会公众人象冲突管理的经济均衡水平为"非常高"，而当潜在投入成本增加到 3 时，即达到"一般程度"，社会公众人象冲突管理的经济均衡水平降至"非常低"。这说明社会公众的潜在投入成本越高，社会公众人象冲突管理的经济均衡水平越低，原因可能是社会公众人象冲突管理的潜在投入成本越高，说明其越关注人象冲突事件，以及越了解当前人象冲突管理存在的问题，社会公众的人象冲突管理经济均衡水平便越低。

在社会公众人象冲突管理的效益水平和其经济均衡的关系上，如表 11.37 所示：生态效益为 2.42，即接近"较小程度"，此时社会公众的人象冲突管理的经济均衡水平为"非常低"，而当生态效益增加到 3.13 时，即超过"一般程度"，社会公众的人象冲突管理的经济均衡水平变为"非常高"。这说明社会公众人象冲突的生态效益越高，其经济均衡水平越高，原因可能是社会公众是人象冲突管理生态效益的最大潜在受益群体，当带给社会公众的生态效益越高，便会提高其经济均衡水平。

表 11.37 社会公众人象冲突管理成本效益与经济均衡关系

| | 社会公众亚洲象保护与冲突管理经济均衡 | | | | |
	1=非常低	2=较低	3=一般	4=较高	5=非常高
潜在成本	3.00	2.76	2.67	2.54	2.43
生态效益	2.42	2.71	2.76	2.81	3.13

数据来源：调研数据计算

11.9.5 总结与讨论

本部分通过交叉分析法对社会公众人象冲突管理的经济均衡水平与成本效益的关系进行分析发现：①当前社会公众对我国人象冲突管理的经济均衡水平不高；②社会公众的冲突潜在投入成本越高，人象冲突管理的经济均衡水平越低；③社会公众的亚洲象保护生态效益越高，人象冲突管理的经济均衡水平越高。此外，经调研了解到社会公众对亚洲象保护的支付意愿比例高达 54.44%，支付人均金额达 86.28 元，其中包括冲突管理支付金额 22.22 元。据此应努力增强社会公众对我国亚洲象保护与冲突管理工作的关注度与参与度，挖掘社会公众的支付意愿，以此提高我国亚洲象保护与冲突管理水平，从而增加社会公众的亚洲象保护生态效益，便能有效地提高社会公众的亚洲象保护与冲突管理经济均衡水平。

11.10 本章小结

野生动物冲突各方"经济均衡"是指各方理性主体（个人或组织）在野生动物冲突管理中相互和各自成本效益均衡的经济状态。本章在野生动物冲突核心利益相关方的成本效益指标体系构建的基础上，对西双版纳人象冲突典型区域进行受害农户、地方政府、中央政府、社会公众的经济均衡及成本效益调研问卷的发放，了解各主要利益相关方在人象冲突过程中的各项成本效益与其自身经济均衡关系，找到影响各方经济均衡的关键成本效益因素与影响程度，为后文提出野生动物冲突管理各方经济均衡的实现策略提供依据。

在受害农户经济均衡的成本效益影响研究中发现：①冲突总成本对受害农户经济均衡的实现有显著负影响，路径系数为-0.393，其中心理创伤成本的影响最大，路径系数为0.986；②总效益对受害农户经济均衡的实现有显著正影响，路径系数为0.629，其中间接经济补偿效益的影响最大，路径系数为0.753。据此应大力推广人象冲突预防控制技术来降低冲突发生概率，同时在发生人象冲突人身伤亡事件后应对受害者及其家属进行必要心理干预，缓解其心理创伤，以及推广多种补偿方式和发展社区项目来提高人象冲突管理的间接经济补偿效益，以降低受害农户生产生活成本，有效地促进受害农户经济均衡的实现。

在地方政府经济均衡的成本效益影响研究中发现：①冲突总成本对地方政府经济均衡的实现有显著负影响，路径系数为-0.482，冲突补偿成本和防控设施成本的影响最大，路径系数分别为0.800和0.762；②冲突管理效益对地方政府经济均衡的实现有显著正影响，路径系数为0.834，其中经济效益的影响最大，路径系数为0.853。据此应拓宽人象冲突管理补偿资金的来源渠道，降低地方政府的人象冲突管理的各项成本，尤其是预防控制成本，同时国家应出台相关政策大力发展当地的野生动物相关生态旅游和繁育利用产业，使得亚洲象保护与当地经济社会环境系统之间和谐发展，提高地方政府人象冲突管理的经济效益水平，有效地促进地方政府经济均衡的实现。

在中央政府经济均衡的成本效益影响研究中发现：①中央政府投入成本越小，经济均衡水平越高，相较于冲突补助成本，保护投入成本的变化对中央政府经济均衡的影响更大；②亚洲象保护后的经济效益和生态效益越大，中央政府的人象冲突管理经济均衡水平越高，相较于经济效益，生态效益的变化对中央政府经济均衡水平的影响更大。据此应提高中央政府亚洲象保护投入资金的使用效率，努力发挥亚洲象保护与冲突管理后带来的生态效益，使亚洲象保护事业走上可持续发展道路，有效提高中央政府亚洲象保护与冲突管理的经济均衡水平。

在社会公众经济均衡的成本效益影响研究中发现：①当前社会公众对我国的人象冲突管理的经济均衡水平不高；②社会公众的冲突潜在投入成本越高，人象冲突管理的经济均衡水平越低；③社会公众的亚洲象保护生态效益越高，人象冲突管理的经济均衡水平越高。此外，经调研了解到社会公众对亚洲象保护的支付意愿比例高达 54.44%，支付人均金额达 86.28 元，其中包括冲突管理支付金额 22.22 元。据此应努力增强社会公众对我国亚洲象保护与冲突管理的关注度与参与度，挖掘社会公众的支付意愿，提高我国亚洲象保护与冲突管理水平，从而增加社会公众的亚洲象保护生态效益，有效提高社会公众亚洲象保护与冲突管理的经济均衡水平。

12 野生动物冲突管理的政策设计

在基于成本效益视角对野生动物冲突各方的经济均衡进行研究后，本章将根据前文研究结果提出实现各方经济均衡的相关策略与建议，为我国野生动物冲突管理相关法律法规的完善与未来我国野生动物冲突管理水平的进一步提高提供参考。

12.1 依据野生动物冲突的阶段进行分级管控

野生动物肇事事件的管理是动物保护工作的一部分，它是一个长期的持续性工作，需要多方力量进行配合。在管理政策的制定上，应以动物管理学、生态学等多方面理论依据作为支撑，遵循科学性原则，为人与野生动物冲突的缓和创造良好的政策环境。本节根据前文的研究成果，提出以下政策建议：

第一，针对北京市野生动物冲突所处三个阶段采用分级管理政策。本研究为北京市受冲突的乡镇，按照冲突的受损程度，划分了所处的三个阶段。结果发现，北京市野生动物冲突在各地区的差异较大，如果全市使用统一的防控政策，可能会造成受损严重的地区治理不足，而仅轻微受损的地区资源浪费的情况，所以在整体管控上，可以采取按照所处的阶段分级管控的策略。比如，对于处于冲突加速阶段的乡镇，主要采取监控政策，如门头沟区的清水镇和斋堂镇、密云区的不老屯镇和石城镇、延庆区的四海镇和永宁镇等，如有发现继续严重的倾向，则采取必要的管控措施，以防发展为冲突爆发阶段；对于已经处于冲突爆发阶段的乡镇，采取主动管理政策，如昌平区的十三陵镇、延庆区的井庄镇等乡镇，实行林下投食、更改种植结构等措施，对冲突进行防控。

第二，制定预警管理制度。根据冲突所在的阶段，设置阈值进行预警。比如，将阈值设定为"冲突加速阶段"（阶段二），那么，对于处于"冲突加速阶段"（阶段二）和"冲突爆发阶段"（阶段三）的乡镇，应对各部门及时预警，进一步判断下一步预防管理的措施。

第三，应将控制冲突波及的范围设置为优先管理的目标。区别于只关注农户损失的金额，本研究发现对野生动物冲突的管理更应该首先控制其影响的范围，建议针对有大范围肇事事件发生的区县进行重点管理。管理措施方面，结合影响因素的研究结果，可以考虑改变种植结构，比如以玉米、小麦等粮食为主要作物的地区，可以考虑成立蔬菜种植基地，进行室内蔬菜种植，也可以进行林下投食，在林间播种动物偏好的食物，减少其下山的可能性等。

第四，对于高海拔、近水源地区需要进行重点防范。研究发现海拔和水源地距离对冲突的影响较为显著，海拔越高的地区和距离水源地越近的地区更容易发生野生动物肇事事件。在实际防控过程中，应对具有这两个属性的地区加强防控。人口密度显著影响野生动物冲突的严重程度，在自然保护区周边或受损严重的地区，可以考虑适当的人口疏解措施，扩大野生动物栖息地的同时还能够保护农民的权益。

12.2 建立野生动物冲突受损的数据库管理系统

为有效预防和减缓野生动物对于农林业生产造成的损害，依据显著性的影响作物损失程度的因子及野生动物造成农作物损失分布格局变化的驱动因素，提出如下建议：

第一，建立野生动物冲突受损的数据库管理系统，积累数据资源。对野生动物冲突进行量化研究，能够对野生动物冲突的管理提供重要的理论指导，所以，有效并且及时的数据信息传输对管理是尤为重要的。建立北京市野生动物冲突的数据库，加强野生动物冲突的数据收集，为后续研究提供支撑。

第二，推进退耕还林政策的实施，对林地周边农地进行可选择性地退耕。结合野生动物资源监测数据，合理调整农耕区与野生动物栖息地范围，将多次受损严重、距离林地较近的农耕区，利用长期租赁、购买等多种手段方式，将其调整为野生动物栖息地、生态廊道或重要食物来源地，保留或开发人为活动多、野生动物活动不频繁的农地。

第三，适当控制野生动物种群增长数量，约束其活动范围。利用生物技术等对于野生动物伤害较小的措施适当控制部分野生动物种群数量及扩散范围，并可通过社会购买服务等形式利用当地农村劳动力进行生物工程技术防治野生动物危害。

第四，制定合理的野生动物造成农作物损失补偿政策，并由事后补偿向事前补偿转移，推动野生动物造成农作物损失保险业务的发展。制定并完善野生动物造成损失的补偿制度，加大补偿的经费投入，针对不同的作物类型确定相应的补偿标准，并对农地损失进行勘察、评估、核准，及时落实野生动物造成损失的补偿。建立野生动物造成农作物损失事前补偿条例，增加野生动物危害预防专项控制经费投入，编制适合当地野生动物造成农作物损失的预防控制方案，可依据预防控制措施落实情况决定补偿标准的高低。推动保险机构开展野生动物致害赔偿政策性保险业务的发展，鼓励农户对易受野生动物破坏的农地办理保险，依据农地的受损程度进行及时赔偿。

第五，统一规划野生动物造成农作物损失发生地的防护措施，普及有效的野生动物驱赶方法。将冲突的防护措施建设、管理和维护工作纳入野生动物造成农作物损失管理工作，并将行之有效的野生动物防御与驱赶措施向农户进行普及，对于损失程度较为严重的农作物(油料、高粱、玉米等)加大防护措施的实施力度，从而减少野生动物对农地的破坏。

12.3 设计野生动物保护与区域社会经济协调发展机制

随着人们对野生动物栖息地的日渐侵蚀，越来越多的野生动物处于濒危状态，这引起国际社会的广泛关注。野生动物种群数量以及分布扩散变化的研究已经从传统上单纯的生物学、生态学意义上的变动，转向综合考虑多方面影响因素的综合性研究。

从目前的分析来看，未来一段时间将非常关键，如果各种政策处置不当，进一步加剧人象冲突，加剧栖息地破碎化，极有可能带来亚洲象种群数量的减少，并且可能出现亚洲象在境内活动次数减少，直至消失的风险。因此今后一段时期，按照新修订《野生动物保护法》的投入机制变化，加快建立亚洲象保护与区域社会经济协调发展机制。采取如下政策：实现中央财政直接投入开展亚洲象生境保护，构建生态廊道，建立食物来源基地，扩大栖息地范围，尽快建立亚洲象国家公园，尝试建立多国联合保护区及保护机制。

12.4 扩大野生动物冲突受害农户损害成本的补偿范围

根据本研究"受害农户的野生动物冲突成本指标与核算方法体系的构建"以及"西双版纳人象冲突受害农户各项成本的具体核算"，可以得出受害农户一系列间接损失成本与发展机会成本的总和为5477.92万元，已经超过了其各项直接损失成本4381.46万元，占到总成本的一半以上。由于我国野生动物冲突主要发生在偏远山区，当地的社会经济水平相对较低，而野生动物冲突损害主要集中在农林经济生产上，当地农户便成了野生动物冲突的最大受害群体。野生动物冲突不但造成了受害农户沉重的直接经济损失，对其生产生活的间接影响也不容忽视。当前法律法规仅仅停留在对直接财产损失和人身伤亡的关注上，却忽视了野生动物冲突给当地居民造成的一系列的间接损失成本。根据以上研究结果，国家应扩大野生动物冲突受害农户损害成本的补偿范围，把相关间接损失成本与发展机会成本纳入其中，这样才能真正起到弥补受害农户损失的作用。具体策略如下：

12.4.1 关注野生动物冲突给当地农户带来的心理成本

根据"受害农户经济均衡的成本效益影响研究"的分析结果：冲突总成本对受害农户经济均衡的实现有显著负影响，路径系数为-0.393，其中心理创伤成本的影响最大，路径系数为0.986。野生动物冲突，尤其是大型野生动物冲突不仅会威胁人们的生命安全，还会给受害群体造成一系列严重的负面心理影响，常见的负面心理影响主要包括抑郁、恐惧、焦虑和神经衰弱等，特别是发生野生动物造成的人身伤亡事件之后，不仅会在当事者和其亲属中造成严重的心理创伤，还会引发当地群体的一系列恐慌心理。我们在通过一系列技术防范野生动物冲突的同时，还需要进一步通过心理疏导和干预提升防范野生动物冲突的有效性。一方面，当地政府管理人员应在事件发生后，针对性地开展心理疏导和心理干预，以减轻野生动物冲突所带来的心理伤害，帮助受害农户走出心理创伤，促进社会稳定；另一方面还应该定期对当地受害群体进行相关的心理疏导教育以及野生动物危险规避的相关技能以及知识培训，以缓解其心理影响，增强心理安全感。

12.4.2 考虑把生产生活间接成本纳入野生动物冲突补偿范围

根据"受害农户经济均衡的成本效益影响研究"的分析结果：冲突总成本对受害农户经济均衡的实现有显著负影响，路径系数为-0.393，各类成本对受害农户经济均衡实现的影响程度大小为：心理创伤成本(0.986)>生产生活成本(0.615)>发展机会成本(0.610)>直接损失成本(0.578)>补偿时间成本(0.562)>预防控制成本(0.546)，可以看出生产生活成本的影响仅次于心理创伤，对受害农户生产生活成本的关注也非常必要。野生动物冲突不但对受害农户造成直接的财产损失，对其生产生活造成的一系列间接影响也日益凸显。在生产方面，野生动物冲突严重地区的受害农户不得不选择撂荒部分耕地，上山砍柴、放牧、采集野菜、中草药等生产活动也受到限制；在生活方面，野生动物冲突严重时节，如人象冲突严重时，受害农户甚至只能闭门不出，或者暂居房屋高处(天台)以保证自身的安全。由于野生动物冲突所造成的这些间接影响在野生动物冲突补偿中基本上属于空白，一方面是因为这些间接成本无法像受害农户的直接成本一样，有一个规范统一且可执行的标准；另一方面是由于各方的认知原因，这些间接成本一直被遗忘在受害农户的损失之外。

目前我国已总体实现小康社会，在基本物质生活得到满足的情况下，人们逐渐开始追求更高品质的生活环境。当前政府部门应逐渐考虑把受害农户的相关间接损失成本纳入野生动物冲突补偿与管理范围，如积极推广社区发展项目、技术支持、优惠政策等手段以弥补野生动物冲突对农户生产造成的影响，以及对生活严重受影响的受害农户提供一定数量的慰问金或其他帮助，以降低野生动物冲突给其带来的相关间接损失。

12.4.3　关注野生动物冲突给当地带来的发展机会成本

根据"受害农户经济均衡的成本效益影响研究"的分析结果：冲突总成本对受害农户经济均衡的实现有显著负影响，路径系数为-0.393，各类成本对受害农户经济均衡实现的影响程度大小为：心理创伤成本(0.986)>生产生活成本(0.615)>发展机会成本(0.610)>直接损失成本(0.578)>补偿时间成本(0.562)>预防控制成本(0.546)，可以看出发展机会成本的影响与生产生活成本非常接近，对受害农户发展机会成本的关注也非常必要。

野生动物冲突管理不仅给当地带来直接经济损失，对当地社会经济发展的限制也不可避免。国家为了保护野生动物设立了各类自然保护区，禁止或限制周边社区的相关生产活动，而野生动物资源集中的地区往往经济欠发达，保护区的设置以及野生动物冲突的频发无疑使当地的经济更加雪上加霜。2020年2月24日，第十三届全国人民代表大会常务委员会第十六次会议通过《全国人民代表大会常务委员会关于全面禁止非法野生动物交易、革除滥食野生动物陋习、切实保障人民群众生命健康安全的决定》，该决定给各地野生动物繁育利用产业带来了较强冲击。由于新政策的出台实施，可能会给部分农户，特别是给从事野生动物驯养繁殖产业的相关人员带来不可避免的经济损失。

我国各级政府部门应统筹考虑，在新颁布的这一基本政策的基础上，努力采取措施积极推动当地的社会经济发展，如积极推广社区发展项目，向从事新型产业的人员提供技术支持与优惠政策，并利用当地的野生动物资源发展相关生态旅游等产业，使野生动物资源给当地带来其应有的经济价值。

12.5　降低地方政府在野生动物冲突管理中各项成本

根据"地方政府的野生动物冲突成本指标与核算方法体系的构建"以及"西双版纳人象冲突地方政府各项成本的具体核算"，得出地方政府在野生动物冲突管理过程中的成本分为冲突管理成本、补偿及预防控制成本和社会经济成本三大部分，经核算西双版纳人象冲突中各级地方政府各项总成本为

44588.81 万元，远远大于其总效益水平。地方政府在野生动物冲突管理工作中承担着主要责任，然而野生动物资源丰富的地区往往经济水平发展有限，地方政府的财政收入困难，在财政收入有限的情况下还要额外负担当地野生动物冲突带来的各项损失以及冲突管理的各项开支，地方政府的压力日益增大。然而地方政府在野生动物保护与冲突管理工作中至关重要，降低对地方政府的各项成本有助于提高地方政府在野生动物冲突管理中的积极性。具体策略如下：

12.5.1 缓解地方政府野生动物冲突的补偿压力

根据"地方政府经济均衡的成本效益影响研究"的分析结果：冲突总成本对地方政府经济均衡的实现有显著负影响，路径系数为-0.482，其中，冲突补偿成本对地方政府的影响最大，路径系数为0.800。野生动物冲突会给当地造成农林作物受损、家禽家畜被袭、房屋损毁、人员伤亡等事件，不但对当地农林经济带来不小冲击，还严重降低了当地居民的生活安全指数。为了缓和野生动物冲突和弥补受害群众损失，我国法律规定要对受害群众的各项损失进行补偿，而补偿责任便落到了地方政府上。

按照改善民生的执政目标和全面实现小康社会的历史任务要求，我国基础建设仍处于高峰期，社会福利体系建设规模也不断扩大。而这两项建设都需要大量的公共资金投入，地方政府在其中承担大部分责任。野生动物冲突严重的地域，也往往是经济欠发达甚至是贫困地区，再加上野生动物保护与野生动物损害使得当地社会经济发展受到限制，地方财政收入少，支出多，收支严重不平衡。在此情况下的地方政府往往不能充分地弥补野生动物冲突受害群众的损失，从而导致当地群众的利益无法得到保障。鉴于地方政府的现实压力，建议中央政府加大对野生动物冲突严重地区的转移支付力度，或通过制定相关优惠政策使社会公众积极参与其中，从而缓解地方政府的野生动物冲突补偿压力，提高地方政府野生动物冲突的管理效率。

12.5.2 支持地方政府野生动物冲突预防控制工作

根据"地方政府经济均衡的成本效益影响研究"的分析结果：冲突总成本对地方政府经济均衡的实现有显著负影响，路径系数为-0.482，其中，防控设施成本对地方政府的影响仅次于冲突补偿成本，路径系数为0.762。野生动物冲突预防控制工作是减少野生动物损害和缓解野生动物冲突的有效措施之一，我国法律也规定了地方人民政府应当采取措施预防控制野生动物可能造成的危害，保障人畜安全和农林业生产。然而野生动物冲突主要集中在国家重点保护野生动物物种上，又属大型的濒危珍稀野生动物危害最为严重，对大型野生动物损害的防控措施往往较为复杂且花费巨大，仅凭当地政府的能力无法有效解决。有些地方政府在野生动物冲突防控工作中，面临着缺人、少钱、没设备的窘境，而且这种困境由于资金短缺的原因，在相当长的一段时间内得不到解决，对当地的野生动物冲突防控工作造成了极大的压力。故在野生动物冲突防控工作上，尤其是大型野生动物防控设施与技术的采用上，中央政府应对地方予以支持，给其配套现代化的电子预警防控技术，设立专项资金用于当地野生动物冲突防控设施的修建与后期维护，提高当地野生动物冲突防控效果。

12.5.3 提高当地野生动物资源的经济效益

根据"地方政府经济均衡的成本效益影响研究"的分析结果：冲突管理效益对地方政府经济均衡的实现有显著正影响，路径系数为 0.834，其中相较于生态效益，经济效益的影响最大，路径系数为 0.853，应在野生动物保护的基础上努力挖掘地方野生动物资源的经济价值，使得地方野生动物保护与利用走上良性发展道路，以弥补野生动物冲突给当地带来的各项损失。

野生动物资源具有巨大价值，在生态文明建设的背景下，根据"绿水青山就是金山银山，把绿水青山转变为金山银山"的理念，当地野生动物资源的生态价值转化为经济价值的潜力巨大，野生动物保护与经济发展之间可以实现和谐统一的发展。国家应出台相关优惠政策支持野生动物冲突严重地区发展野生动物生态旅游业以及其他相关野生动物利用产业，对其提供技术支持与税收优惠，一方面可以带动当地的经济发展，一定程度上弥补野生动物冲突对当地经济的损害，另一方面也能增加当地政府的财政收入，提高野生动物保护与冲突管理的积极性。

12.6 提高中央政府野生动物冲突补助资金的使用效率

我国野生动物冲突管理中央政府的成本分为保护投入成本和冲突管理补助成本。保护投入成本与野生动物种群数量变化密切相关，冲突管理补助成本分为对野生动物冲突预防控制与冲突补偿两个方面。中央政府作为全国利益的代表，为了保护我国的野生动物资源，建立了各类自然保护区，每年对自然保护区进行大量的保护资金投入，以及对国家级重点保护野生动物的冲突补偿和预防控制也予以一定补助。另外，当中央政府对执行补偿政策的地方政府给予的财政补助与对不执行补偿政策的地方政府进行的惩罚之和大于地方政府的野生动物冲突管理和补偿的行政成本之和时，执行补偿政策便是地方政府的占优策略。故为了保证我国野生动物保护事业的持续健康发展，应提高中央政府的野生动物保护与冲突补助资金的投入大小与效率，以及建立对地方政府野生动物冲突管理工作的监督与约束机制。具体策略如下：

12.6.1 建立野生动物保护与冲突补助资金的监管制度

根据"引入中央政府约束的受害农户和地方政府演化博弈均衡模型分析"的研究结果，得到当中央政府对执行补偿政策的地方政府给予的财政补助与对不执行补偿政策的地方政府进行的惩罚之和大于地方政府的野生动物冲突管理和补偿的行政成本之和时，执行补偿政策便是地方政府的占优策略。故为了保证我国野生动物保护事业的持续健康发展，应建立对地方政府野生动物冲突管理工作的监督与约束机制。中央政府应加强对地方野生动物保护与冲突补助资金的监管力度，地方野生动物自然保护区的保护投入资金以及冲突补助资金应专款专用，资金的使用应公开透明，接受广大群众的监督，以保证资金真正落实到野生动物保护与冲突补偿上来。

一是建立发现问题逐级上报制度。建立逐级上报问题制度，在各级政府部门发现违规事项后，如果属于不能直接处理的，必须向上级部门汇报，按照上级部门的处理意见进行处理；如果该事项涉及违法，应同时向上级单位和司法机关汇报。如果存在谎报、误报或瞒报的情况，则要追究该部门主要负责人的责任。二是建立监管部门的责任追究制度。监管部门要把野生动物保护资金的使用列为监察重点，如果出现挪用等违纪违规行为，监管部门要依规依纪进行责任追查。对监管部门因为各种原因造成失管失察的，必须追究其失察之责。三是提高野生动物保护资金与补偿资金使用的透明度，并引入社会公众的监督。各级部门应提高野生动物资金保护与补偿资金使用的透明度，在财政资金公布项目中，向社会公众准确公布野生动物保护资金与补偿资金使用的信息。在加入公众监督这个砝码后，才能让野生动物资金保护与补偿资金使用的有效性发挥到最大的程度。

12.6.2 考察野生动物保护与冲突补助资金的使用效果

为了保证我国野生动物保护事业的持续健康发展，应提高中央政府的野生动物保护与冲突补助资金的投入大小与效率。为了提高中央政府野生动物保护与冲突补助资金的使用效率，应按期对资金的使用效果进行考察和评价。建立一套科学规范的野生动物保护与冲突补助资金的使用考核体制，按照相关标准按时对其进行考核，以确保保护与补助资金使用的有效性，对考核优秀的地方政府增加对其保护与补助资金的投入标准，以促进地方政府的野生动物保护与冲突补助资金的管理积极性，保证我国野生动物保护工作的实施效果。

12.7 提高社会公众野生动物保护与冲突管理的参与度

社会公众是野生动物保护与冲突管理生态效益的最大受益群体，同时随着社会经济水平的提高，广大公众逐渐认识到野生动物保护的重要性，越来越多的有识之士开始参与到野生动物保护与冲突管理中为我国野生动物保护事业贡献自己的力量，然而如何更好地发挥社会公众的作用需要相关政策的指导与支持。

12.7.1 鼓励社会公众对野生动物冲突管理工作进行监督

西双版纳人象冲突中地方政府与中央政府通过自身力量无法实现补偿和监管的最优均衡稳定状态。在引入社会公众的第三方约束机制下，发现社会公众对中央政府的舆论监督力度大于 1220.20 万时，则能实现地方政府和中央政府的补偿和监督的最优均衡状态，故应积极发动社会公众对我国野生动物冲突管理工作进行监督。

《野生动物保护法》第六条规定任何组织和个人都有权向有关部门和机关举报或者控告违反本法的行为。社会公众是野生动物冲突管理生态效益的潜在受益群体，同时作为合法纳税人有权要求各级政府积极处理好野生动物冲突事件，社会公众可以通过群众监督和举报方式对地方政府或者中央政府的野生动物冲突管理不作为行为进行曝光，或通过媒体舆论压力监督政府的管理行为。

12.7.2 加强社会公众野生动物保护宣传教育

根据"西双版纳人象冲突社会公众成本效益的具体核算"的研究得出社会公众对亚洲象保护的支付意愿比例高达 54.44%，支付人均金额达 86.28 元，其中包括冲突管理支付金额 22.22 元。据此应努力加强社会公众野生动物保护宣传教育，挖掘社会公众的支付意愿，以此提高我国亚洲象保护与冲突管理水平。

《野生动物保护法》规定各级人民政府应当加强野生动物保护的宣传教育和科学知识普及工作，鼓励和支持基层群众性自治组织、社会组织、企业事业单位、志愿者开展野生动物保护法律法规和保护知识的宣传活动。教育行政部门、学校应当对学生进行野生动物保护知识教育，可以在义务教育教材中融入野生动物保护的相关内容。例如，在道德与法治教材中结合相关内容，并联系生活实践经验，以此来培育学生爱护野生动物的观念；在语文教材中适当选取以人与野生动物和谐相处为主题的文章，潜移默化地影响学生的野生动物保护意识。另外还建议在初、高中阶段，结合生物课程的学习，开展野生动物福利相关的专题教育,从学生阶段培养尊重生命、关爱野生动物的道德伦理观念。新闻媒体应当开展野生动物保护法律法规和保护知识的宣传,对违法行为进行舆论监督。同时在野生动物保护和科学研究方面成绩显著的组织和个人,由县级以上人民政府给予奖励。由于社会公众的参与意识很大程度上取决于野生动物保护的宣传教育工作,故我国各级政府与有关部门应按照法律规定积极对野生动物保护的相关工作进行宣传教育,提高社会公众的野生动物保护意识。

12.8 扩大野生动物冲突管理资金的来源渠道

根据"西双版纳人象冲突中央政府成本效益的核算"以及"西双版纳人象冲突社会公众成本效益的核算",可以得出在西双版纳人象冲突中中央政府总成本为3000万元,总效益为4282966.80万元;社会公众总成本153.54亿元,总效益596.08亿元,中央政府和社会公众的总成本远远低于总效益,故为了实现我国野生动物冲突的优化管理,中央政府和社会公众应扩大其承担的相应成本。

由于野生动物资源集中的地区往往是经济欠发达的偏远地区,当地政府的财政收入有限,往往难以承担野生动物冲突管理过程中的各项巨额支出,而野生动物保护所带来的生态效益为全国人民共享,根据"谁受益,谁补偿"的原理,作为全国人民利益代表的中央政府和广大社会公众都应积极参与到野生动物冲突管理中来,为当地野生动物保护与冲突管理贡献一份力量。

12.8.1 加大中央政府对野生动物冲突管理的投入力度

在引入中央政府的第三方约束机制后,发现要想实现西双版纳人象冲突受害农户和地方政府双方达到保护和补偿均衡状态,中央政府必须对受害农户投入不低于6715.70万元的保护优惠奖励或破坏处罚额,对地方政府投入不低于4894.87万元的补偿管理补助或不作为处罚额。

中央政府作为全国野生动物保护与冲突管理的总领导者与指挥者,负责统筹协调全国野生动物保护事业。中央政府应发挥自身优势对野生动物冲突严重地区进行相应的财政资金投入,以平衡各地区生态成本与效益的不对等、不公平现象。由于我国野生动物冲突主要集中在国家重点保护野生动物损害上,地方为保护珍稀濒危野生动物资源付出巨大的成本,而当前我国法律规定有关地方人民政府采取预防、控制国家重点保护野生动物造成危害的措施以及实行补偿所需经费,由中央财政按照国家有关规定予以补助。虽然据此某些损害严重地区获得了中央政府的相关补助,但依然杯水车薪,故建议应建立一套国家重点保护野生动物冲突预防控制与补偿经费由中央政府承担，地方重点保护野生动物冲突经费由地方政府承担的管理模式，以从根本上缓解地方野生动物冲突管理的压力，推进野生动物保护事业。

12.8.2　广泛发动社会公众参与到野生动物冲突管理中来

根据"西双版纳人象冲突社会公众成本效益的核算"对 665 份社会公众的有效调查问卷的分析，对亚洲象保护的零支付(不愿意支付)所占比例为 45.56%。在所有零支付原因中，经济收入较低的占 52.68%，认为其应由国家出资的占 9.06%，对亚洲象保护不感兴趣的占 31.54%，这说明一方面由于收入水平受限，而另一方面因公众对亚洲象的关注不高、兴趣不大。亚洲象属于公共物品范畴，人们往往都存在"搭便车"的心理，故当前应加强宣传亚洲象保护的公众参与理念。

随着社会经济水平的提高，社会公众越来越认识到野生动物对维持生态平衡和生态安全的重要性，野生动物保护意识越来越强烈。同时，社会公众作为野生动物生态价值的潜在最大受益群体，根据"谁受益，谁补偿"的原则，应广泛发动社会公众积极参与到野生动物保护与冲突管理中来。国家可以出台相关法律法规鼓励公民、法人、社会组织积极发挥自身优势为地方野生动物冲突管理出资或者献计献策，如把相关新技术推广至野生动物冲突预防控制中、推广野生动物福利彩票、设立野生动物保护公益基金会、组织野生动物保护公益活动等。只有集合各方力量共同参与动物保护活动，发掘社会公众的力量，野生动物保护事业才能取得比单纯依靠政府和专门的动物保护机构更大的效果。目前，国内还没有形成成体系、成规模的野生动物保护基金体系，许多野生动物保护基金需要依靠国外的资金，因此，政府应该出台相应的政策，为野生动物保护基金的发展铺平道路。

12.8.3　构建政府管理与市场补偿的综合管理模式

目前我国野生动物冲突以政府管理模式为主，其中遇到了不少问题。在具备条件的地区可以尝试采用市场模式予以补充，如向在野生动物资源丰富地区开展生态旅游的企业征收一定税费，专门用作当地野生动物保护与冲突管理经费；积极鼓励具有社会责任感的企业(保险公司)参与到野生动物冲突补偿中来，充分发挥市场补偿的作用，促进当地野生动物冲突管理工作的有效开展。

12.9　本章小结

本章根据前文研究提出依据野生动物冲突的阶段进行分级管控、建立野生动物冲突受损的数据库管理系统、设计野生动物保护与区域社会经济协调发展机制、扩大野生动物冲突受害农户损害成本的补偿范围、降低地方政府在野生动物冲突管理中各项成本、提高中央政府野生动物冲突补助资金的使用效率、提高社会公众野生动物保护与冲突管理的参与度、扩大野生动物冲突管理资金的来源渠道等策略来促进我国野生动物冲突各方经济均衡的实现。

13 结论与展望

13.1 结　论

本研究从野生动物管理理论、野生动物冲突理论、空间统计理论、利益相关方基本理论出发，运用 Verhulst-Pearl 模型、聚类分析、随机森林算法、空间统计对野生动物种群变化及分布扩散模型、冲突的发展趋势预测、冲突的阶段划分进行研究。运用专家打分法和米切尔三要素评分法，结合野生动物冲突管理的实际，对野生动物冲突管理中涉及的利益相关方进行界定与识别。对识别出的核心利益相关方进行成本效益指标体系与核算方法体系的构建，该成本效益体系将涵盖间接成本、机会成本和间接效益、生态效益等指标。然后利用典型地区的相关数据对核心利益相关方在野生动物冲突管理中的各项成本效益进行核算与分析。基于成本效益指标构建野生动物冲突双方或者多方的博弈均衡模型，并利用典型区域成本效益具体数值进行实证分析，得到冲突各方最优经济均衡的具体实现条件。在野生动物冲突核心利益相关方的成本效益指标体系构建的基础上，对野生动物冲突各方进行经济均衡的成本效益影响研究，了解各主要利益相关方在野生动物冲突过程中的各项成本效益与其自身经济均衡关系，找到影响各方经济均衡的关键成本效益因素与影响程度，为野生动物冲突管理各方经济均衡的实现指明方向。最后，有针对性地提出实现野生动物冲突各方经济均衡的相关策略建议，为野生动物冲突的优化管理提供思路。结合前文不同章节，总结得出以下结论：

13.1.1　野生动物种群变化及分布扩散模型研究

结合本研究第 4 章的研究，以生物种群增长模型、种群扩散模型为基础，将经济系统对野生动物生物种群增长及扩散变化进行了比较系统的分析，将各类影响先浓缩为对种群数量变化的影响，提出了经济-生物双系统影响下野生动物种群增长模型和种群扩散模型，并利用优化控制模型对野生动物种群管理进行了动态均衡分析，最后以亚洲象为例开展了应用研究。得出了如下结论：

第一，提出了三种不同状态条件下野生动物种群数量增长模型和扩散分布模型。具体包括初始扩张型，密度约束的发展型和多重因素制约型三种形式，并得到了理论模型的解。这为进一步开展研究提供了基础模型。

第二，提出了经济–生物双系统约束条件下野生动物种群数量增长模型和扩散分布模型。在上述三种类型的基础上，本研究通过理论分析将经济系统对野生动物种群变化的影响分解为直接的数量影响和间接的栖息地环境影响及对种群增长率的影响。然后将上述影响转化为野生动物种群增长模型和扩散分布模型的内在参数的具体变化上，构建形成了经济–生物双系统影响下野生动物种群数量增长模型和扩散分布模型。

第三，构建了野生动物种群管理的动态经济均衡模型。理论分析表明，基于种群增长模型得到的野生动物资源管理的动态经济模型的均衡解是存在的。这说明经济–生物系统影响下的野生动物种群变化及其扩散可以通过理论模型进行模拟，并利用控制变量了解整个模型动态变化的过程，利用状态变量的变化了解种群数量变化，进而通过种群扩散分布模型得到种群扩散的范围与速度。

第四，以亚洲象为例进行了模型的应用研究。基于现有数据分析表明，我国亚洲象种群数量变化在2010—2020年，在受到当前约束条件下，将维持在278~338头。人类干扰活动对亚洲象种群数量的影响在9~11头。人类活动对亚洲象种群增长率的影响在0.0023。人类干扰活动，栖息地环境容量不足等是当前亚洲象进一步发展的重要制约，这些因素综合影响的规模在16~28头，其中人类干扰活动的影响程度在37.38%~58.97%。

13.1.2　野生动物冲突的阶段划分及影响因素研究

结合本研究第5章的研究，对北京市野生动物冲突现阶段受损范围、补偿金额进行了现状分析。基于公共事件分级响应的管理模式，构建了北京市野生动物冲突阶段划分的指标体系，通过 K 均值聚类及系统聚类的方法对冲突事件进行阶段划分，对划分的阶段作为目标分类变量，通过随机森林算法的拟合，实现了野生动物冲突阶段划分过程中的指标重要性评估；其次，基于野生动物管理学原理，构建了北京市野生动物影响因素的指标体系，采用固定效应面板数据的方法，分析了野生动物冲突的影响因素。得出的主要结论如下：

第一，构建了五个层次八个指标的北京市野生动物冲突的阶段划分指标体系。五个层次包括受损频次、受损范围、受损物种、经济损失和相对变化，八个指标包括受损村数、受损农户数、受损比例、受损作物种类、受损千克数量、受损单价、补偿金额和补偿金额复合增长率。

第二，北京市野生动物冲突的区域差异是客观存在的，冲突被划分为三个阶段。运用聚类分析将北京市野生动物冲突事件按严重性程度划分为：冲突萌芽阶段、冲突加速阶段及冲突爆发阶段。当前，北京市野生动物冲突大部分还处于初期阶段，具体有65.05%的受损乡镇处于冲突萌芽阶段，受损程度不大；27.18%的乡镇正处于加速阶段；7.77%的乡镇处于冲突爆发阶段。同时，冲突较为严重的地区存在扎堆现象，处于爆发阶段的乡镇主要位于密云区、延庆区及昌平区，且密云区最为严重，需要对这些地区重点防范。

第三，冲突的阶段划分最重要的指标为冲突所波及的范围，如受损户数、受损村庄数。与将补偿的金额量直接等价于冲突的严重程度不同，研究得出冲突的影响范围是阶段划分过程中最重要的指标。从野生动物综合管理角度来看，受损范围可以作为冲突管控的切入点，应首先控制冲突所波及的范围，再进一步控制局部地区的受损情况。

第四，构建了四个层次十个指标的北京市野生动物冲突影响因素指标体系。四个层次分别为人类属性、动物属性、生态属性和冲突属性，十个指标分为人口密度、人均纯收入、秋粮玉米播种面积、蔬菜种植面积占比、水源距离、玉米亩产、海拔、年木材采伐量、受损户数占比、受损作物种类。

第五，从宏观及微观两个角度，分析了影响北京市野生动物冲突的因素、影响方向及程度。与冲突正相关的影响因素为：受损户数占比、海拔高度、人口密度等；与冲突负相关的因素为：水源距离和蔬菜种植面积。通过影响因素分析对指标的具体影响程度得到：野生动物冲突容易发生在人口相对密集的乡镇；同一区域下的耕作区域，靠近水源的田地容易受野生动物冲突的影响；位于山林等海拔高的地方，更容易发生野生动物肇事事件。

13.1.3 野生动物冲突的空间统计研究

结合本研究第6章的研究，以北京市为研究区域，采用2011—2016年野生动物造成农作物损失的27304条数据，运用空间自相关分析、核密度分析、标准距离与标准差椭圆等空间统计分析方法，探究2011—2016年该地区野生动物造成农作物损失的空间分布特征，在此基础上，分析其空间驱动因素，并通过构建混合截面回归模型，分析野生动物造成农作物损失的程度的影响因素。得出以下结论：

第一，从损失的程度来看，北京市野生动物对农作物造成的损失在损失量、损失额、乡镇数、村数、户数上均增加，损失点的空间分布呈集聚态势，且集聚程度上升；从损失分布的范围来看，北部与西南片区为集中区域，并主要分布于延庆、怀柔、密云三区，同时分布范围不断拓展，延庆东北部、怀柔北部、密云西北部、房山南部是主要的拓展区域。

第二，从损失的影响因素来看，野生动物对不同农作物造成的损失额从大到小排序依次为：油料>高粱>玉米>薯类＝谷子＝小麦>豆类。为减少作物损失，可以在损失高发地栽种薯类、谷子、小麦、豆类等损失较小的作物。采用外围防护（在农地周围拉网、拉绳、添置围栏）、示物防护（在农地周围悬挂布条、破衣服、食品袋、插红旗等）以及采用外膜防护（在农地上铺塑料膜）能够有效防止野生动物入侵农地。采用动物驱赶（拴狗）与烟花驱赶（放烟花）能够有效驱赶已经进入农地的野生动物，是有效地减少作物损失的措施。

第三，从北京市野生动物造成农作物损失的空间分布可以推测野生动物栖息地主要位于林地覆盖率较高的地区，即北京市北部、东部及东南部地区，这是因为林地为野生动物提供了栖息地与部分食物来源。通过农作物损失的空间分布的扩散可以从侧面反映野生动物活动范围的扩大以及北京市生态建设工程（如退耕还林工程）已取得一定的成效。

13.1.4 野生动物冲突发展趋势及预测研究

结合本研究第 7 章的研究，对北京市人与野生动物冲突风险预测的方法和应用进行了研究，为北京市野生动物保护部门、冲突管理部门提供了缓和冲突问题的另一种可能。算法实验的结果表明，本研究所设计的冲突热点预测和区域冲突数量预测这两类冲突预测方法，可以在实际预测精度的需求范围内对北京市人与野生动物冲突风险进行预测，对于冲突预测研究和冲突防范应用具有非常重要的意义。本研究的主要工作和研究结论如下：

第一，对北京市 2009—2017 年的人与野生动物冲突现状与基本情况进行了分析，现状分析的过程中主要发现了冲突以下三个方面的特征：①从总体情况来看，北京市的人与野生动物冲突类型主要是野猪、獾等动物损害农作物，其中主要受损的农作物类型为玉米；②从时间特征来看，2009—2012 年的冲突总数量呈现逐年上升趋势，2013 年之后冲突总数量呈现平稳波动性，这表明北京市的野生动物造成损失补偿政策在 2009—2012 之间逐步在全市各个乡镇贯彻落实；③从空间特征来看，绘制每年的全市冲突事件数量地理空间热力图，可以发现冲突在北京市可以分为北部冲突带和西南冲突带两个冲突高发区域，冲突事件在空间演变趋势上呈现出高度空间相关性。

第二，设计并实现了北京市人与野生动物冲突热点预测算法。算法设计了一套方案，将冲突热点预测问题转换为统计学方法可以处理的数学问题：首先对原始冲突数据做空间网格划分和时间间隔划分处理，形成一个网格区域在一定时间内的冲突情况统计值，这样的数据被称为一个冲突热点样本；

然后设定冲突事件数量的阈值，从而将样本划分为冲突热点和非热点两大类；最后获取样本点所在空间网格的历史冲突数量和冲突损失量数据，将其作为热点预测的输入特征。经过这套方案的转化之后，冲突热点预测问题被转换为了统计学中的分类问题，由此可以对其建立 Xgboost 的二分类模型。为了在对比中验证 Xgboost 的必要性，本研究继续在相同的数据集上开展随机森林、逻辑回归、支持向量机、KNN 这四个传统分类算法的训练实验。

冲突热点预测方法和应用的研究结果表明了对北京市的冲突热点区域进行预测是可行的，同时在确定特征滞后期数步长的过程中发现，区域在未来 5 天内是否冲突热点，主要受该区域前 30 天内冲突情况的影响。结合北京市冲突实际数据的实验结果还表明，本研究中设计的方法，其预测精度已经达到了实际应用要求，对冲突热点预测的实验结果和实验评估具体如下：①在北京市冲突热点预测中，Xgboost 算法的五折交叉验证平均预测准确率为85.5%，对冲突热点区域的预测精确率为 90.6%，这一预测精度可以满足现实应用需求；②在 Xgboost 与其他四大分类算法的对比过程中，考虑二分类算法的各项评估指标，Xgboost 在测试集上的预测效果综合表现最优，AUC 值达到 0.864；③逻辑回归有着优秀的预测精确率和运行效率表现，在查准能力优先级高于查全能力的实际应用中，逻辑回归和 Xgboost 是同样优秀的选择。

第三，设计并实现了基于 ARIMA 模型的北京市人与野生动物冲突数量预测算法。数量预测属于时间序列问题，因此本研究首先应用传统统计学的ARIMA 时间序列模型进行预测尝试，为了提升 ARIMA 在区域冲突数量预测中的效率，本研究提出了使用网格搜索结合 BIC 准则的自动参数优化方法。为了验证 ARIMA 自动参数优化方法的可行性和有效性，实验过程中给出了三组时间划分间隔和三种空间划分维度排列组合形成的九组实验数据，分别进行ARIMA 的自动参数优化实验。

实验结果显示：①本研究提出的自动参数优化 ARIMA 模型省略了人工识别模型和人为定参的过程，极大提升了区域冲突数量预测的效率；②自动参数优化的 ARIMA 模型在不同划分方式下的冲突数量预测实验中，平均绝对百分比误差 MAPE 均低于 30%，这一方法的预测效果良好；③在北京市的区域冲突数量预测问题中，预测效果最佳的划分方式为时间间隔 3 天，空间网格30×30，这种方式下的 ARIMA 模型预测 MAPE 低至 13.6%。

第四，引入深度学习中的长短期记忆神经网络 LSTM 概念和原理，设计了基于 LSTM 神经网络的区域冲突数量预测算法。同时，基于现状研究中所发现的冲突数据空间相关性，提出了一种改进的空间 LSTM 算法。在实验中，分别选择最基础的循环神经网络 RNN 和门控神经单元 GRU 作为隐藏层进行对比实验，并采用网格搜索的方法为四个神经网络选择最佳超参数。

四个神经网络模型的实验结果表明：①在相同的实验数据集上，空间 LSTM 算法在四种神经网络中有着最低的平均绝对百分比误差 MAPE，最低达到 26.32%，与普通的 LSTM 相比降低了 1.19 个百分点，这表明引入空间相关性的确能给区域冲突数量预测的精度带来增益；②在同样划分方式中的同一组时间序列数据上，LSTM 的预测效果优于 ARIMA 模型，MAPE 降低了 3.63%，MSE 降低了 2.432，但与此同时，LSTM 需要花费比 ARIMA 更长的时间进行训练；③由于 LSTM 对训练数据量和数据质量有着更高的要求，LSTM 等深度学习神经网络的整体预测精度低于合适划分方式下的自动参数优化 ARIMA 模型，同时神经网络的参数训练也耗费了巨大时间成本，综合考量精度和效率两个因素，自动参数优化的 ARIMA 模型更适合北京市人与野生动物冲突预测风险的实际应用。

13.1.5 经济、生物多重影响层次下的系统动力模型研究

结合本研究第 8 章的研究，以橡胶林扩张为主要影响因素对亚洲象种群发展以及人象冲突的发展趋势进行了比较系统全面的分析。分析结果不仅解释了当前人象冲突变化的内在影响因素，而且也一定程度上测度了人类活动对于亚洲象种群变化影响的程度以及未来发展趋势。这对于亚洲象的保护与发展具有重要的现实指导意义。目前的分析可以得出如下结论：

第一，理论上来讲，环境–经济综合模型能够适用于野生动物保护与调控管理政策分析，而且能够实现理论模型的可测性、可操作性以及应用性。

第二，人类干扰活动对亚洲象的种群发展的影响是可以测度的，也能够找到实现区域经济增长与亚洲象保护的均衡点。但是均衡路径的刻画依然存在较大的难度。

第三，从实际应用模型而言，当前亚洲象的种群发展已经受到橡胶林面积扩张所带来的负面影响，通过对栖息地面积、栖息地破碎化、食物来源等方面的影响，已经影响到亚洲象栖息地的承载能力，以及亚洲象内禀增长率，而且这一影响有加剧的趋势。

第四，在橡胶林扩张以及亚洲象种群数量增长的双重影响下，人象冲突形势日益严峻，而且呈现加速度发展趋势。这对当前西双版纳地区亚洲象保护与区域农民脱贫致富产生了很大影响，这一矛盾将更加尖锐。近两年西双版纳地区出现的人为杀害亚洲象的案件就是这一尖锐矛盾的重要体现。

13.1.6 基于成本效益分析的野生动物冲突各方经济均衡研究

结合第 9 至 11 章的研究，从利益相关方基本理论出发，运用专家打分法

和米切尔三要素评分法，结合野生动物冲突管理的实际，对野生动物冲突管理中涉及的利益相关方进行界定与识别。对识别出的核心利益相关方进行成本效益指标体系与核算方法体系的构建，该成本效益体系将涵盖间接成本、机会成本和间接效益、生态效益等指标。然后利用典型地区的相关数据对核心利益相关方在野生动物冲突管理中的各项成本效益进行核算与分析。基于成本效益指标构建野生动物冲突双方或者多方的博弈均衡模型，并利用典型区域成本效益具体数值进行实证分析，得到冲突各方最优经济均衡的具体实现条件。在此基础上，对野生动物冲突各方进行经济均衡的成本效益影响研究，了解各主要利益相关方在野生动物冲突过程中的各项成本效益与其自身经济均衡关系，找到影响各方经济均衡的关键成本效益因素与影响程度，为野生动物冲突管理各方经济均衡的实现指明方向。具体结论如下：

第一，在野生动物冲突利益相关方的界定和识别中，研究得出野生动物冲突利益相关方可以分为核心利益相关方、蛰伏型利益相关方和边缘型利益相关方三大类型，具体如下：野生动物冲突的核心利益相关方有受害农户、地方政府、中央政府和社会公众四方；野生动物冲突的蛰伏型利益相关方为所在区域村委会；野生动物冲突的边缘型利益相关方有保险机构、野生动物保护组织、野生动物资源利用企业、野生动物资源消费者与科研机构五方主体。其中，核心利益相关方与野生动物冲突的关联最为密切，对野生动物冲突最优管理目标的实现影响力最大。

第二，在野生动物冲突核心利益相关方成本效益指标与核算方法体系的构建与实证核算中，研究得出：①该指标体系的具体内容为：受害农户在野生动物冲突中的成本分为直接损失成本、间接损失成本和发展机会成本，效益分为直接经济补偿效益、间接经济补偿效益和生态效益；地方政府成本分为冲突管理成本、补偿及预防控制成本和社会经济成本，效益分为经济效益和生态效益；中央政府成本分为保护投入成本和冲突管理补助成本，效益分为经济效益和生态效益；社会公众成本为相关间接投入成本，效益为生态效益。②该指标体系典型地区的核算结果为：在西双版纳人象冲突中受害农户的总成本为9859.38万元，总效益2018.07万元；地方政府总成本为44588.81万元，总效益32461.15万元；中央政府总成本为3000万元，总效益为4282966.80万元；社会公众总成本153.54亿元，总效益596.08亿元。受害农户和地方政府在人象冲突中的总成本远远大于总效益，中央政府和社会公众在人象冲突管理中的总效益远远大于总成本。

第三，在野生动物冲突双方及多方的博弈均衡模型及实证研究中发现：西双版纳人象冲突中受害农户与地方政府、地方政府与中央政府通过自身力量无法实现保护和补偿、补偿和监督的最优均衡稳定状态,应尝试引入第三方约束机制促进其最优均衡状态的实现。其中,要实现受害农户和地方政府的保护和补偿最优均衡状态,中央政府需对受害农户投入不低于6715.70万元的保护优惠奖励或破坏处罚金额,对地方政府投入不低于4894.87万元的冲突管理补助或不作为处罚金额;而实现地方政府与中央政府的补偿和监督最优均衡状态,社会公众对中央政府的舆论监督力度需不低于1220.20万。

第四,在典型地区野生动物冲突核心利益相关方进行经济均衡的成本效益影响的研究中发现:①冲突总成本对受害农户经济均衡的实现有显著负影响,路径系数为-0.393,其中心理创伤成本的影响最大,路径系数为0.986。总效益对受害农户经济均衡的实现有显著正影响,路径系数为0.629,其中间接经济补偿效益的影响最大,路径系数为0.753。②冲突总成本对地方政府经济均衡的实现有显著负影响,路径系数为-0.482,冲突补偿成本和防控设施成本的影响最大,路径系数分别为0.800和0.762;冲突管理效益对地方政府经济均衡的实现有显著正影响,路径系数为0.834,其中经济效益的影响最大,路径系数为0.853。③中央政府投入成本越小,经济均衡水平越高,其中保护投入成本对中央政府经济均衡的影响更大;亚洲象保护后的效益越大,中央政府的经济均衡水平越高,其中生态效益对中央政府经济均衡水平的影响更大。④社会公众的潜在投入成本越高,经济均衡水平越低;社会公众生态效益越高,经济均衡水平越高。

13.2 研究展望

本研究为野生动物冲突管理提供了新的分析方法,在未来的研究中,可进一步从数据搜集、研究方法等方面进行延伸和拓展。本研究的展望主要包括以下几个方面:

第一,针对研究物种的代表性问题。今后的研究中可以考虑将野猪等典型野生动物冲突物种纳入研究范围,改进本研究的成本效益指标与核算方法体系、野生动物冲突各方的博弈均衡模型以及经济均衡的成本效益分析模型,使其更具应用价值。

第二,针对基础数据的不完备问题。在今后的研究中,可以考虑构建研究数据定期采集机制,合理抽样,选择研究数据采集点,定期进行数据采集,甚至可以考虑对调研对象进行跟踪调研,获取更有价值的动态数据,用以支持更深入的研究工作。随着北京市野生动物肇事补偿工作的持续开展,未来将有更多补偿数据纳入样本,需要对模型进行更新,以期在更大数据量的情况下，获得更稳健的分析结果。当数据累积到一定程度后，可以进一步对处于不同阶段的冲突数据，进行分阶段的影响因素分析。

本研究设计了人与野生动物冲突的热点预测和数量预测方法，并利用北京市真实数据进行了建模验证，数据质量和数据量对数据挖掘结果的影响是巨大的，尤其是在机器学习和深度学习中，低质量的数据将给模型带来大量不确定性，提高数据质量和增加冲突样本量将带来更精准、更稳健的建模预测效果。因此未来应注重对冲突数据质量的提升，完善现有的数据收集机制，保证数据记录的准确性和全面性，积累更多的数据量，进而继续尝试使用深度学习来解决此类问题，以求达到更优的预测精度。此外，优秀的数据处理和插补方式也值得更多尝试和摸索。

第三，针对自然指标缺乏的问题。在未来的研究中应开拓思路，尝试把野生动物种群数量和栖息地的动态变化引入到理论模型的设计中，从交叉学科研究的视角获取更丰富、更稳定的研究结论，提出更准确的研究建议。

未来研究中，在数据可获取的前提下，加入预测地点更多的环境因素，比如气候、海拔、坡度、降水、各类土地利用类型占比、主要农作物类型等相关因素，这些因素将帮助模型学习到更多与冲突相关的数据信息，更好地实现人与野生动物的冲突风险预测。野生动物种类繁多，不同动物种类对于栖息地环境的要求，种群增长及扩散过程中人类活动对于种群本身、种群内禀增长率、栖息地环境的影响程度都有较大差异性。是否单纯从三个类别进行模型选择与设计就能够代表绝大部分，这还需要进一步对野生动物生态学以及不同动物种类行为学的研究成果进行分析与借鉴，才可能确定更加科学的理论模型。

在本研究现有的技术条件下，经济学分析的诸多因素依然欠缺。现有研究对于野生动物产品市场的供需平衡问题，包括供给量、需求量、价格等，以及在生产领域中的资本收益率、产业资本投入、猎捕收获等经济活动的成本收益分析等，都存在较多因素尚未进行系统研究分析。经济系统对野生动物种群及扩散的影响研究还有很大空间，需要技术研究与经济学分析共同努力才能较好地揭示野生动物种群在经济-生物双系统影响下的具体变化及趋势。

第四，针对统计方法及模型的问题。对野生动物冲突研究的目的不同，应用的统计方法也存在差异。从统计学角度，在该领域的研究中，方法上还有很多选择的空间，未来可继续探寻更加合适的分析方法。选择亚洲象进行实证应用研究中，模型选择有待进一步细化。从前面的理论分析可见，当种群密度和栖息地环境开始影响野生动物中种群数量变化的时候，其适用的模型需要进行调整，这就需要更多的数据支持，确定新的参变量，运用新的模型进行模拟研究。在本研究中依然选择了初始扩张型模型进行模拟分析，在进一步研究中需要细化调整。当然，继续选择初始扩张型模型主要是考虑到亚洲象作为大型哺乳动物，受到栖息地环境及人类活动的干扰并不十分明显和强烈。但从模型拟合结果来看，人类干扰活动已经对栖息地环境产生了比较严重的影响，而且亚洲象内禀增长率等已经受到了影响，这些因素的具体影响程度以及模型选择变化后对于模拟预测的结果会产生怎样的影响等都需要在下一步研究中深入探讨与改进。

参考文献

贝利，1991. 野生动物管理学原理[M]. 范志勇，宋延龄，译. 北京：中国林业出版社.

蔡静，蒋志刚，2006. 人与大型兽类的冲突：野生动物保护所面临的新挑战[J]. 兽类学报，26(2)：183-190.

曾治高，宋延龄，2009. 秦岭羚牛的生态与保护对策[J]. 生物学通报，43(8)：1-4.

陈德照，2007. 云南野生动物肇事危害情况及对策探讨[J]. 西部林业科学(03)：92-96.

陈宏辉，2003. 企业的利益相关者理论与实证研究[D]. 杭州：浙江大学.

陈琳，欧阳志云，段晓男，等，2006. 中国野生动物资源保护的经济价值评估——以北京市居民的支付意愿研究为例[J]. 资源科学，(04)：131-137.

陈明勇，吴兆录，董永华，2006. 中国亚洲象研究[M]. 北京：科学出版社.

陈文汇，王美力，许单云，2017. 中国亚洲象肇事致损、补偿的现状与政策分析[J]. 生态经济(06)：140-145.

陈飞，唐芳林，王丹彤，等，2019. 亚洲象国家公园探索与思考[J]. 林业建设(06)：23-29.

谌利民，欧维富，李明富，2001. 发展周边社区经济是保护自然资源的有效途径[J]. 四川动物(04)：190-191.

谌利民，熊跃武，马曲波，等，2006. 四川唐家河自然保护区周边林缘社区野生动物冲突与管理对策研究[J]. 四川动物(04)：781-783.

程伯仕，曹晓凡，苏倪，2005. 野生动物致损害之经济补偿机制的构建[J]. 昆明冶金高等专科学校学报(06)：58-61.

丛丽，吴必虎，李炯华，2012. 国外野生动物旅游研究综述[J]. 旅游学刊，27(05)：57-65.

邓思宇，刘伟平，杨仙艳，2017. 基于两个动态博弈模型的保护区与周边农户矛盾问题分析[J]. 云南农业大学学报(社会科学版)(05)：45-49.

董波，2001. 浅析我国行政补偿制度[J]. 浙江工商大学学报(4)：14-16.

冯利民，王志胜，林柳，等，2010. 云南南滚河国家级自然保护区亚洲象种群旱季生境选择及保护策略[J]. 兽类学报，30(1)：1-10.

郭贤明，杨正斌，王兰新，等，2012. 西双版纳亚洲象肇事原因分析及缓解对策探讨[J]. 林业调查规划(02)：103-108.

郭敏，2019. 基于风险评估的西双版纳人象冲突保费厘定[D]. 昆明：云南财经大学.

高国聪，2014. 商业保险参与政府公共管理的实证研究[D]. 昆明：云南大学.

甘燕君，李玲，2018. 西双版纳州野生动物肇事补偿现状及补偿机制初探［J］. 绿色科技
（12）：38-41.

韩嵩，刘俊昌，2008. 野生动物资源负价值的评价方法研究［J］. 西北林学院学报（05）：
144-147.

韩嵩，刘俊昌，2006. 野生动物资源价值评估的研究进展［J］. 北京林业大学学报（社会科
学版）（01）：47-52.

何杰，2004. 野生动物的存在价值［J］. 森林与人类（09）：1.

何謦成，吴兆录，2010. 我国野生动物肇事的现状及其管理研究进展［J］. 四川动物，29
（01）：141-143.

侯一蕾，温亚利，2012. 野生动物肇事对社区农户的影响及补偿问题分析——以秦岭自然
保护区群为例［J］. 林业经济问题（05）：388-391.

胡小飞，傅春，2013. 自然保护区生态补偿利益主体的演化博弈分析［J］. 理论月刊（09）：
135-138.

胡小波，王伟峰，余本锋，等，2010. 基于 CVM 的井冈山自然保护区野生动物资源价值评
估［J］. 安徽农业科学，38（16）：8472-8474.

黄晨，2006. 扎龙国家级自然保护区鹤类娱乐观赏和文化价值评估研究［D］. 哈尔滨：东
北林业大学.

黄程，于秋鹏，李学友，等，2019. 影响公众对亚洲象态度的关键因子［J］. 林业建设
（06）：45-48.

黄松林，王跃先. 野生动物致人损害补偿制度如何完善？［N］. 中国绿色时报.

黄锡生，关慧，2005. 协调人与野生动物矛盾的法律构想——从野生动物肇事谈起. 2005
年中国法学会环境资源法学研究会年会，武汉.

贾生华，陈宏辉，2002. 利益相关者的界定方法评述［J］. 外国经济与管理（5），112-119.

贾卫国，彭翌峰，张璇，等，2016. 林业企业利益相关者及其相关性分析［J］. 农林经济管
理学报，15（01）：21-30.

蒋志刚，2004. "野生动物"概念刍议［J］. 野生动物，24（4）：2.

蒋志刚，2004. 动物行为原理与物种保护方法［M］. 北京：科学出版社.

靳莉，2008. 中国亚洲象肇事原因和对策研究［J］. 野生动物（04）：220-223.

金熙，李燕凌，2018. 动物疫情公共危机中地方政府与农户的决策行为博弈分析［J］. 家畜
生态学报，39（03）：69-74.

康祖杰，田书荣，龙选洲，等，2006. 壶瓶山自然保护区野生动物危害现状及其保护法完
善的建议［J］. 湖南林业科技（05）：47-49.

李剑文，2009. 浅谈亚洲象保护中人象冲突现象的实质及对策［J］. 经济问题探索（03）：
141-145.

李兰兰，王静，石建斌，2010. 人与野猪冲突：现状、影响因素及管理建议［J］. 四川动
物，29（4）：642- 645.

李少柯，2018. 关于建立健全野生动物损害补偿机制的思考［J］. 林业经济（1）：102-104.

李正玲，陈明勇，吴兆录，2009a. 生物保护廊道研究进展[J]. 生态学杂志，28（3）：523-528.

李正玲，陈明勇，吴兆录，等，2009b. 西双版纳社区村民对亚洲象保护廊道建设的认知与态度[J]. 应用生态学报，20（6）：1483-1487.

李纯，曹大藩，2019. 中国亚洲象保护历史回顾与思考[J]. 林业建设（06）：6-10.

李俊松，陈颖，飘优，等，2017. 尚勇自然保护区亚洲象种群数量及栖息地选择研究[J]. 林业调查规划，42（02）：48-53.

李燕凌，丁莹，2017. 网络舆情公共危机治理中社会信任修复研究——基于动物疫情危机演化博弈的实证分析[J]. 公共管理学报，14（04）：91-101+157.

李燕凌，苏青松，王珺，2016. 多方博弈视角下动物疫情公共危机的社会信任修复策略[J]. 管理评论，28（08）：250-259.

林德荣，支玲，2010. 退耕还林成果巩固问题研究——基于退耕农户机会成本视角的动态博弈模型[J]. 北京林业大学学报（社会科学版），9（01）：101-105.

林英华，李迪强，2000. 一种实用的野生动物价值评估方法——旅行费用支出法[J]. 东北林业大学学报（02）：61-64.

林明鑫，温作民，贾卫国，2020. 我国国家公园体制建设中利益相关者关系研究[J]. 中国林业经济（03）：17-21.

刘璨，荣庆娇，刘浩，等，2012a. 青海省乐都县下营乡土地退化成本效益分析——基于生态系统服务方法[J]. 林业经济（12）：92-99.

刘璨，荣庆娇，刘浩，等，2012b. 土地退化治理项目的成本效益分析研究进展与思路设计[J]. 林业经济（11）：86-92.

刘璨，2020. 改革开放以来集体林权制度改革的分权演化博弈分析[J]. 中国农村经济（05）：21-38.

刘梦婕，刘影，冯骥，等，2013. 基于不同利益视角下的生态公益林补偿问题研究——以福建省三明市为例[J]. 北京林业大学学报（社会科学版），12（04）：66-70.

刘浩，刘璨，2015. 生态系统恢复可持续土地管理措施的成本效益分析——基于中国西部干旱地区数据[J]. 林业经济，37（11）：94-105.

刘林云，杨士剑，陈明勇，等，2006. 西双版纳野生动物对农作物的危害及防范措施[J]. 林业调查规划（S2）：33-35.

刘欣，2012. 基于亚洲象保护的我国野生动物损害补偿机制研究[D]. 哈尔滨：东北林业大学.

鲁春霞，刘铭，冯跃，等，2011. 羌塘地区草食性野生动物的生态服务价值评估——以藏羚羊为例[J]. 生态学报，31（24）：7370-7378.

罗世荣，杨丽娟，2007. 我国野生动物致害的法律救济探析[J]. 法制与社会（5）：189-191.

罗丽，刘芳，何忠伟，2016. 重大动物疫情公共危机下养殖户的疫病防控行为研究——基于博弈论的分析[J]. 世界农业（02）：56-62+199.

罗丽，2016. 重大动物疫情公共危机中养殖户防控行为研究[D]. 北京：北京农学院.

罗宝华，张彩虹，2014. 荒漠生态补偿利益主体行为的演化博弈分析[J]. 广东农业科学，41(19)：174-178+187.

吕金平，2015. 完善野生动物肇事补偿机制[N]. 云南政协报，(002).

吕一河，陈利顶，傅伯杰，等，2004. 自然保护区管理的博弈分析[J]. 生物多样性(05)：546-552.

马春艳，陈文汇，2015. 我国野生动物资源商业价值的动态评估方法设计及应用[J]. 世界林业研究，28(02)：54-60.

马春艳，2015. 我国野生动物资源商业价值的动态评估及应用研究[D]. 北京：北京林业大学.

马建章，贾竞波，2000. 野生动物管理学. 第二版[M]. 哈尔滨：东北林业大学出版社，7-9.

马建章，2008. 与野生动物和谐共存[J]. 科技导报，(14)：3.

麦晓斐，2016. 广东南岭国家级自然保护区治理问题研究[D]. 广州：华南农业大学.

潘鹤思，柳洪志，2019. 跨区域森林生态补偿的演化博弈分析——基于主体功能区的视角[J]. 生态学报，39(12)：4560-4569.

邱之岫，2006. 野生动物侵权法律探讨[J]. 行政与法(5)：56-57.

瞿丹枫，2013. 药用野生动物资源保护规制的博弈分析及对策建议[J]. 河南中医，33(03)：350-352.

沈洁滢，崔国发，2015. 国内外野生动物肇事现状及其防控措施[J]. 世界林业研究，28(01)：43-49.

宋莎，2013. 基于自然资源依赖的秦岭大熊猫栖息地社区发展研究[D]. 北京：北京林业大学.

苏蕾，袁辰，贯君，2020. 林业碳汇供给稳定性的演化博弈分析[J]. 林业经济问题，40(02)：122-128.

谭红杨，2011. 生态旅游的公益性研究[D]. 北京：北京林业大学.

谭盼，白江迪，陈文汇，等，2020. 基于成本效益分析的野生动物冲突补偿满意度研究[J]. 干旱区资源与环境，34(03)：69-75.

汤兆平，杜相，孙剑萍，2013. 我国野生动物生态保护的贝叶斯博弈分析[J]. 生态经济(12)：171-174.

唐勤，2007. 西双版纳人象冲突与缓解对策[D]. 昆明：昆明理工大学.

王斌，陶庆，杨士剑，2007. 亚洲象等野生动物对西双版纳尚勇自然保护区周边村寨的影响[J]. 生态经济(01)：31-34.

王昌海，2011. 秦岭自然保护区生物多样性保护的成本效益研究[D]. 北京：北京林业大学.

王俊峰，2014. 野生动物保护区的保育价值评价分析[J]. 资源节约与环保，(06)：155.

王凯，2014. 野生动物资源利用企业社会责任研究[D]. 北京：北京林业大学.

王丽梅, 贾竞波, 刘炳亮, 2008. 野猪与人类的生存冲突——以张广才岭林区野猪种群为例[J]. 野生动物, 29(2): 107-109.

王乙, 高忠燕, 田国双, 2018. 选择实验法在野生动物生态游憩价值评价中的应用——以扎龙国家级自然保护区丹顶鹤为例[J]. 东北林业大学学报, 46(04): 92-96.

王巧燕, 陈颖, 时坤, 2018. 基于最大熵生态位元模型预测亚洲象在勐海县的潜在分布区[J]. 林业调查规划, 43(05): 30-35.

王巧燕, 肖宇, 杨子诚, 等, 2018. 西双版纳地区野生亚洲象种群年龄结构及内禀增长力研究[J]. 林业调查规划, 43(04): 46-50.

王研, 2010. 云南不断加大野生动物肇事补偿力度[J]. 云南林业, 31(01): 13.

王文瑞, 田璐, 唐琼, 等, 2018. 生态恢复中生态系统反服务与居民生存的博弈——以甘肃"猪进人退"现象为例[J]. 地理研究, 37(04): 772-782.

王彬入, 2018. 野生动物保护博弈中的联合攻击行为建模与防御[D]. 南京: 南京大学.

王珺, 李燕凌, 2015. 动物疫情公共危机中社会群体演化博弈研究进展[J]. 安徽农业科学, 43(12): 328-330.

王金龙, 杨伶, 张大红, 等, 2016. 京冀合作造林工程效益立方体评估模型[J]. 林业科学, 52(10): 125-133.

韦惠兰, 贾亚娟, 李阳, 2008. 自然保护区林缘社区野生动物肇事损失评估及补偿问题研究[J]. 干旱区资源与环境(02): 181-186.

文世荣, 周建国, 李金荣, 等, 2018. 西双版纳景洪市人象冲突空间分布特点分析[J]. 环境科学导刊, 37(03): 1-5.

吴静, 2015. 秦岭生态旅游成本和效益研究[D]. 北京: 北京林业大学.

吴伟光, 楼涛, 郑旭理, 等, 2005. 自然保护区相关利益者分析及其冲突管理——以天目山自然保护区为例[J]. 林业经济问题(05): 270-274+286.

乌斯娜, 2014. 集体林权制度改革利益相关者博弈模型构建与应用研究[D]. 北京: 北京林业大学.

徐志高, 王晓燕, 宗嘎, 等, 2010. 西藏羌塘自然保护区野生动物保护与牧业生产的冲突及对策[J]. 中南林业调查规划(01): 33-37.

徐宁蔚, 李玉臻, 2018. 国家公园构建过程中的演化博弈分析——基于公共价值视角[J]. 林业经济, 40(04): 10-16+32.

徐超, 2013. 福建省三明地区发展林下经济实证研究[D]. 北京: 北京林业大学.

谢煜, 胡非凡, 2016. 基于 Mitchell 三分类评分法的林业企业关键利益相关者识别研究[J]. 生态经济, 32(12): 120-125.

许迎春, 田义文, 朱保建, 等, 2006. 从野生动物侵农谈野生动物致人损害补偿制度的完善[J]. 安徽农业科学(19): 5063-5064.

杨文赟, 张可荣, 李萍, 等, 2007. 防治大型野生动物危害技术研究[J]. 林业实用技术(05): 28-30.

杨南, 2015. 采取有效措施化解人与野生动物矛盾[J]. 云南林业, 36(03): 59.

杨加猛，叶佳蓉，王虹，等，2018. 生态文明建设中的利益相关者博弈研究[J]. 林业经济，40(11)：9-14+19.

余海慧，吴建平，樊育英，2009. 辽宁东部地区野猪危害调查[J]. 野生动物(03)：124-128.

原宝东，2008. 内蒙古东部达赉湖地区狼(Canis lupus)-家畜冲突研究[D]. 曲阜：曲阜师范大学.

张恩迪，乔治·夏勒，吕植，等，2002. 西藏墨脱格当乡野生虎捕食家畜现状与保护建议[J]. 兽类学报(02)：81-86.

张立，王宁，王宇宁，等，2003. 云南思茅亚洲象对栖息地的选择与利用[J]. 兽类学报(03)：185-192.

张济建，刘宏笪，孙立成，等，2019. 双重破窗效应下考虑政府激励有限性的秸秆绿色处理协同机制[J]. 重庆理工大学学报(社会科学)，33(06)：7-22.

张颖，2002. 中国森林生物多样性评价[M]. 北京：中国林业出版社.

赵红，2004. 基于利益相关者理论的企业绩效评价指标体系研究[M]. 北京：经济科学出版社.

周鸿升，唐景全，郭保香，等，2010. 重点保护野生动物肇事特点及解决途径[J]. 北京林业大学学报(社会科学版)(02)：37-41.

周理明，2008. 我国野生动物致人损害补偿问题研究[J]. 法制与社会(10)：12-13.

周学红，杨锡涛，唐谨成，等，2016. 野生动物就地保护与其分布地经济发展的相容性[J]. 生态学报，36(21)：6708-6718.

周婷，2015. 夹金山脉大熊猫栖息地边缘带保护与社区发展的博弈研究[D]. 昆明：西南林业大学.

周丹，2014. 基于利益相关者的自然保护区管理模型研究[D]. 大连：大连理工大学.

Aldo Leopold, 20187. Game Management[M]. University of Wisconsin Press.

Allendorf T D, 2007. Residents'Attitudes toward Three Protected Areas in Southwestern Nepal [J]. Biodiversity and Conservation, 16(7)：2087-2102.

Ansoff, 1965. Corporate strategy[M]. McGraw-Hill, New York.

Armbruster P, Lande R, 1993. A Population Viability Analysis for African Elephant(Loxodonta Africana)：How Big Should Reserves Be[J]. Conservation Biology, 7(3)：602-610.

Bandara R, Tisdell C, 2003. Comparison of Rural and Urban Attitudes to the Conservation of Asian Elephants in Sri Lanka：Empirical Evidence [J]. Biological Conservation, 110(3)：327-342.

Barnes R, 1996. The Conflict between Humans and Elephants in the Central African Forests[J]. Mammal Review, 26(2-3)：67-80.

Biondi K M, Belant J L, Martin J A, et al., 2011. White-Tailed Deer Incidents with U. S. Civil Aircraft[J]. Wildlife Society Bulletin, 35(3)：303-309.

Blair M M, 1995. Corporate "ownership"[J]. Brooking Review, 16-19.

Bradley E H, Pletscher D H, Bangs E E, et al. , 2005. Evaluating wolf translocation as a nonle-thal method to reduce livestock conflicts in the northwestern United Sates[J]. Conservation Bi-ology, 19: 1498−1508.

Bulte E H, Boone R B, Stringer R, et al. , 2008. Elephants or Onions? Paying for Nature in Amboseli, Kenya[J]. Environment and Development Economics, 13(3): 395−414.

Bulte E, Rondeau D, 2005. Why compensating wildlife damages maybe bad for conservation[J]. Journal of Wildlife Management, 69: 14−19.

Bulte E, Rondeau D, 2007. Compensation for Wildlife Damage: Habitat Conversion, Species Preservation and Local Welfare[J]. Journal of Environmental Economics and Management, 54 (3): 311−322.

Ciucci P, Boitani L, 1998. Wolf and Dog Depredation on Livestock in Central Italy[J]. Wildlife Society Bulletin, 26(3): 504−514.

Clarkson, M, 1994. A risk−based model of stakeholder theory[C]. Proceedings of the Toronto Conference on stakeholder theory. Center for Corporate Social Performance and Ethics. University of Toron, Toron, Canada.

Conover M R, Decker D J, 1991. Wildlife Damage to Crops: Perceptions of Agricultural and Wild-life Professionals in 1957 and 1987[J]. Wildlife Society Bulletin, 19(1): 46−52.

Conover M R, 1994. Perceptions of Grass−Roots Leaders of the Agricultural Community About Wildlife Damage on Their Farms and Ranches [J]. Wildlife Society Bulletin,, 22 (1): 94−100.

Conover M R, 1997. Wildlife Management by Metropolitan Residents in the United States: Prac-tices, Perceptions, Costs, and Values[J]. Wildlife Society Bulletin, 25(2): 306−311.

Damiba T E, Ables E D, 1993. Promising Future for an Elephant Population−A case study in Burkina Faso, West Africa[J]. Oryx, 27(2): 97−103.

Davies T E, Wilson S, Hazarika N, et al. , 2011. Effectiveness of Intervention Methods against Crop−Raiding Elephants[J]. Conservation Letters, 4(5): 346−354.

Fall M W, Jackson W B, 2002. The Tools and Techniques of Wildlife Damage Management−Chan-ging Needs: An Introduction[J]. International biodeterioration& biodegradation, 49(2−3): 87−91.

Fall M W, Jackson W B, 1998. A New Era of Vertebrate Pest Control? An Introduction[J]. In-ternational biodeterioration & biodegradation, 42(2−3): 85−91.

Freeman, R E, 1984. Strategic management: A stakeholder approach[M]. Boston, MA: Pit-man, 1984.

Friedman D, 1991. Evolutionary games in economics [J]. Econometrica, 59(3): 637−666.

Higginbottom K, Scott N, 2004. Wildlife Tourism: A Strategic Destination Analysis[M]. Altona, Common Ground Publishing, 253−275.

Hill C M. Conflict of Interest between People and Baboons: Crop Raiding in Uganda[J]. International Journal of Primatology, 21(2): 299-315.

Hygnstrom S E, Skelton P D, Josiah S J, et al. , 2009. White-Tailed Deer Browsing and Rubbing Preferences for Trees and Shrubs That Produce Nontimble Forest Products[J]. Hort Technology, 19(1): 204-211.

Kagoro, Rugunda G, 2004. Crop Raiding around Lake Mburo National Park, Uganda[J]. African Journal of Ecology, 42(1): 32-41.

Kojola I, Kuittinen J, 2002. Wolf Attacks on Dogs in Finland[J]. Wildlife Society Bulletin, 30 (2): 498-501.

Lamprey R H, Reid R S, 2004. Expansion of Human Settlement in Kenya's Maasai Mara: What Future for Pastoralism and Wildlife[J]. Journal of Biogeography, 31(6): 997-1032.

Madden F M, 2008. The Growing Conflict between Humans and Wildlife: Law and Policy as Contributing and Mitigating Factors[J]. Journal of International Wildlife Law & Policy, 11(2-3): 189-206.

Madhusudan M, 2003. Living Amidst Large Wildlife: Livestock and Crop Depredation by Large Mammals in the Interior Villages of Bhadra Tiger Reserve, South India[J]. Environmental Management, 31(4): 466-475.

Messmer T A, George S M, Cornicelli L, 1997. Legal Consideration Regarding Lethal and Nonlethal Approaches to Managing Urban Deer[J]. Wildlife Society Bulletin, 25(2): 424-429.

Mitchell A, Wood D, 1997. Toward a theory of stakeholder Identification and Saliente: Defining the principle of who and what really counts[J]. Academy of Management Review, 22(4): 853-886.

Musiani M, Muhly T, Gates C C, et al. , 2005. Seasonality and Reoccurrence of Depredation and Wolf Control in Western North America[J]. Wildlife Society Bulletin, 33(3): 876-887.

Maynard Smith J. , Price B. R, 1973. The Logic of Animal Conflict[J]. Nature, 246: 15-18.

Nyhus P, Tilson R, 2004. Agroforestry, Elephants, and Tigers: Balancing Conservation Theory and Practice in Human - Dominated Landscapes of Southeast Asia [J]. Agriculture, ecosystems&environment, 104(1): 87-97.

Naughton-Treves L, Grossberg R, Treves A, 2003. Paying for Tolerance: Rural Citizens' Attitudes toward Wolf Depredation and Compensation [J]. Conservation Biology, 17 (6): 1500-1511.

Naughton-Treves L, 1998. Predicting Patterns of Crop Damage by Wildlife around Kibale National Park, Uganda[J]. Conservation Biology, 12(1): 156-168.

Nyhus P, Fischer H, Madden F, et al. , 2003. Taking the Bite out of Wildlife Damage the Challenges of Wildlife Compensation Schemes[J]. Conservation in Practice, 4(2): 37-43.

Nikoleta E, 2018. Glynatsi, Vincent Knight, Tamsin E. Lee. An evolutionary game theoretic model of rhino horn devaluation[J]. Ecological Modelling, 389.

O'Connell-Rodwell C E, Rodwell T, Rice M, et al. , 2000. Living with the modern conservation paradigm: Can agricultural communities co-exist with elephants? A five-year case study in East Caprivi, Namibia[J]. Biological Conservation, 93(3): 381-391.

O'Brien S, Joslin P, Smith G, et al., 1987. Evidence for African Origins of Founders of the Asiatic Lion Species Survival Plan[J]. Zoo biology, 6(2): 99-116.

Ogra M, Badola R, 2008. Compensating Human-Wildlife Conflict in Protected Area Communities: Ground-Level Perspectives from Uttarakhand, India[J]. Human ecology, 36(5): 717-729.

Rao K, Maikhuri R, Nautiyal S, et al., 2002. Crop Damage and Livestock Depredation by Wildlife: A Case Study from Nanda Devi Biosphere Reserve, India[J]. Journal of Environmental Management, 66(3): 317-327.

Redpath S, Arroyo B, Leckie F, et al., 2004. Using Decision Modeling with Stakeholders to Reduce Human-Wildlife Conflict: A Raptor-Grouse Case Study[J]. Conservation Biology, 18(2): 350-359.

Reynolds P C, Braithwaite D, 2001. Towards a conceptual framework for wildlife tourism[J]. Tourism Management, 22(3): 31-42.

Rondeau D, 2001. Along the Way Back from the Brink[J]. Journal of Environmental Economics and Management, 42(2): 156-182.

Schwerdtner K, Gruber B, 2007. A Conceptual Framework for Damage Compensation Schemes [J]. Biological Conservation, 134(3): 354-360.

Sukumar R, 1991. The Management of Large Mammals in Relation to Male Strategies and Conflict with People[J]. Biological Conservation, 55(1): 93-102.

Selten, R, 1980. Evolutionary Stability in Extensive Two-Person Games-Correction and Further Development[J]. Mathematical Social Science, 93-101.

Tchamba M, 1996. History and Present Status of the Human-Elephant Conflict in the Waza-Logone Region, Cameroon, West Africa[J]. Biological Conservation, 75(1): 35-41.

Treves A, Karanth K U, 2003. Human-Carnivore Conflict and Perspectives on Carnivore Management Worldwide[J]. Conservation Biology, 17(6): 1491-1499.

Taylor P D, Jonker L B, 1978. Evolutionarily stable strategies and game dynamics[J]. Math Bioscience, (40): 145-156.

Vidrih M, Trdan S, 2008. Evaluation of Different Designs of Temporary Electric Fence Systems for the Protection of Maize against Wild Boar(Sus Scrofa L, Mammalia, Suidae)[J]. Acta agriculturae Slovenica, 91(2): 343-349.

Vijayan S, Pati B, 2002. Impact of Changing Cropping Patterns on Man-Animal Conflicts around Gir Protected Area with Specific Reference to Talala Sub-District, Gujarat, India[J]. Population & Environment, 23(6): 541-559.

Ward J S, Williams S C, 2010. Effectiveness of Deer Repellents in Connecticut[J]. Human-Wildlife Interactions, 4(1): 56-66.

Weladji R B, Tchamba M N, 2003. Conflict between People and Protected Areas within the Benoue Wildlife Conservation Area[J], North Cameroon Oryx, 37(1): 72-79.

Wilcove D S, Lee J, 2004. Using Economic and Regulatory Incentives to Restore Endangered Species: Lessons Learned from Three New Programs [J]. Conservation Biology, 18 (3): 639-645.

Zhang L, Wang N, 2003. An Initial Study on Habitat Conservation of Asian Elephant(Elephas Maximus), with a focus on Human Elephant Conflict in Simao, China[J]. Biological Conservation, 112(3): 453-459.

附 录

"野生动物冲突利益相关者"类型调研问卷 I

尊敬的专家,您好!我们正在对野生动物冲突利益相关者进行识别和界定,调查问卷根据米切尔评分法设计,分别从合法性、权利性、紧急性三个维度对每一类利益相关者进行评分,两个维度及以上大于或等于4分的为核心利益相关者,两个维度及以上大于或等于3分小于4分的为蛰伏型利益相关者,两个维度及以上小于3分的为边缘型利益相关者,感谢您的不吝赐教!

1. 野生动物冲突是指野外生存的野生动物对周边居民(受害农户)肇事所造成财产(农作物及家禽家畜受损)和人身方面损害状态,请您在野生动物冲突管理过程中涉及的主要利益相关者后面打√。[多选题]

□受害农户　　　　　□地方政府　　　　　□中央政府
□社会公众　　　　　□所在区域村委会　　□野生动物资源利用企业
□野生动物保护组织　□保险机构　　　　　□野生动物资源消费者
□人类后代　　　　　□媒体　　　　　　　□科研机构
□其他

2. 请对以下野生动物冲突利益相关者的合法性进行打分(1~5表示程度的增加,5分为最高)(合法性是指在特定的社会结构和社会价值框架下,野生动物冲突利益相关方的行为被期待和认为适当的程度)。

利益相关方	1	2	3	4	5
受害农户(如按照法律向有关部门申请补偿的社会认可度)	○	○	○	○	○
地方政府(如根据法律进行野生动物冲突管理与补偿的社会认可度)	○	○	○	○	○
中央政府(如制定野生动物冲突管理法律法规的社会认可度)	○	○	○	○	○
社会公众(如作为纳税人要求政府解决好野生动物冲突的社会认可度)	○	○	○	○	○
所在区域村委会(如按照法律向有关部门维护当地利益的社会认可度)	○	○	○	○	○
野生动物资源利用企业(如作为利害者要求有关部门解决好野生动物冲突的社会认可度)	○	○	○	○	○
野生动物保护组织(如按照法律参与野生动物冲突管理的社会认可度)	○	○	○	○	○
保险机构(如按照法律对参保受害农户进行赔偿的社会认可度)	○	○	○	○	○

（续）

利益相关方	1	2	3	4	5
野生动物资源消费者（如作为消费者要求政府解决好野生动物冲突的社会认可度）	○	○	○	○	○
人类后代（如作为利害者希望政府解决当前野生动物冲突的社会认可度）	○	○	○	○	○
媒体（如作为监督媒介要求有关部门解决好野生动物冲突的社会认可度）	○	○	○	○	○
科研机构（如参与野生动物冲突预防技术研发的社会认可度）	○	○	○	○	○

3. 请对以下野生动物冲突利益相关者的权利性进行打分（1~5 表示程度的增加，5 分为最高）（权利性是指在特定社会关系中的野生动物冲突中某一利益相关方执行自己意愿的能力）。

利益相关方	1	2	3	4	5
受害农户（如按照法律向有关部门申请补偿的能力大小）	○	○	○	○	○
地方政府（如在野生动物冲突管理过程中反映自身诉求的能力大小）	○	○	○	○	○
中央政府（如领导与指挥全国野生动物冲突管理的能力大小）	○	○	○	○	○
社会公众（如作为纳税人要求政府解决好野生动物冲突的能力大小）	○	○	○	○	○
所在区域村委会（如按照法律向有关部门维护当地利益的能力大小）	○	○	○	○	○
野生动物资源利用企业（如作为利害者要求有关部门解决好野生动物冲突的能力大小）	○	○	○	○	○
野生动物保护组织（如按照法律参与野生动物冲突管理的能力大小）	○	○	○	○	○
保险机构（如按照法律对参保受害农户进行赔偿的能力大小）	○	○	○	○	○
野生动物资源消费者（如作为消费者要求政府解决好野生动物冲突的能力大小）	○	○	○	○	○
人类后代（如作为利害者希望政府解决当前野生动物冲突的能力大小）	○	○	○	○	○
媒体（如作为监督媒介要求有关部门解决好野生动物冲突的能力大小）	○	○	○	○	○
科研机构（如参与野生动物冲突预防技术研发的能力大小）	○	○	○	○	○

4. 请对如下野生动物冲突利益相关者的紧急性进行打分(1~5 表示程度的增加, 5 分为最高)(紧急性是指野生动物冲突中某一利益相关方权利主张的重要性以及其被注意和被采纳的紧迫程度)。

利益相关方	1	2	3	4	5
受害农户(如按照法律向有关部门申请补偿的紧迫程度)	○	○	○	○	○
地方政府(如根据法律进行野生动物冲突管理与补偿的紧迫程度)	○	○	○	○	○
中央政府(如制定野生动物冲突管理法律法规的紧迫程度)	○	○	○	○	○
社会公众(如作为纳税人要求政府解决好野生动物冲突的紧迫程度)	○	○	○	○	○
所在区域村委会(如按照法律向有关部门维护当地利益的紧迫程度)	○	○	○	○	○
野生动物资源利用企业(如作为利害者要求有关部门解决好野生动物冲突的紧迫程度)	○	○	○	○	○
野生动物保护组织(如按照法律参与野生动物冲突管理的紧迫程度)	○	○	○	○	○
保险机构(如按照法律对参保受害农户进行赔偿的紧迫程度)	○	○	○	○	○
野生动物资源消费者(如作为消费者要求政府解决好野生动物冲突的紧迫程度)	○	○	○	○	○
人类后代(如作为利害者希望政府解决当前野生动物冲突的紧迫程度)	○	○	○	○	○
媒体(如作为监督媒介要求有关部门解决好野生动物冲突的紧迫程度)	○	○	○	○	○
科研机构(如参与野生动物冲突预防技术研发的紧迫程度)	○	○	○	○	○

受害农户人象冲突经济均衡及成本效益调研问卷 II

受访农户所在地：云南省西双版纳 市/州　　　　区(县)　　　　乡(镇)　　　村

第一部分：个人基本情况

(　　)1. 您的性别：A. 男　　B. 女

(　　)2. 您的年龄：A. 18~30岁　　B. 31~50岁　　C. 51~60岁　　D. 60岁以上

(　　)3. 您的受教育情况？

　　　　A. 小学及以下　　　　B. 初中　　　　　　C. 高中或中专　　　　D. 大学或大专

(　　)4. 您的健康情况？

　　　　A. 较差　　　　　　　B. 一般　　　　　　C. 良好　　　　　　　D. 健康

(　　)5. 家庭农林年经济收入占总收入比例？

　　　　A. 25%以下　　　　　B. 25%~50%　　　　C. 50%~75%　　　　D. 75%~100%

第二部分：人象冲突成本效益感知及满意度情况

(　　)6. 您家遭遇的人象冲突类型主要有哪些？（可多选）

　　　　A. 损毁农田　　B. 袭击家禽家畜　　C. 人员伤亡　　D. 损坏房屋

　　　　E. 其他(　　　　)

(　　)7. 您家遭受的人象冲突直接财产损失程度如何？

　　　　A. 非常不严重　　B. 不严重　　C. 一般　　D. 严重　　E. 非常严重

(　　)8. 您家在人象冲突预防控制上资金和时间的投入程度如何？

　　　　A. 非常小　　B. 较小　　C. 一般　　D. 较大　　E. 非常大

(　　)9. 人象冲突对您家日常生产生活的影响限制严重吗？

　　　　A. 非常不严重　　B. 不严重　　C. 一般　　D. 严重　　E. 非常严重

(　　)10. 人象冲突发生后对您心理负面影响严重吗？

　　　　A. 非常不严重　　B. 不严重　　C. 一般　　D. 严重　　E. 非常严重

(　　)11. 人象冲突保险补偿申请和鉴定占用您的时间精力大小如何？

　　　　A. 非常小　　B. 较小　　C. 一般　　D. 较大　　E. 非常大

(　　)12. 您认为人象冲突对当地社会经济发展负面影响严重吗？

　　　　A. 非常不严重　　B. 不严重　　C. 一般　　D. 严重　　E. 非常严重

(　　)13. 您是否赞同当前人象冲突补偿资金有效地缓解了您的损失？

　　　　A. 非常不赞同　　B. 不赞同　　C. 一般　　D. 赞同　　E. 非常赞同

(　　)14. 您当前参与了如下哪些亚洲象保护优惠项目？（多选）

　　　　A. 税收优惠　　B. 技术补偿　　C. 社区发展　　D. 亚洲象生态旅游

　　　　E. 无参与

(　　)15. 您是否赞同参加以上项目后有效地缓解了人象冲突对您的影响？

A. 非常不赞同　B. 不赞同　　C. 一般　　D. 赞同　　E. 非常赞同

（　）16. 您是否赞同亚洲象保护有效地提高了当地的生态环境水平？

A. 非常不赞同　B. 不赞同　　C. 一般　　D. 赞同　　E. 非常赞同

（　）17. 您认为当前政府人象冲突管理措施能否弥补冲突对您带来的损失成本？

A. 非常不赞同　B. 不赞同　　C. 一般　　D. 赞同　　E. 非常赞同

（　）18. 您认为当前亚洲象公众责任保险能否弥补冲突对您带来的损失成本？

A. 非常不赞同　B. 不赞同　　C. 一般　　D. 赞同　　E. 非常赞同

（　）19. 在当前人象冲突下您认为您的生产活动安全吗？

A. 非常不安全　B. 较不安全　C. 中等　D. 较安全　　E. 非常安全

（　）20. 在当前人象冲突下您觉得您的生活愉快吗？

A. 非常不愉快　B. 不愉快　　C. 无所谓　D. 较愉快　　E. 非常愉快

第三部分：人象冲突成本效益部分

（　）21. 您一般采取哪些方式防范亚洲象损害？（可多选）

A. 建墙、挖沟及搭建障碍物　B. 干扰技术（放狗、稻草人、鞭炮）　C. 其他（　　）

（　）22. 您建造/采取这些防范设施花费＿＿＿＿＿元；在亚洲象损害多发季节，您用于看守农田的时间为＿＿＿＿＿小时/天，看守持续＿＿＿＿＿天；您在亚洲象损害补偿的申请、现场鉴定等流程中花费的时间为＿＿＿＿＿天；当地秋收时节的劳务工资为＿＿＿＿＿元/天。

（　）23. 人象冲突事件是否对您造成焦虑、紧张和恐惧等负面心理？

A. 是　　　B. 否

（　）24. 人象冲突对您的生产生活带来了哪些影响？（可多选）

A. 薪柴/野菜采集受限　B. 放牧受限　C. 土地撂荒　D. 生活安全感下降　E. 其他（　　）

（　）25. 您认为人象冲突给您造成的生产生活年损失金额为（　　）（单位：元/年）（请在如下比例中打√）

0~1000	1001~2000	2001~3000	3001~4000
4001~5000	5001~6000	6001~7000	7001~8000
8001~9000	9001~10000	10000以上：	（具体金额）

（　）26. 您的年均收入？（单位：元/年）（请在如下比例中打√）

3000~5000	5001~10000	10001~15000	15001~20000
20001~25000	25001~30000	30001~35000	35001~40000
40001~45000	45001~50000	50000以上：	（具体金额）

（　）27. 随着野生动物的保护，周边生态环境逐渐改善，若是生态环境降低至从前水平，

您认为需要得到( )元的赔偿才能接受？（单位：元/年）（请在如下比例中打√）

0~50	51~100	101~150	151~200
201~250	251~300	301~350	351~400
401~450	451~500	501~550	551~600
601~650	651~700	701~750	751~800
801~850	851~900	901~950	951~1000

1000 以上：　　　　　（具体金额）

问卷结束！非常感谢您的耐心回答！

地方政府人象冲突管理经济均衡及成本效益调研问卷 Ⅲ

单位所在地及名称：云南省　　　　市/州　　　　区(县)(林业局/自然保护区)

第一部分：人象冲突管理基本情况

(　　)1. 您所在单位属于如下哪一级别部门？

　　A. 乡镇级林业部门　　B. 区县级林业部门　　C. 市州级林业部门

　　D. 省级林业部门

(　　)2. 您认为当前人象冲突管理工作的人员、资金与设备紧张吗？

　　A. 非常不紧张　　B. 不紧张　　C. 一般　　D. 紧张　　E. 非常紧张

(　　)3. 您认为当前地方人象冲突保险投保的财政压力大吗？

　　A. 非常小　　B. 较小　　C. 一般　　D. 较大　　E. 非常大

(　　)4. 您认为当前地方人象冲突预防控制设施建设支出的财政压力大吗？

　　A. 非常小　　B. 较小　　C. 一般　　D. 较大　　E. 非常大

(　　)5. 您认为当前地方人象冲突预防控制宣传教育支出的财政压力大吗？

　　A. 非常小　　B. 较小　　C. 一般　　D. 较大　　E. 非常大

(　　)6. 您认为当前人象冲突对当地社会经济损害严重吗？

　　A. 非常不严重　　B. 不严重　　C. 一般　　D. 严重　　E. 非常严重

(　　)7. 您认为当前人象冲突对当地社会经济发展的限制严重吗？

　　A. 非常不严重　　B. 不严重　　C. 一般　　D. 严重　　E. 非常严重

(　　)8. 您认为亚洲象的保护有效促进当地野生动物相关产业与生态旅游业的发展？

　　A. 非常不赞同　　B. 不赞同　　C. 一般　　D. 赞同　　E. 非常赞同

(　　)9. 您认为亚洲象保护有效促进了当地生态环境的改善与提高？

　　A. 非常不赞同　　B. 不赞同　　C. 一般　　D. 赞同　　E. 非常赞同

(　　)10. 亚洲象保护带来的生态旅游等产业发展能否弥补人象冲突对当地带来的损失？

　　A. 非常不赞同　　B. 不赞同　　C. 一般　　D. 赞同　　E. 非常赞同

(　　)11. 亚洲象保护带来的生态环境改善能否弥补人象冲突对当地带来的损失？

　　A. 非常不赞同　　B. 不赞同　　C. 一般　　D. 赞同　　E. 非常赞同

中央政府人象冲突管理经济均衡及成本效益调研问卷Ⅳ

第一部分：人象冲突管理相关情况

（　　）1. 您认为从中央政府投入成本来说当前云南省人象冲突管理与保护工作效果如何？
　　　　A. 非常低　B. 较低　　C. 一般　　D. 较高　E. 非常高

（　　）2. 您认为中央财政对亚洲象保护的资金投入如何？
　　　　A. 非常小　B. 较小　　C. 一般　　D. 较大　E. 非常大

（　　）3. 您认为中央财政对人象冲突补偿与管理的补助资金投入如何？
　　　　A. 非常小　B. 较小　　C. 一般　　D. 较大　E. 非常大

（　　）4. 您认为云南省保护亚洲象后的生态效益改善明显吗？
　　　　A. 非常不明显　B. 不明显　　C. 一般　　D. 明显　E. 非常明显

（　　）5. 您认为云南省保护亚洲象后生态旅游及其他野生动物产业发展显著吗？
　　　　A. 非常不明显　B. 不明显　　C. 一般　　D. 明显　E. 非常明显

第二部分：人象冲突管理成本情况

保护投入成本：中央财政对我国亚洲象保护投入总资金为_____万元，对亚洲象冲突补偿与预防控制的补助投入总资金为_____万元；对亚洲象栖息地保护投入资金为_____万元。

第三部分：开放性问题

　　6. 您认为云南省野生动物冲突补偿与管理工作面临的问题与挑战是什么？

　　7. 您认为云南省野生动物冲突补偿与管理工作取得了哪些具体成果？

　　8. 您认为中央政府应如何促进云南省野生动物冲突补偿与管理工作推进与完善？

社会公众亚洲象保护与冲突管理经济均衡
及成本效益调研问卷 V

受访者所在地：　　　　省　　　市/州

亚洲象是我国首批的国家一级重点保护野生动物，被国际自然保护联盟（IUCN）列为濒危物种，在生态系统中占据不可替代的位置，目前我国境内亚洲象不足 300 头（全国野生大熊猫 1864 只）。随着栖息地丧失及破碎化，亚洲象逐渐来到田边地头采食农作物，当地百姓的财产和人身安全受到威胁，人象冲突是目前我国亚洲象保护工作中面临的最为棘手的现实问题。本次调查只用于学术研究，您的个人信息会被严格保密。

第一部分：个人基本情况

（　　）1. 您的性别：A. 男　　B. 女

（　　）2. 您的年龄：A. 18～30 岁　　B. 31～50 岁　　C. 51～60 岁　　D. 60 岁以上

（　　）3. 您的受教育情况？

　　　　A. 小学及以下　　B. 初中　　C. 高中或中专　　D. 大学或大专

　　　　E. 研究生及以上

（　　）4. 您的职业？

　　　　A. 公务员　　B. 科研人员　　C. 学生　　D. 教师　　E. 企业职员

　　　　F. 私营业主　　G. 军人　　H. 离退休人员　　I. 自由职业　　J. 其他（　　　　　　　）

（　　）5. 您的个人月收入？（单位：元/月）

　　　　A. 3000 以下　　B. 3001～5000　　C. 5001～10000　　D. 10001～15000

　　　　E. 15001～2000　　F. 20000 以上

第二部分：亚洲象保护与冲突管理的意愿

（　　）6. 您对亚洲象的喜爱程度？

　　　　A. 非常喜爱　　　　B. 喜爱　　　　　　C. 无所谓

　　　　D. 厌恶　　　　　　E. 非常厌恶

（　　）7. 您认为当前我国人象冲突管理与保护的效果能否达到您的预期？

　　　　A. 非常低　　　　　B. 较低　　　　　　C. 一般

　　　　D. 较高　　　　　　E. 非常高

（　　）8. 您是否愿意为亚洲象保护与冲突管理工作支付一定的费用？

　　　　A. 愿意　　　　B. 不愿意（请跳至第 11 题）

（　　）9. 如果您愿意出资，且资金能落实到保护上，您愿意每年最多拿出多少钱用于亚洲象保护事业？（单位：元/年）（请在如下比例中打√）

0~50	51~100	101~150	151~200
201~250	251~300	301~350	351~400
401~450	451~500	501~550	551~600
601~650	651~700	701~750	751~800
801~850	850~900	901~950	951~1000

1000以上：　　　　　　（具体金额）

(　　)10. 亚洲象保护分为栖息地保护、种群监测和科学研究等方面，在您的出资资金里应有多少比例用于人象冲突管理中？（请在如下比例中打√）

10%	20%	30%	40%	50%
60%	70%	80%	90%	100%

(　　)11. 您不愿意为亚洲象保护与冲突管理出资的原因？

    A. 经济收入较低　　　　　　　　　B. 认为亚洲象保护应由国家出资

    C. 对亚洲象保护不感兴趣　　　　　D. 其他(　　　　　　　　　)